TEUBNER-TEXTE zur Informatik   Band 28

T. Burch

Parametrisierte Spezifikation von Schaltkreisen

TEUBNER-TEXTE zur Informatik

Herausgegeben von
Prof. Dr. Johannes Buchmann, Darmstadt
Prof. Dr. Udo Lipeck, Hannover
Prof. Dr. Franz J. Rammig, Paderborn
Prof. Dr. Gerd Wechsung, Jena

Als relativ junge Wissenschaft lebt die Informatik ganz wesentlich von aktuellen Beiträgen. Viele Ideen und Konzepte werden in Originalarbeiten, Vorlesungsskripten und Konferenzberichten behandelt und sind damit nur einem eingeschränkten Leserkreis zugänglich. Lehrbücher stehen zwar zur Verfügung, können aber wegen der schnellen Entwicklung der Wissenschaft oft nicht den neuesten Stand wiedergeben.

Die Reihe „TEUBNER-TEXTE zur Informatik" soll ein Forum für Einzel- und Sammelbeiträge zu aktuellen Themen aus dem gesamten Bereich der Informatik sein. Gedacht ist dabei insbesondere an herausragende Dissertationen und Habilitationsschriften, spezielle Vorlesungsskripten sowie wissenschaftlich aufbereitete Abschlußberichte bedeutender Forschungsprojekte. Auf eine verständliche Darstellung der theoretischen Fundierung und der Perspektiven für Anwendungen wird besonderer Wert gelegt. Das Programm der Reihe reicht von klassischen Themen aus neuen Blickwinkeln bis hin zur Beschreibung neuartiger, noch nicht etablierter Verfahrensansätze. Dabei werden bewußt eine gewisse Vorläufigkeit und Unvollständigkeit der Stoffauswahl und Darstellung in Kauf genommen, weil so die Lebendigkeit und Originalität von Vorlesungen und Forschungsseminaren beibehalten und weitergehende Studien angeregt und erleichtert werden können.

TEUBNER-TEXTE erscheinen in deutscher oder englischer Sprache.

Parametrisierte Spezifikation von Schaltkreisen

Graphischer Entwurf regulärer Strukturen

Von Dr. Thomas Burch

Universität des Saarlandes, Saarbrücken

Springer Fachmedien Wiesbaden GmbH 1998

Dr. Thomas Burch

Geboren 1964 in Saarbrücken. Studium der Informatik von 1983 bis 1989 in Saarbrücken, Promotion 1995. Von 1989 bis 1997 wissenschaftlicher Mitarbeiter im Sonderforschungsbereich 124 „VLSI-Entwurfsmethoden und Parallelität".

1997 Dr.-Eduard-Martin-Preis, verliehen von der Universität des Saarlandes für die beste Dissertation in Informatik im Jahre 1995.

Seit April 1998 Verantwortlicher für den Aufbau eines Kompetenzzentrums „Neue Publikationsformen und Erschließungsverfahren für geisteswissenschaftliche Grundlagenwerke" an der Universität Trier.

Gedruckt auf chlorfrei gebleichtem Papier.

Die Deutsche Bibliothek – CIP-Einheitsaufnahme

Burch, Thomas:
Parametrisierte Spezifikation von Schaltkreisen :
graphischer Entwurf regulärer Strukturen / von Thomas Burch. –
Stuttgart ; Leipzig : Teubner, 1998
   (Teubner-Texte zur Informatik ; Bd. 28)

ISBN 978-3-519-00239-0   ISBN 978-3-663-01532-1 (eBook)
DOI 10.1007/978-3-663-01532-1

© 1998 B.G Springer Fachmedien Wiesbaden
Ursprünglich erschienen bei B.G. Teubner Stuttgart · Leipzig 1998

Satz und Druck: Druckhaus „Thomas Müntzer" GmbH, Bad Langensalza
Umschlaggestaltung: E. Kretschmer, Leipzig

Vorwort

Im vorliegenden Buch wird, basierend auf meiner Dissertation, die Konzeption und Implementierung einer graphischen Arbeitsumgebung für das VLSI–Entwurfssystem CADIC beschrieben, welches im Rahmen des Sonderforschungsbereiches 124 im Teilprojekt B1 an der Universität des Saarlandes entwickelt wurde. Gegenüber anderen Entwurfssystemen zeichnet es sich durch eine besonders flexible Beschreibungsebene aus, die auf einem wohldefinierten mathematischen Kalkül basiert. Diese gewählte Grundlage erweist sich als mächtiges Werkzeug zur Beschreibung ganzer Klassen von Schaltkreisen durch eine feste Zahl von graphischen Eingaben. Die Spezifikationsebene erlaubt sowohl eine Parametrisierung von Schaltungen in Abhängigkeit von beispielsweise der Operandengröße als auch eine generische und damit wiederverwendbare Beschreibung von Berechnungsnetzen.

Aus einer derart definierten Schaltungsklasse wählt der Entwerfer dann einen Vertreter für die weiteren Konstruktionsschritte aus, indem er die formalen Parameter des Entwurfs durch konkrete Werte ersetzt. Durch die Integration der Entwurfswerkzeuge in eine gemeinsame graphische Umgebung können die berechneten Ergebnisse direkt auf der mathematisch basierten Spezifikation visualisiert werden. Dies stellt dem Entwerfer verbunden mit einer interaktiven Navigation durch die Schaltungshierarchie eine komfortable Methode zur Lokalisierung von kritischen Entwurfsstellen zur Verfügung.

Mein Dank gilt vor allem Herrn Prof. Dr. Günter Hotz für die interessante Aufgabenstellung und die zahlreichen Anregungen während der Entwicklung des Systems. Besonders danken möchte ich Wolfgang Vogelgesang für die entscheidende Mitarbeit bei der Konzeption und Implementierung wichtiger Teilkomponenten des Systems. Desweiteren danke ich dem CADIC–Dream–Team, welches in der Besetzung Rainer Backes, Michael Biwersi, Frank Braun, Thomas Fettig, Andrea Gräber, Bernd Grande, Monika Kaiser, Michael Kreutzer, Christian Manß, Michael Meiser, Jörg Ritter, Jörg Schnabel, Oliver Stanke und Gerhard Wannemacher hervorragenden Sportsgeist bei den Implementierungsarbeiten entwickelte. Gisela Pitsch danke ich für das sorgfältige Korrekturlesen des Manuskriptes.

Saarbrücken, Juni 1998   Thomas Burch

Inhalt

Kapitel 1

Einleitung

Als *Miniaturisierung* bezeichnet man die Entwicklungsrichtung im Bereich der Elektronik, die den Fortschritt der letzten Jahrzehnte – die vielzitierte "zweite industrielle Revolution" – entscheidend gefördert hat. Ausgelöst wurde das Miniaturisierungsstreben durch den wachsenden Bedarf an komplexen elektronischen Einrichtungen in fast allen technischen Disziplinen, die eine drastische Verkleinerung der elektronischen Bauelemente erzwangen. Diese Entwicklung begann in den sechziger Jahren mit Schaltungen in SSI-Technologie (*small scale integration*), die nur eine geringe Anzahl an Gatterfunktionen auf einem Halbleiterplättchen zuließen. Über MSI- (*medium scale integration*) und LSI-Schaltungen (*large scale integration*) führte die Entwicklung zur heutigen VLSI-Technologie (*very large scale integration*). Die Steigerung der Integrationsdichte beruht auf dem Fortschritt in zwei unterschiedlichen Bereichen. Zum einen gelang es, immer feinere Strukturen zu produzieren, zum anderen konnten bei immer größeren Chipflächen akzeptable Ausbeuten an funktionsfähigen Chips erzielt werden. Die Folge war, daß seit 1970 etwa alle drei Jahre eine neue Generation von integrierten Schaltkreisen auf den Markt kam, die jeweils viermal soviel Elemente pro Chip enthielt wie die vorhergehende. Mit dem 4 MBit-Speicherchip wurde 1989 erstmals der "Submicron-Bereich" erschlossen, wobei die feinsten Strukturen nur noch 0.8μm breit sind. Dies liegt weit jenseits der menschlichen Erfahrungswelt, die bei der Dicke eines Haares von vielleicht 40μm endet.

Neben der Raum- und Gewichtsersparnis sowie der beträchtlichen Verringerung von Signallaufzeiten, Wärmeentwicklung und Energiebedarf ist bei der Miniaturisierung auch die Steigerung der Fertigungsproduktivität und die Zuverlässigkeit der gefertigten Chips von großer Bedeutung. Dies läßt sich bei zunehmend komplexeren Schaltkreisen mit Millionen von Transistoren pro Chip nicht mehr ohne ausreichende Entwurfsunterstützung durch leistungsfähige Rechner wirtschaftlich rentabel bewerkstelligen. Am Beispiel der verschiedenen Generationen von Intel–Prozessoren läßt sich diese Entwicklung nachvollziehen. Während beim 8–Bit–Mikroprozessor 8080 im Jahre 1974 noch jeder der ca. 5500 Transistoren einzeln optimiert wurde, um damit die Produktionskosten zu senken, gewannen im Lauf der Zeit die Entwurfskosten und Entwurfszeiten immer größeres Gewicht. Der 32–Bit–Mikroprozessor i486 aus dem Jahre 1989 enthält ca. 1,2 Millionen Transistoren und wurde strukturiert mit Rechnerunterstützung entwickelt ([GIKN89]).

Während bis zum Anfang der achziger Jahre die Hauptanwendungsgebiete integrierter Schaltkreise im Bereich von Speicherbausteinen und Mikroprozessoren lag, die in großen Stückzahlen hergestellt wurden, geht die Tendenz seitdem immer mehr in den Bereich der anwendungsspezifischen Schaltungen (ASIC). Dieser Entwicklung standen zunächst die verhältnismäßig hohen Entwicklungskosten entgegen, die bei den für diese Schaltungen üblichen niedrigen Stückzahlen zu unvertretbar hohen Einzelstückkosten führten. Der Fortschritt in der Fertigungstechnik einerseits und die Entwicklung neuer Verfahren für den rechnerunterstützten Entwurf andererseits bewirkten aber eine drastische Senkung der Entwicklungskosten, so daß auch Chips für spezielle Anwendungen und in sehr kleiner Stückzahl interessant wurden. Mittlerweile beträgt der Anteil von ASICs am Weltumsatz integrierter Schaltkreise mehr als 20% ([Lev92]). Die Erschließung neuer Anwendungsgebiete in nahezu allen Bereichen des täglichen Lebens erfordert aber, daß die Fähigkeit zum Entwurf integrierter Schaltkreise nicht nur auf wenige hochspezialisierte Fachleute beschränkt bleiben darf. Vielmehr muß diese Fähigkeit als eine neue Anwendungstechnik – ähnlich der Programmiertechnik für Software – auch im Chip–Entwurf weniger erfahrenen Entwicklern zugänglich gemacht werden.

Ein Vergleich des Chip–Entwurfs mit der Softwareentwicklung ist allerdings nur bedingt möglich. Die automatische Durchführung des gesamten *Ent-*

wurfsprozesses, d.h. die "Übersetzung" einer eingegebenen Spezifikation in eine korrekte Schaltungsimplementierung durch sogenannte *Silicon Compiler*, beschränkt sich heutzutage aufgrund der Komplexität der Aufgabe auf kleinere Entwürfe. Bei größeren Schaltungen wird der Entwurfsprozeß dagegen in eine Abfolge von Einzelschritten gegliedert, von denen jeder mit Rechnerunterstützung durchgeführt wird. Damit ergibt sich eine Hierarchie von Teilspezifikationen, wobei jeweils elementarere Teilfunktionen zu komplexeren Funktionen zusammengesetzt werden. Auf der niedrigsten Ebene treten nur noch Grundfunktionen auf, die aus einer entsprechenden Bausteinbibliothek entnommen werden. Die einzelnen Hierarchieebenen korrespondieren zu Beschreibungsebenen, die zur Darstellung digitaler Systeme eingeführt wurden. Auf der obersten Ebene, der *Systemebene*, werden Funktionsblöcke wie Prozessoren und Speicher verwendet, in der *Architekturebene* werden Datenpfade und Steuerwerke miteinander verbunden. Die *Register–Transferebene* bilden Bausteine wie Zähler, Register oder arithmetische Einheiten, die *Logikebene* beinhaltet elementare Zellen wie Flipflops und Gatter. Die untersten Ebenen sind durch die *elektrische Ebene* mit Transistoren, Widerständen und Kondensatoren und die *physikalische Ebene* auf Basis von dotierten Halbleiterflächen gegeben.

Die einzelnen Entwurfsebenen entsprechen also Darstellungsebenen für die Entwurfsdaten mit unterschiedlichen Abstraktionsgraden. Ein *Entwurfsschritt* besteht im korrekten Umsetzen der Beschreibung einer höheren Ebene in die Darstellung einer niedrigeren Ebene, wobei jeder Entwurfsschritt mehrmals die Phasen der *Konstruktion* und *Validierung* durchläuft. Unter Validierung versteht man dabei den Vergleich zwischen Spezifikation und der im Konstruktionsschritt erzeugten Implementierung. Der stattdessen häufig verwendete Begriff der *Verifikation* charakterisiert den formalen Beweis, daß die Implementierung eine vorgegebene Spezifikation erfüllt. In der Praxis beschränkt man sich in der Regel auf die Überprüfung einer Implementierung für eine bestimmte Menge von Testfällen, was einer Validierung durch *Simulation* entspricht.

Die Effizienz des Entwurfsprozesses hängt wesentlich von den eingesetzten *Entwurfswerkzeugen* ab. Diese Werkzeuge sind aufgrund der Vielzahl an unterschiedlichen Teilschritten im allgemeinen sehr heterogen und können nur selten ohne Schnittstellenprobleme kombiniert werden. Durch die Einführung standardisierter Hardwarebeschreibungssprachen wie beispielsweise EDIF ([Com87]) und VHDL ([LSU89]) wurde zwar prinzipiell die Möglichkeit geschaffen, Entwurfsdaten auszutauschen. Die Erzeugung eines textuellen Austauschformates aus einer rechnerinternen Datenstruktur und die Umsetzung des Austauschformates zurück in eine andere rechnerinterne Repräsentation ist jedoch weder elegant noch effizient. Um bei entsprechender Handhabung überhaupt erst einen breiten Einsatz der Entwurfswerkzeuge zu ermöglichen, müssen die entwickelten Verfahren daher durch komfortable *Entwurfsumgebungen* unterstützt werden. Hierfür ist ein integriertes Entwurfssystem mit leistungsfähigen Werkzeugen innerhalb einer leicht bedienbaren graphischen Benutzeroberfläche unerläßlich. Eine solche Entwurfsumgebung muß dem Entwickler eine graphisch–interaktive Schnittstelle auf möglichst hoher Beschreibungsebene anbieten, um ihn von nicht relevanten technisch–bedingten Details freizuhalten. Dazu gehört beispielsweise das Verbergen von Informationen, die ausschließlich durch die Produktionstechnologie und die Organisation des Entwurfsprozesses gegeben sind. Darüberhinaus müssen ausdrucksstarke Methoden zur Visualisierung von Entwurfsdaten gewählt werden, um dem Entwerfer auf anschauliche Weise die Kontrolle des Entwurfsprozesses zu ermöglichen.

Da mit dem technologischen Fortschritt auch immer höhere Anforderungen an die Entwurfswerkzeuge gestellt werden, darf eine solche Entwurfsumgebung nicht als starres Programmsystem entwickelt werden. Änderungen in der Technologie oder die Entdeckung effizienterer Berechnungsverfahren machen es notwendig, daß das System leicht modifizierbar ist. Es sollte daher nach dem Prinzip einer Werkbank konzipiert werden, die dem Entwerfer eine ganze Palette von Werkzeugen anbietet. Es können für einen einzelnen Entwurfsschritt auch mehrere Werkzeuge zur Verfügung stehen, die in Abhängigkeit vom jeweiligen Entwurf ausgewählt werden. Die Konfigurierbarkeit des Entwurfssystems ermöglicht einerseits die Integration neu entwickelter Werkzeuge in eine dem Entwerfer vertraute Arbeitsumgebung und erhöht damit deren Akzeptanz. Andererseits wird der Werkzeugentwickler unterstützt, indem er grundlegende Eigenschaften der Werkbank während der Implementierung nutzen kann. Wünschenswerte Leistungsmerkmale einer solchen Werkbank bestehen in einer graphischen Spezifikationsebene mit hierarchischer Verfeinerung und Abstraktion, der Bereitstellung von komfortablen Simulationswerkzeugen für die verschiedenen Entwurfsebenen, der Konstruktion von Fertigungsdaten sowie der automatischen Generierung von Fertigungstests. Zusätzlich muß dem Entwerfer die Möglichkeit gegeben werden, den Ablauf der Werkzeuge und die berechneten Ergebnisse leicht zu beobachten und bei Bedarf interaktiv in den Entwurfsprozeß einzugreifen.

Gegenstand der vorliegenden Arbeit ist die Entwicklung einer konfigurierbaren graphischen Entwurfsumgebung für das VLSI–Entwurfssystem CADIC, welches im Rahmen des Sonderforschungsbereiches 124 "VLSI Entwurfsmethoden und Parallelität" im Teilprojekt B1 entwickelt wurde ([BHKM84],[BHK+87],[BBH+90]). Besonderer Wert wird auf die Entwicklung einer benutzerfreundlichen graphischen Arbeitsumgebung gelegt, die einen komfortablen Entwurf integrierter Schaltkreise erlaubt. Ein weiterer wichtiger Gesichtspunkt ist die Konfigurierbarkeit des Gesamtsystems, indem es leicht durch neu entwickelte Verfahren für einzelne Entwurfsschritte erweitert werden kann. Wir skizzieren zunächst die daraus resultierenden wichtigsten Leistungsmerkmale dieser graphischen Entwurfsumgebung.

Graphische Eingabe großer Schaltkreise

Bei kommerziellen Entwurfssystemen (etwa [CAD92], [HNS86], [SYS90]) erfolgt die Schaltungseingabe entweder graphisch über einen *Schematic Editor* oder textuell auf Basis einer *Hardwarebeschreibungssprache*. Die angebotenen graphischen Editoren stellen Entwürfe dabei in der Regel als statische Komponenten dar, so daß dem Entwerfer wenig Freiraum für einen flexiblen Entwurf gelassen wird. Sie unterstützen zwar im allgemeinen die hierarchische Eingabe von Schaltungen, beschränken sich aber auf feste Ausprägungen eines Entwurfs. Parametrisierungen sind bestenfalls bei der Auswahl bestimmter Teilkomponenten wie Speichermodulen aus einer vorgegebenen Menge von Realisierungen möglich. Änderungen in der Technologie, die beispielsweise eine Verdoppelung der Bitbreite der Operanden ermöglichen, erfordern daher eine Überarbeitung der gesamten Eingabe. Systeme, die ihre Eingabe über eine Hardwarebeschreibungssprache beziehen, arbeiten meistens mit Konstrukten, die denen aus imperativen und funktionalen Programmiersprachen sehr ähnlich sind. Diese Beschreibungssprachen, die allerdings oft auf selbstdefinierten Formaten basieren, zeichnen sich in der Regel durch eine hohe Flexibilität aus. Sie haben aber den entscheidenden Nachteil, daß Folgen, die aus einer Änderung der Eingabe resultieren, erst nach der vollständigen Umsetzung der Spezifikation erkannt werden. Da dies unter Umständen ein zeitkritischer Vorgang ist, weisen solche Systeme in der Regel kein hohes Maß an Interaktivität auf.

Demgegenüber bietet der graphische Editor von CADIC viele Vorzüge, die sich aus der Kombination der Flexibilität einer textuellen Beschreibung mit der Übersichtlichkeit einer graphischen Eingabe ergeben. Er hat im Vergleich mit anderen Beschreibungsmethoden den entscheidenden Vorteil, daß die zugrundeliegende Spezifikationsebene auf einem wohldefinierten mathematischen Kalkül ([Hot65], [Hot66], [Mol86]) basiert. Er ist dadurch besonders gut geeignet, um sehr große Schaltungen einfach zu beschreiben. So erlaubt er die Ausnutzung von Regularitäten, die den Berechnungsvorschriften einer Schaltung zugrundeliegen, um daraus rekursive Spezifikationen herzuleiten. Insbesondere lassen sich die Eingaben parametrisieren, so daß durch eine feste Menge von graphischen Eingaben ganze Familien von Schaltkreisen beschrieben werden können. Grundlegende Beispiele für rekursiv definierbare Schaltkreise sind unter anderem verschiedene Klassen von Addierern, Multiplizieren oder Sortiernetzwerken. Die dem graphischen Editor zugrundeliegende Spezifikationsebene ist dabei so flexibel, daß algorithmische Teilstrukturen eines Entwurfs unabhängig von festen Realisierungen für bestimmte Basisoperationen definiert werden können. Dies wird durch die Verwendung sogenannter Leitungstypen erreicht, deren Werte sich erst aus der Belegung der Schaltkreisparameter und der Wahl einer bestimmten Basisoperation ergeben. Damit erhält der Entwerfer eine Möglichkeit zur Eingabe mehrfach verwendbarer Beschreibungen, die nach Bedarf konfiguriert werden können.

Effiziente hierarchische Schaltkreisdarstellung

Ein prinzipielles Problem beim Entwurf großer Schaltkreise ist die Kontrolle über die Datenmengen. Hier macht man sich zunutze, daß große Schaltungen im allgemeinen einen hohen Regularitätsgrad aufweisen. Dies resultiert in einer kompakten Beschreibung, die im wesentlichen in einer Schaltkreiskonstruktion, basierend auf einer Substitution von Komponenten durch größere Teilnetze, besteht. Eine solche hierarchische Verfeinerung eines Entwurfes führt neben der Verringerung des Speicherbedarfs auch zu wesentlich kürzeren Laufzeiten während Analyse und Synthese. Wichtig ist dabei, daß sowohl die Eingabe an ein Werkzeug als auch dessen Ausgabe hierarchisch ist, damit die weiterverarbeitenden Verfahren ebenfalls auf einer hierarchischen Eingabe arbeiten können. Es darf keine Umwandlung der hierarchischen in eine nicht-hierarchische Darstellung notwendig werden, da diese exponentiell größer als die Eingabe sein kann. Für die Entwicklung einer integrierten Entwurfsumgebung bietet es sich aus diesen Gründen an, eine zentrale Datenstruktur zur effizienten Repräsentation der Schaltungshierarchie zur Verfügung zu stellen. In diese Datenstruktur, die in unserem Fall durch einen hierarchisch gegliederten Graphen gegeben ist, werden die berechneten Ergebnisse eingetragen. Sie wird, ausgehend von der parametrisierten Eingabe, durch schrittweise hierarchische Verfeinerung unter Ausnutzung von Faltungen erzeugt, indem mehrfach auftretende Teilstrukturen durch ein Objekt der Datenstruktur repräsentiert werden. Man erhält auf diese Weise eine hierarchische Schaltungsdarstellung in Form eines gerichteten azyklischen Graphen.

Die Datenstruktur ist hier durch eine Bibliothek von elementaren Funktionen realisiert, die eine Bearbeitung der Objekte auf einfache Weise unterstützt. Dazu gehören beispielsweise Funktionen, die eine systematische Durchmusterung der Hierarchie gestatten. Diesen Suchalgorithmen können spezielle Aktionen als Parameter übergeben werden, die für jedes Objekt der Hierarchie ausgeführt werden. Damit lassen sich beispielsweise leicht kontextfreie Verfahren implementieren, bei denen jede Teilkomponente eigenständig betrachtet wird, ohne ihren Kontext innerhalb der gesamten Schaltung zu berücksichtigen.

Konfigurierbarkeit der Entwurfsumgebung

Um die Integration neu entwickelter Entwurfswerkzeuge zu ermöglichen, ist die graphische Entwurfsumgebung von CADIC nach dem Prinzip einer Werkbank konzipiert. Das Kernstück des Systems bildet eine für alle Entwurfsschritte einheitliche graphische Benutzeroberfläche. Sie stellt die Basis für die iterative Anwendung der Werkzeuge zur Verfügung und gewährleistet damit den oben erwähnten Wechsel zwischen Konstruktion und Validierung während der Entwurfsschritte. Beispielsweise kann der graphische Editor in Zusammenarbeit mit einem Logiksimulator benutzt werden, um einzelne Teilkomponenten vor ihrer Weiterverwendung zu überprüfen. Dies ist vergleichbar mit einer Software–Entwicklungsumgebung, wo man dem Benutzer die Eingabe, die Übersetzung in ein ausführbares Programm und das Debuggen aus einer Oberfläche heraus ermöglicht.

Die Konfigurierbarkeit der Entwurfsumgebung wird durch die modulare Implementierung des Gesamtsystems gewährleistet. Dazu ist jedes Werkzeug durch eigenständige Bibliotheken realisiert, die in die Umgebung eingebunden werden können. Insbesondere können damit wichtige Datenstrukturen zur Entwicklung neuer Entwurfswerkzeuge zur Verfügung gestellt werden. Die Auswahl einer bestimmten Konfiguration erfolgt über eine zu diesem Zweck definierte Beschreibungssprache. Diese Sprache erlaubt mittels einfacher Konstrukte die Konfigurierung der graphischen Oberfläche und der Schnittstellenfunktionen der integrierten Werkzeuge. Ein entsprechender Compiler übersetzt diese Spezifikation in ein Programmodul, welches die benötigten Anweisungen auf Basis des zugrundeliegenden Graphikpaketes enthält. Auf diese Weise läßt sich die Entwurfsumgebung konfigurieren, ohne daß dazu tiefgreifende Kenntnisse über spezielle Graphikfunktionen benötigt werden.

Visualisierung und graphische Navigation

Die von den Entwurfswerkzeugen berechneten Resultate werden in übersichtlicher Form graphisch angezeigt, wobei eine direkte Zuordnung zur graphischen Eingabe der Schaltung hergestellt wird. Dies gewährleistet dem Entwerfer einen konkreten Bezug zwischen der Spezifikation und den Ergebnissen. Eng verbunden mit der Visualisierung der Resultate ist die Navigation durch die Schaltungshierarchie. Auf diese Weise können leicht die Stellen eines Entwurfes lokalisiert werden, an denen ein Werkzeug vergleichsweise schlechte Resultate liefert. In direkter Interaktion mit dem graphischen Editor kann auf die Resultate reagiert werden, so daß eine sukzessive Korrektur der Spezifikation unterstützt wird. Im Falle des Logiksimulators lassen sich beispielsweise die Resultate eines Simulationslaufes direkt an den Ein- und Ausgängen der einzelnen Teilkomponenten ablesen. Fehler in der Spezifikation können mit Hilfe der Navigation durch die Schaltung genauestens eingegrenzt werden. In einer graphischen Bibliothek des Systems sind dazu Grundfunktionen enthalten, die von vielen Werkzeugen verwendet werden. Dazu gehören unter anderem Funktionen zur graphischen Auswahl von Objekten, zur Visualisierung der hierarchischen Schaltungsstruktur oder zur Anzeige des aktuell ausgewählten Abstiegspfades durch die Hierarchie.

Interaktive Modifikation der Hierarchie

Die hierarchische Arbeitsweise der in das System integrierten Werkzeuge bewirkt, daß alle Vorkommen einer Teilschaltung auf identische Weise behandelt werden. Insbesondere werden die Ergebnisse aufgrund der kontextfreien Vorgehensweise für jede Teilschaltung nur einmal berechnet und an allen Vorkommen eingesetzt. Es ist dabei offensichtlich, daß die Qualität der Ergebnisse stark von der hierarchischen Struktur der Schaltung beeinflußt wird. Man muß mit Trade-Offs zwischen der Kompaktheit der Hierarchie, der Laufzeit der Algorithmen und der Qualität der Ergebnisse rechnen ([KM89]). Der Entwerfer muß also die entscheidenden Stellen in der Hierarchie erkennen, um solchen Effekten entgegenzuwirken. Das Auffinden solch kritischer Stellen ist mit Hilfe der Funktionen zur Visualisierung in Zusammenarbeit mit der Navigation durch die Hierarchie auf komfortable Weise möglich. Eine interaktive Steuerung durch Auflösung von Hierarchieebenen ist dann mittels verschiedener Operationen möglich.

Gliederung der Arbeit

Die Integration der genannten Leistungsmerkmale in die graphische Entwurfsumgebung ist in Abbildung 1.1 dargestellt. Die Gliederung der vorliegenden Arbeit orientiert sich im wesentlichen an den dargestellten Komponenten.

In Kapitel 2 beschreiben wir den graphischen Editor. Im ersten Abschnitt wird zunächst ein kurzer Überblick über die gängigen Methoden zur Beschreibung von Schaltkreisen gegeben. Anschließend wird die unserem System zugrunde-

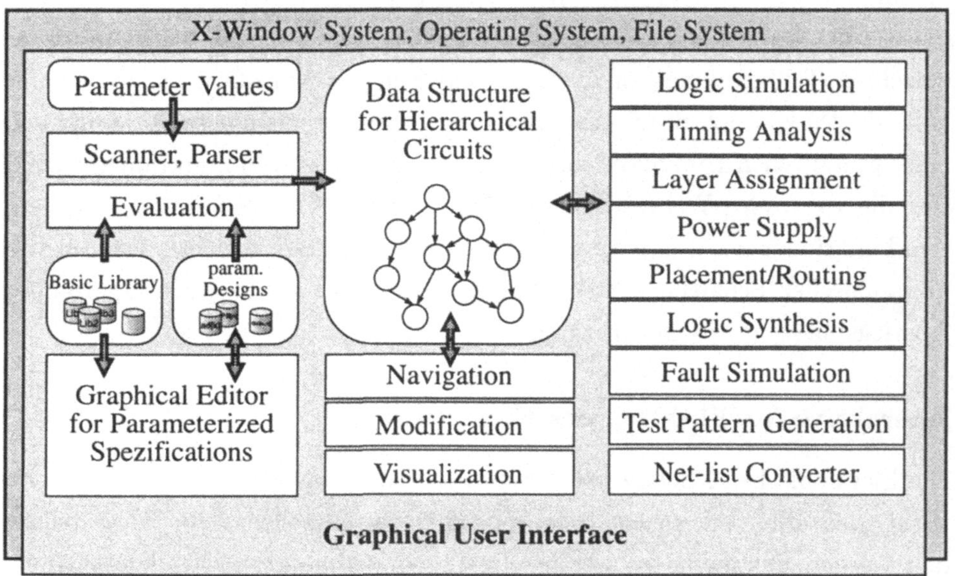

Abbildung 1.1: Komponenten der graphischen Entwurfsumgebung von CADIC

liegende Spezifikationsebene auf Basis eines wohldefinierten mathematischen Netzkalküls vorgestellt. Den zentralen Abschnitt dieses Kapitels bildet die Beschreibung einer geeigneten Datenstruktur zur parametrisierten graphischen Eingabe von Schaltkreisen gemäß den Regeln dieses Netzkalküls. Abschließend wird anhand zweier ausführlicher Beispiele die Flexibilität dieser Beschreibungsmethode verdeutlicht.

In Kapitel 3 zeigen wir, wie aus einer parametrisierten Schaltungsbeschreibung ein spezieller Vertreter dieser Schaltkreisfamilie ausgewählt wird. Für diesen Vertreter wird nach der Belegung aller freien Parameterwerte die Darstellung in Form eines hierarchisch gegliederten Graphen erzeugt.

In Kapitel 4 beschreiben wir den Aufbau des Gesamtsystems. Neben der Grundstruktur der graphischen Oberfläche wird gezeigt, wie die Konfiguration der Entwurfsumgebung und damit die Integration von Werkzeugen unterstützt wird. Der Schwerpunkt liegt hier auf der Erläuterung der verschiedenen Möglichkeiten zur Visualisierung der von den integrierten Werkzeugen berechneten Ergebnisse in Verbindung mit den Funktionen zur graphischen

Navigation. Abschließend zeigen wir anhand einiger konkreter Entwürfe, wie sich das System im praktischen Einsatz verhält. Dabei werden auch die implementierten Schnittstellen zu kommerziellen Entwurfssystemen beschrieben, mit Hilfe derer die vorgestellten Entwürfe gefertigt wurden.

In Kapitel 5 geben wir eine weitere Anwendung der graphischen Spezifikationsebene an, indem wir zeigen, wie sie zur Beschreibung paralleler Systeme genutzt werden kann. Die Eingabe gliedert sich dabei in zwei unabhängige Stufen. Im ersten Schritt wird zunächst ein Kommunikationsschema zwischen Modulen definiert, wobei die Module selbst zunächst als "Black Boxes" aufgefaßt werden. Festgelegt wird nur ihre äußere Schnittstelle, die zur Spezifikation des Kommunikationsschemas maßgeblich ist. Im zweiten Schritt erfolgt dann die algorithmische Realisierung der Module, so daß das gesamte Netzwerk zur Berechnung eines parallelen Algorithmus konfiguriert wird. Anhand zweier Beispiele mehrdimensionaler Kommunikationsschemata wird die prinzipielle Vorgehensweise erläutert.

Kapitel 2

Graphische Eingabe großer Schaltungen

Der Entwurf großer Schaltungen beginnt in vielen Fällen mit graphischen Skizzen in Form von Blockschaltbildern, die anschließend in algebraische Ausdrücke oder Programme umgesetzt werden. Da diese Umformung häufig automatisierbar ist, bietet es sich an, bereits die schematische Skizze als Rechnereingabe zu verwenden. Die Effizienz, mit der ein entsprechender graphischer Editor eingesetzt werden kann, hängt entscheidend von folgenden zwei Faktoren ab:

1. von der zugrundeliegenden Spezifikationsebene und

2. vom Zusammenspiel des Editors mit den übrigen Entwurfswerkzeugen.

Der erste Punkt ist maßgeblich für die Arbeitszeit, die zur Spezifikation einer Schaltung aufgewendet werden muß. Je mächtiger die Konstrukte der zugrundeliegenden Spezifikationsebene sind, desto einfacher und kürzer werden die Schaltungsbeschreibungen. Vom zweiten Punkt hängt ab, wie schnell Entwurfsfehler lokalisiert und korrigiert werden können. Dies wird entscheidend erleichtert, wenn die Ergebnisse, die von den eingesetzten Entwurfswerkzeugen berechnet werden, in einen direkten Bezug zur graphischen Eingabe gebracht werden.

Das in der vorliegenden Arbeit beschriebene System zeichnet sich dadurch aus, daß es beiden genannten Faktoren in besonderer Weise gerecht wird.

Die Spezifikationsebene des graphischen Editors basiert auf einem wohldefinierten mathematischen Kalkül, dessen theoretische Grundlagen in [Hot65], [Hot66] und [Mol86] definiert wurden. Gegenüber anderen Systemen zeichnet sich diese Beschreibungsebene durch ihre besonders hohe Flexibilität aus. So sind die Eingaben parametrisierbar, was Entwürfe ganzer Familien von Schaltkreisen durch eine bestimmte Anzahl von Eingaben ermöglicht. Darüberhinaus können Berechnungsverfahren, die Teilkomponenten eines Entwurfs zugrundeliegen, unabhängig von speziellen Realisierungen ihrer Elementaroperationen beschrieben werden. Beispielsweise läßt sich ein Sortiernetzwerk zunächst unabhängig vom Typ und von der Kodierung der zu sortierenden Elemente eingeben. Eine spezielle Art von Elementen wird später allein durch die Realisierung eines entsprechenden Basisvergleichers ausgewählt.

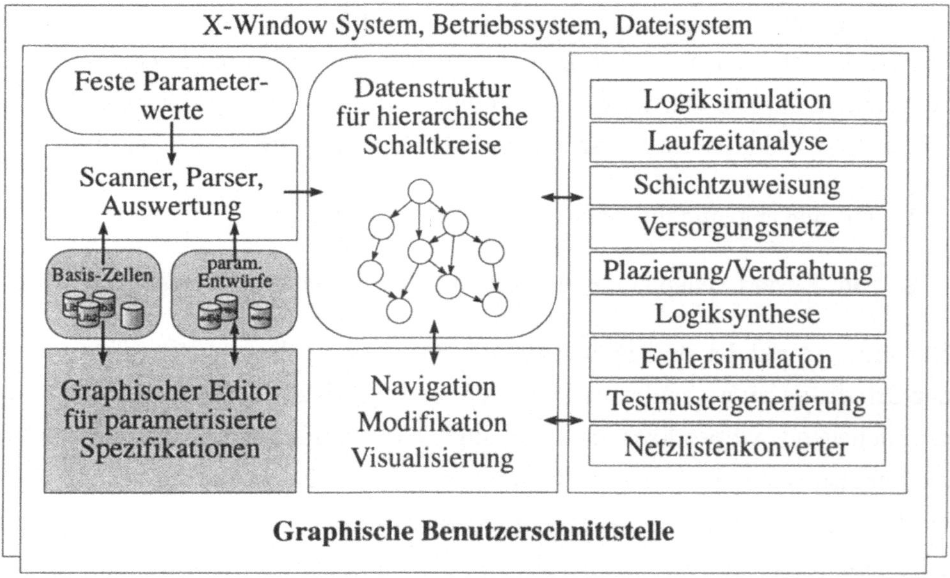

Abbildung 2.1: Integration des graphischen Editors in das Gesamtsystem

Um ein optimales Zusammenspiel des Editors mit den übrigen Entwurfswerkzeugen zu gewährleisten, ist er, wie dies in Abbildung 2.1 dargestellt ist, in die graphische Oberfläche des Gesamtsystems integriert. Er arbeitet dabei auf einer beliebig wählbaren Menge von Grundzellen, über der Bibliotheken von parametrisierten Entwürfen erstellt werden können. Die Darstellung der Eingaben erfolgt in einer zentralen Datenstruktur, die einen hierarchisch gegliederten Graphen repräsentiert. Diese Basisdatenstruktur bildet auch die Grundlage für die integrierten Werkzeuge, so daß die Visualisierung der berechneten Ergebnisse zusammen mit einer komfortablen Navigation durch die Schaltungshierarchie gewährleistet wird.

In diesem Kapitel beschreiben wir nun die Spezifikationsebene, die dem graphischen Editor unseres Systems zugrundeliegt. Zur Abgrenzung gegenüber anderen Beschreibungsformen werden im ersten Abschnitt kurz die gängigen Methoden zur Spezifikation von Hardware dargestellt. Anschließend beschreiben wir die wichtigsten Aspekte des unserem System als Basis dienenden mathematischen Kalküls. Im zentralen Abschnitt dieses Kapitels gehen wir auf die Eigenschaften der gewählten Basisdatenstruktur zur Verwaltung graphischer Netzgleichungssysteme ein. Anhand zweier ausführlicher Beispiele wird abschließend die gewählte Beschreibungsmethode erläutert.

2.1 Hardware–Beschreibungsmethoden

Die Methoden zur Spezifikation integierter Schaltkreise basieren grundsätzlich auf den folgenden beiden Ansätzen:

Textuelle Beschreibungsmethode

In diesem Fall erfolgt die Spezifikation einer Schaltung in einer Hardwarebeschreibungssprache. Die Grundlage für solche Sprachen bilden im allgemeinen imperative oder funktionale Programmiersprachen. Man unterscheidet dabei in Abhängigkeit der dargestellten Schaltungscharakteristika drei verschiedene Klassen von Beschreibungssprachen:

- Sprachen, die eine rein funktionale Spezifikation unterstützen ohne dabei strukturelle Eigenschaften einer Schaltung zu berücksichtigen. Beispiele hierfür sind ISPS ([Bar78]) und Macpitts ([SSC82]).

- Sprachen, die sowohl funktionale als auch strukturelle Spezifikationen erlauben, wie dies in Zeus ([GL85]), Hades ([Wir82]), VHDL ([Sha82,

LSU89]) und EDIF ([Com87]) möglich ist.

- Sprachen, bei denen nur strukturelle Eigenschaften berücksichtigt werden, beispielsweise HISDL ([Lim82]).

Alle diese Beschreibungssprachen erlauben eine flexible Spezifikation von Schaltkreisen. Sie unterstützen in der Regel eine prozedurale Strukturierung, indem funktionale Blöcke einer Schaltung durch entsprechende Prozeduren repräsentiert werden. Die Anschlüsse eines solchen Blockes entsprechen einem Teil der Parameter der zugehörigen Prozedur. Weitere Parameter können verwendet werden, um Varianten und Fallunterscheidungen auszudrücken. In einem Block verwendete Teilblöcke werden durch Aufrufe der diese Teilblöcke modellierenden Prozeduren umgesetzt, wodurch die hierarchische Gliederung einer Schaltung ermöglicht wird. Insbesondere sind in einigen Beschreibungssprachen auch rekursive Spezifikationen zugelassen.

Als Standardsprachen und international akzeptierte Austauschformate haben sich in erster Linie VHDL und EDIF durchgesetzt. Dabei ist VHDL geeignet, um allgemeine digitale Systeme zu beschreiben. Die Basis dieser Sprache ist ein abstraktes Modell, welches Verhaltens– und Strukturcharakteristika digitaler Systeme umfaßt. Die Syntax von VHDL entspricht der einer imperativen Programmiersprache, wie folgende Beispielbeschreibung der Antivalenz–Funktion (negiertes Exklusiv–Oder) andeutet.

Beispiel 2.1. VHDL Beschreibung der Antivalenz

– Deklaration der äußeren Schnittstelle
entity Antivalenz **is port** (A: **in Bit**; B: **in Bit**; C: **out Bit**);
end Antivalenz;

architecture Structure **of** Antivalenz **is**

– Deklaration lokaler Komponenten
component Inverter   **port** (In: **in Bit**; Out: **out Bit**);
end component;

component Nandgate **port** (In1: **in Bit**; In2: **in Bit**; Out: **out Bit**);
end component;

– Deklaration interner Signale
signal s1, s2, s3, s4: **Bit**;
begin

– Liste der Instanzen mit Abbildungen ihrer Anschlüsse
I1: Inverter   **port map** (In $\Rightarrow$ A, Out $\Rightarrow$ s1);
I2: Inverter   **port map** (In $\Rightarrow$ B, Out $\Rightarrow$ s2);
I3: Nandgate **port map** (In1 $\Rightarrow$ A, In2 $\Rightarrow$ s2, Out $\Rightarrow$ s3);
I4: Nandgate **port map** (In1 $\Rightarrow$ B, In2 $\Rightarrow$ s1, Out $\Rightarrow$ s4);
I5: Nandgate **port map** (In1 $\Rightarrow$ s3, In2 $\Rightarrow$ s4, Out $\Rightarrow$ C);

end Structure;

Am Kopf der Beschreibung wird die äußere Schnittstelle der Gesamtschaltung angegeben. Der nächste Block enthält die Schnittstellen der in Bibliotheken oder anderen VHDL–Beschreibungen definierten Komponenten. Zusätzlich können interne Signale definiert werden. Danach wird die Verbindungsstruktur der Schaltung angegeben. Die mit I1 markierte Zeile legt fest, daß eine Instanz eines Inverters verwendet wird. Dessen Ausgang Out wird über das interne Signal s1 auf den Eingang In2 des Nandgates in Zeile I4 geschaltet.   ◇

Die Darstellung einer Schaltung auf Basis von Hardwarebeschreibungssprachen hat aber entscheidende Nachteile. Einerseits läßt sich topologische Information über eine Schaltung nur sehr schwer von Hand aus einer rein textuellen Beschreibung extrahieren. Zum Verständnis der Schaltungsfunktion bei großen Schaltungen ist aber neben der textuellen Beschreibung die Darstellung in Form eines Schaltbildes oft sehr hilfreich. Andererseits ist es für den Entwerfer schwer, einen Bezug zwischen seiner Eingabe und den von Entwurfswerkzeugen gelieferten Resultaten herzustellen. Im allgemeinen hat man keine übersichtliche Darstellung der Ergebnisse, womit die Lokalisierung entwurfskritischer Stellen schwierig und zeitaufwendig ist. Dies gilt insbesondere, wenn eine hierarchische Schaltkreiseingabe intern in eine flache Darstellung transformiert werden muß, wie dies in der Regel bei Simulationswerkzeugen üblich ist. So liefert beispielsweise der Logiksimulator HILO ([Gen90]) der Firma GenRad seine Simulationsergebnisse in Form von Zeitdiagrammen. Die Zuordnung eines Diagrammes zu einem Signalnetz erfolgt dabei über die Namen von Bausteinanschlüssen, die während der Transformation der Hierarchie in die flache Darstellung eindeutig vergeben werden. Der Entwerfer muß anschließend die umgekehrte Zuordnung der Ausgabe des Simulators zu seiner hierarchischen Schaltungseingabe durchführen, was einen nicht unerheblichen Arbeitsaufwand bedeutet.

Graphische Beschreibungsmethode

Die Spezifikation des Schaltkreises erfolgt hier durch Interaktion mit einem graphischen Editor. Durch die graphische Eingabe wird einerseits die Struktur einer Schaltung beschrieben, wobei sowohl die Verbindungsstruktur der Module untereinander als auch topologische Information durch die Position der Module und Leitungen angegeben wird. Neben der Spezifikation der Schaltungsstruktur bieten einige Editoren auch die Möglichkeit, graphisch das Verhalten der Schaltung zu spezifizieren. Das in [DBR$^+$88] beschriebene System Gdl erlaubt beispielsweise die Eingabe von Daten– und Kontrollfluß einer Schaltung über eine graphische Darstellung durch Petri–Netze.

In den meisten Fällen wird allerdings die graphische Eingabe in ein Standardaustauschformat (VHDL, EDIF oder andere) umgesetzt, so daß das in der topologischen Information enthaltene Entwerferwissen für die weiteren Entwurfsschritte nicht ausgenutzt wird. Solche Editoren werden bei einigen kommerziellen Entwurfssystemen als Frontend eingesetzt, wie z.B. TANGATE ([SYS90]) oder VENUS ([HNS86]). Obwohl diese Editoren in der Regel den hierarchischen Entwurf unterstützen, können sie dennoch keine komfortable Eingabemöglichkeit für sehr große Schaltkreise gewährleisten. Ein Hauptgrund dafür ist, daß sie entweder gar nicht oder nur in sehr eingeschränkter Form die Ausnutzung von Regularitäten in großen Schaltungen erlauben. Der Entwerfer wird zwar von manchen Entwurfssystemen durch Generatoren für bestimmte reguläre Teilschaltungen, wie beispielsweise Speichermodule, unterstützt. Er kann diese Generatoren aber nur für eine beschränkte Auswahl aus vorgegebenen Parameterwerten aufrufen und damit nicht jede beliebige Ausprägung eines solchen Moduls in seinem Entwurf verwenden.

Das in [CF86] beschriebene Layoutsystem ESCHER ermöglicht die parametrisierte graphische Eingabe von Schaltungen, die auch rekursiv definiert werden können. Innerhalb einer parametrisierten Teilschaltung dürfen Gruppen von Zellen spezifiziert werden, die vergleichbar sind mit eindimensionalen Feldern in einer Programmiersprache. Jede einzelne Komponente einer solchen Gruppe wird durch einen eindeutigen Index identifiziert, der innerhalb der Gruppe von links nach rechts beziehungsweise von oben nach unten wächst. Anfangs– und Endwert können von einem Schaltkreisparameter abhängen, das Inkrement muß aber eine feste positive natürliche Zahl sein. Eine Gruppe, deren Länge von einem freien Parameter n abhängt, wird durch drei Zellen graphisch repräsentiert (vgl. Abbildung 2.2). Es wird jeweils eine Zelle für den Anfangs– und den Endwert eingegeben, zwischen denen eine weitere Zelle mit Index * plaziert ist. Diese repräsentiert alle Zellen mit Indizes zwischen Anfangs– und Endwert, vergleichbar mit einer Ellipse "$i = 1, \ldots, n$". Die an dem mit * gekennzeichneten Baustein angeschlossenen Leitungen repräsentieren alle Leitungen der ersetzten Instanzen.

Die Nachteile von ESCHER folgen aus der Tatsache, daß die Beschreibungsebene nicht auf einem wohldefinierten mathematischen Kalkül basiert. Dies äußert sich darin, daß die Topologie der Verdrahtung zwischen mehreren Gruppen von Zellen, wie sie in Abbildung 2.2 gegeben sind, nicht eindeutig ist. Darüberhinaus unterstützt ESCHER nur Rekursionen in einem Parameter. Dies stellt eine unangenehme Einschränkung dar, weil sich viele für die Praxis relevante Schaltkreise auf natürliche Weise durch Rekursion über mehreren Parametern beschreiben lassen. Ein bekanntes Beispiel hierfür ist die Beschreibung eines Wallace–Tree Multiplizierers ([Wal64]), für die von Luk und Vuillemin in [LV83] eine für den VLSI–Entwurf geeignete rekursive Darstellung in zwei Parametern angegeben wird.

Die beiden gewohnten Ansätze zur Beschreibung von Schaltkreisen besitzen also sowohl Vor– als auch Nachteile. Wir beschreiben im folgenden eine Spezifikationsebene, die die Übersichtlichkeit der graphischen Darstellung mit der

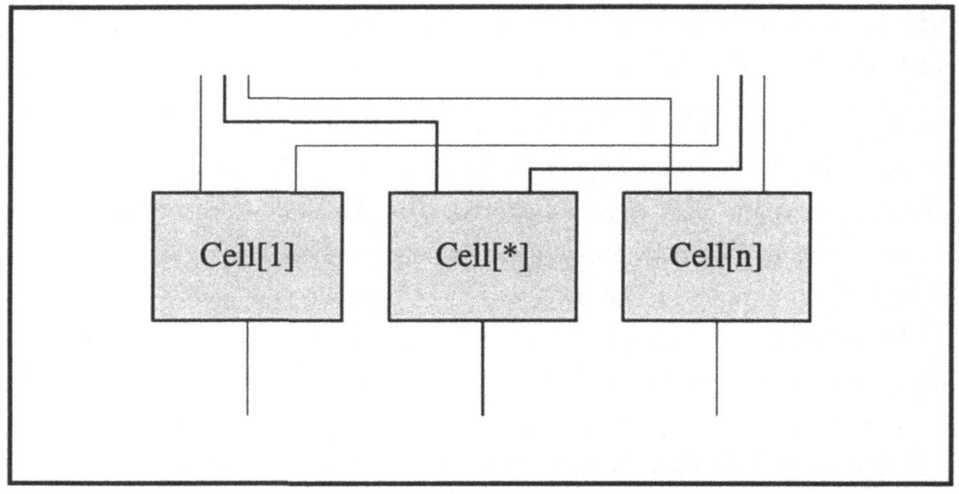

Abbildung 2.2: Darstellung einer Gruppe von n Zellen in ESCHER

Flexibilität textueller Beschreibungssprachen kombiniert. Die gewählte Grundlage eines wohldefinierten mathematischen Kalküls erweist sich als mächtiges Werkzeug zur parametrisierten Beschreibung äußerst großer Schaltkreise. Sie gestattet insbesondere eine von Basisoperationen unabhängige Spezifikation, wie sie zur Zeit von keiner anderen Beschreibungssprache unterstützt wird. Sie erhöht damit die Wiederverwendbarkeit von Teilschaltungen in anderen Entwürfen. Der Entwerfer kann beispielsweise einen Sortieralgorithmus zunächst unabhängig vom Typ und der Kodierung der zu sortierenden Elemente eingegeben. Der Typ der Elemente wird anschließend durch die Vergleichsfunktion festgelegt, die beliebig austauschbar ist.

2.2   Grundlagen des Netzkalküls

Die Beschreibungsebene des graphischen Editors basiert auf der Darstellung von Schaltkreisen in einem Kalkül, der im Teilprojekt B1 des SFB 124 als Grundlage einer Programmiersprache zum Entwurf von integrierten Schaltkreisen entwickelt wurde. Dabei will man neben der logischen Struktur eines

Schaltkreises auch Informationen über dessen geometrische Leitungsführung erfassen. Die Eigenschaften dieses Kalküls, dessen Grundlagen in [Hot65], [Hot74] vorgestellt wurden, sind in [Mol86], [Mol88] ausführlich beschrieben. Es werden nun die für die vorliegende Arbeit wichtigsten Aspekte gezeigt.

2.2.1 Die Bikategorie der logisch–topologischen Netze

Es werden verschiedene Abstraktionen zur Beschreibung von integrierten Schaltkreisen vorgenommen: Der Schaltkreis wird in ein Rechteck R ausgelegt, auf dessen Rand sich die äußeren Anschlüsse der Schaltung befinden. Er besteht aus Leitungen und Bausteinen, die durch die Leitungen miteinander verbunden werden. Man projiziert das Layout in die euklidische Ebene und abstrahiert so von den verschiedenen Schichten, in denen die Leitungen geführt werden. Um eine planare Beschreibung zu erhalten, faßt man Abzweigungen und Überkreuzungen von Leitungen ebenfalls als Bausteine auf. Weiterhin wird von Leitungsbreiten abstrahiert. Zusätzlich betrachtet man Leitungen als Polygonzüge, die überkeuzungs– und überlappungsfrei in der Ebene verlaufen. Jeder Baustein hat, wie auch das umschließende Rechteck R der Schaltung, eine nördliche, östliche, südliche und westliche Seite. Dies bedeutet insbesondere, daß alle in R enthaltenen Bausteine parallel zu den Seiten von R ausgerichtet sind. Jeder Zelle ist dabei ein Name zugeordnet. Zellvorkommen mit dem gleichen Namen haben auf jeweils derselben Seite die gleiche Anzahl und Reihenfolge von Anschlüssen. Diese Art der Beschreibung eines Schaltkreises wird als *logisch–topographisches Netz* bezeichnet.

Zur Beschreibung von größeren Netzen werden zwei einfache Operationen auf logisch–topographischen Netzen definiert. Seien dazu N_1 und N_2 zwei logisch–topographische Netze. Dann ist das *Übereinandersetzen* (vgl. Abbildung 2.3) von N_1 und N_2 zu $N := N_1 \oplus N_2$ genau dann definiert, wenn die südliche Seite von N_1 und die nördliche Seite von N_2 aufeinander passen. Die formale Fassung des Begriffes "aufeinander passen" erfolgt im Anschluß an diese informalen Erläuterungen. Analog kann man das *Nebeneinandersetzen* (vgl. Abbildung 2.4) von N_1 und N_2 zu $N := N_1 \ominus N_2$ definieren genau dann, wenn die östliche Seite von N_1 mit der westlichen Seite von N_2 zusammenpaßt. Als Resultat erhält man das Netz, das entsteht, wenn man die beiden

Teilnetze an den betreffenden Seiten miteinander verklebt, d.h. die Anschlußpunkte auf den beiden Seiten miteinander identifiziert und anschließend die
beiden Seitenränder löscht. Mit Hilfe dieser Operationen könnte man nun, ausgehend von einer Menge von Grundbausteinen, Verdrahtungselementen und
Leitungsstücken, logisch–topographische Netze sukzessive zusammenbauen.

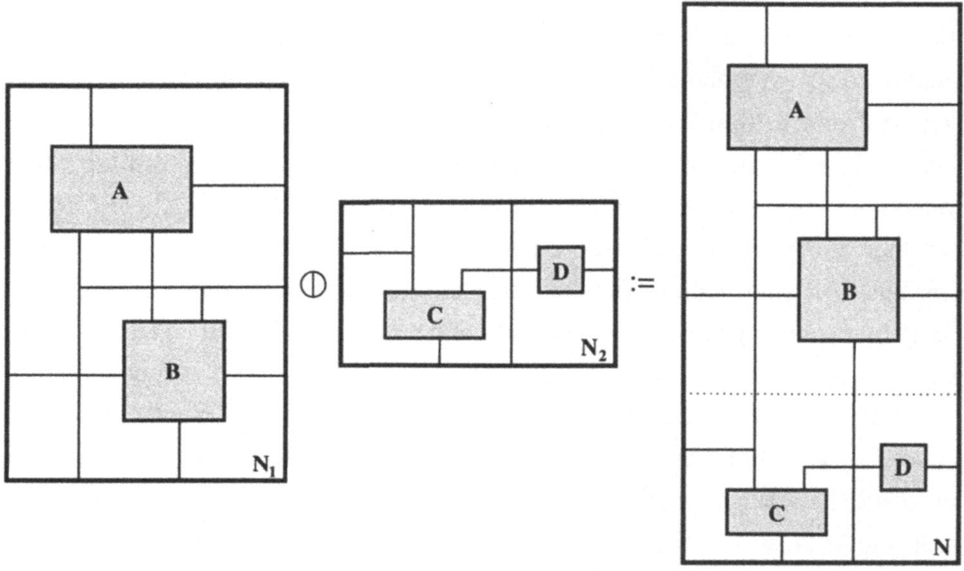

Abbildung 2.3: Übereinandersetzen von zwei logisch–topographischen Netzen

Ein Nachteil dieser Vorgehensweise liegt darin, daß man eine genaue Beschreibung der Topographie des zu konstruierenden Netzes benötigt. Man geht deshalb noch einen Schritt weiter und faßt zwei logisch–topographische Netze
als äquivalent auf, wenn sie sich durch Anwendung einer Folge von elementaren Deformationsschritten ineinander überführen lassen. Als elementare Deformationen sind hier Deformationen von Leitungen, Ähnlichkeitstransfor-
mationen, Verschieben, Drehen, Dehnen und Stauchen von Zellen sowie das
Verschieben von Anschlüssen auf dem Rand eines Bausteines oder des Netzes erlaubt. Diese Deformationen sind nur dann zugelassen, wenn dadurch
die Anzahl und Reihenfolge der Anschlüsse auf den Rändern nicht verändert
wird. Ebenfalls dürfen durch diese Deformationen keine neuen Überkreuzun-

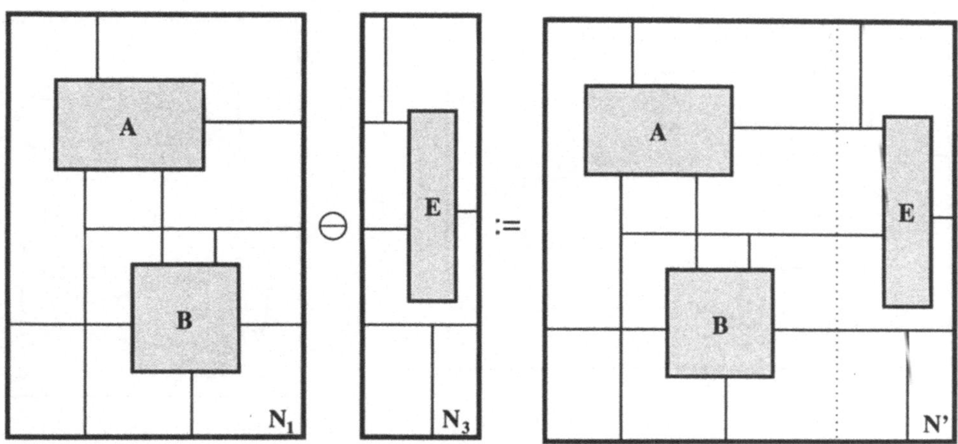

Abbildung 2.4: Nebeneinandersetzen von zwei logisch–topographischen Netzen

gen von Leitungen generiert werden und alle Zwischenresultate müssen legale
logisch–topographische Netze sein, d.h. es dürfen keine Überlappungen generiert werden. Eine genaue Beschreibung der erlaubten Deformationen findet
sich in [Mol86].

Unter Berücksichtigung dieser Menge von Deformationen sind also die beiden
in Abbildung 2.5 gezeigten Netze als äquivalent anzusehen. Mit der so gegebenen Äquivalenzrelation auf den logisch–topographischen Netzen erhält man
eine Klasseneinteilung. Eine Klasse von logisch–topographischen Netzen bezeichnet man als *logisch–topologisches Netz* und jedes Element der Klasse als
einen Repräsentanten. Das Übereinander– und Nebeneinandersetzen läßt sich
auf logisch–topologische Netze erweitern, indem man, falls sie existieren, zwei
geeignete Repräsentanten gemäß den oben angestellten Überlegungen miteinander verknüpft und das Resultat wiederum als Repäsentant eines logisch–
topologischen Netzes betrachtet. Man sieht leicht, daß die beiden Operationen
genau dann definiert sind, wenn die Anzahl der Anschlüsse auf den betreffenden Seiten der beteiligten logisch–topologischen Netze übereinstimmt. Oft will
man aber nicht nur die Anzahl der Anschlüsse betrachten, sondern den einzelnen Leitungen eine Semantik innerhalb der Schaltungsbeschreibung zuordnen.
Dies erfolgt mit Hilfe von Signaltypen, die jeder Leitung zugewiesen werden

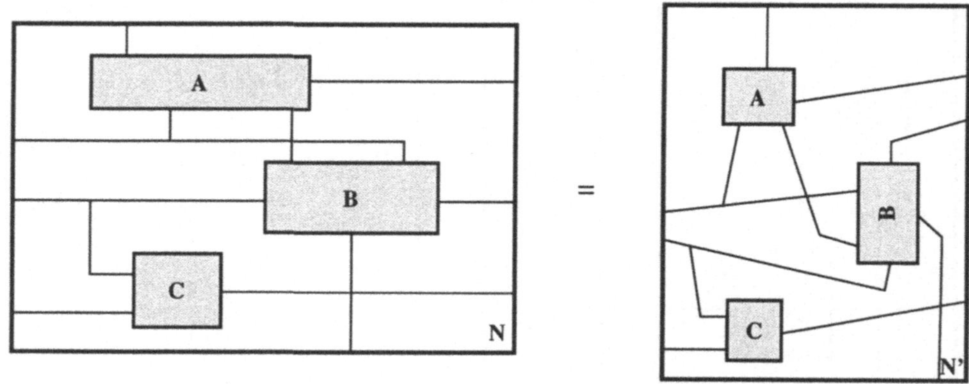

Abbildung 2.5: Zwei Repräsentanten eines logisch–topologischen Netzes

können. In diesem Falle sind die Operationen genau dann definiert, wenn die
Folgen der Signaltypen in der Reihenfolge von links nach rechts (Übereinandersetzen) beziehungsweise von oben nach unten (Nebeneinandersetzen) an den
betreffenden Seiten übereinstimmen.

Das bisher informal Beschriebene läßt sich wie folgt formalisieren: Seien A eine
endliche Menge von Grundbausteinen und O eine endliche Menge von Signaltypen. Dann bezeichnen wir mit $Net(O, A)$ die Menge der logisch–topologischen
Netze über Grundbausteinen aus A und Signaltypen aus O. Falls nur die Anzahl der Anschlüsse berücksichtigt werden soll, schreiben wir kurz $Net(A)$.
Dann geben die Abbildungen

$$N, E, S, W : Net\,(O, A) \to O^* \quad \text{bzw.} \quad N, E, S, W : Net\,(A) \to \mathbb{N}_0$$

die Wörter über den Signaltypen der nördlichen, östlichen, südlichen und westlichen Seite, von links nach rechts beziehungsweise von oben nach unten gelesen, beziehungsweise die Anzahl der Anschlüsse an den betreffenden Seiten
wieder.

Definition 2.2. ([Hot65]) Seien O, M Mengen, $Q, Z : M \to O$ zwei Abbildungen und $\circ : M \times M \to M$ eine partielle Verknüpfung. Dann heißt
$K = (O, M, Q, Z, \circ)$ eine *Kategorie*, falls gilt:

(K_1) $\forall\, f, g \in M : f \circ g$ ist genau dann definiert, wenn $Z(f) = Q(g)$ *gilt*.

(K_2) $\forall\, f, g \in M$ mit $Z(f) = Q(g) : Q(f \circ g) = Q(f)$ und $Z(f \circ g) = Z(g)$.

(K_3) $\forall\, f, g, h \in M : f \circ (g \circ h) = (f \circ g) \circ h$, falls die Ausdrücke definiert sind.

(K_4) $\forall\, w \in O\ \exists 1_w^\circ \in M\ \forall\, f, g \in M$ mit $Q(f) = w, Z(g) = w : 1_w \circ f = f,$
$\quad g \circ 1_w = g.$

O heißt *Objektmenge* und M *Morphismenmenge* von K.

Bezeichnungen: Sei $(O, \circ)$ ein freies Monoid, dann bezeichne ε die Einheit und E_O das freie Erzeugendensystem von $(O, \circ)$. Für $w_1, \ldots, w_n \in E_O$ ist

$$(w_1 \circ \cdots \circ w_n)^{-1} := w_n \circ \cdots \circ w_1 \quad \text{und} \quad \varepsilon^{-1} := \varepsilon.$$

Für $a \in E_O, v \in O$ ist

$$\ulcorner_\varepsilon = 1_\varepsilon^\oplus, \ulcorner_{aov} = \ulcorner_a \oplus (1_a^\oplus \ominus \ulcorner_v), \quad \urcorner_\varepsilon = 1_\varepsilon^\oplus, \urcorner_{aov} = \urcorner_a \oplus (\llcorner_v \ominus 1_v^\oplus)$$

$$\llcorner_\varepsilon = 1_\varepsilon^\oplus, \llcorner_{aov} = (1_a^\oplus \ominus \llcorner_v) \oplus \llcorner_a, \quad \lrcorner_\varepsilon = 1_\varepsilon^\oplus, \lrcorner_{aov} = (\lrcorner_a \ominus 1_v^\oplus) \oplus \lrcorner_v$$

Definition 2.3. [Mol86] Eine *Bikategorie B* wird definiert durch ein 8–Tupel $(O, M, N, S, W, E, \oplus, \ominus)$, für das folgende Axiome gelten:

(B_1) $(O, M, N, S, \oplus)$ ist eine Kategorie.

(B_2) $(O, M, W, E, \ominus)$ ist eine Kategorie.

(B_3) $(O, \circ)$ ist ein freies Monoid, wobei ε die Einheit und E_O das freie Erzeugendensystem in $(O, \circ)$ bezeichne.

(B_4) $\forall\, F, G \in M$ mit $S(F) = N(G)$ gilt:
$\quad E(F \oplus G) = E(F) \circ E(G)$ und $W(F \oplus G) = W(F) \circ W(G)$.

(B_5) $\forall\, F, G \in M$ mit $E(F) = W(F)$ gilt:
$\quad N(F \ominus G) = N(F) \circ N(G)$ und $S(F \ominus G) = S(F) \circ S(G)$.

(B_6) $\forall\, v, w \in O$ gilt: $1_v^\oplus \ominus 1_w^\oplus = 1_{v\circ w}^\oplus$ und $1_v^\ominus \oplus 1_w^\ominus = 1_{v\circ w}^\ominus$.

(B_7) $\forall\, F_1, F_2, G_1, G_2 \in M$ mit $S(F_1) = N(G_1), S(F_2) = N(G_2), E(F_1) = W(F_2)$ und $E(G_1) = W(G_2)$ gilt:

$$(F_1 \ominus F_2) \oplus (G_1 \ominus G_2) = (F_1 \oplus G_1) \ominus (F_2 \oplus G_2) \quad \text{(Distributivgesetz)}$$

(B_8) $\forall\, a \in E_O\ \exists\ \lrcorner_a, \llcorner_a, \urcorner_a, \ulcorner_a \in M$, so daß gilt:

$$\ulcorner_a \ominus \lrcorner_a = 1_a^\oplus = \llcorner_a \ominus \urcorner_a \ \text{ und }\ \ulcorner_a \oplus \lrcorner_a = 1_a^\ominus = \urcorner_a \oplus \llcorner_a.$$

(B_9) $\forall\, F \in M$ gilt:
$$\begin{aligned}
F = {}&\left(1_{N(F)}^\oplus \ominus \ulcorner_{E(F)}\right) \oplus \left(1_{N(F)\circ E(F)}^\oplus \ominus \ulcorner_{S(F)^{-1}\circ W(F)^{-1}\circ N(F)} \ominus \urcorner_{N(F)^{-1}\circ W(F)\circ S(F)}\right) \\
&\oplus \left(1_{N(F)\circ E(F)\circ S(F)^{-1}}^\oplus \ominus \llcorner_{W(F)^{-1}} \ominus F \ominus \urcorner_{E(F)^{-1}} \ominus 1_{N(F)^{-1}\circ W(F)\circ S(F)}^\oplus\right) \\
&\oplus \left(\llcorner_{N(F)\circ E(F)\circ S(F)^{-1}} \ominus \lrcorner_{S(F)\circ E(F)^{-1}\circ N(F)^{-1}} \ominus 1_{W(F)\circ S(F)}^\oplus\right) \oplus \left(\lrcorner_{W(F)} \ominus 1_{S(F)}^\oplus\right)
\end{aligned}$$

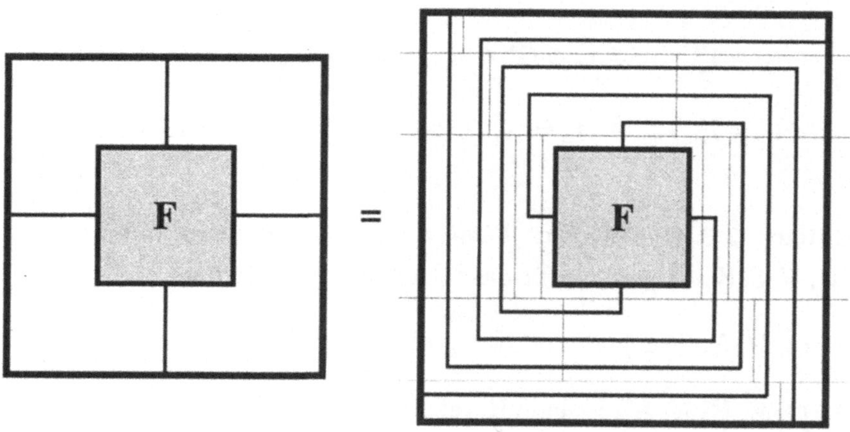

Abbildung 2.6: Drehung eines Netzes gegen den Uhrzeigersinn

Das Axiom (B_9) steht für die Drehung eines Netzes um 360° Grad gegen den Uhrzeigersinn, wie es in Abbildung 2.6 gezeigt wird. Man sieht hier unter anderem, daß die Darstellung eines Netzes als Ausdruck über der Bikategorie im Vergleich zu einer graphischen Beschreibung sehr leicht unüberschaubar wird.

Sei $B = (O, M, N, S, W, E, \oplus, \ominus)$ eine Bikategorie. Analog zu Definition 2.1 bezeichnen wir die Elemente von O als Objekte und die Elemente von M als Morphismen von B.

Ausgehend von einer Menge A von Grundbausteinen, zu der auch Überkreuzungs- und Abzweigungsbausteine gehören, kann man nun mit den Netzen $\llcorner, \neg, \llcorner, \ulcorner$ unter Verwendung der Zusammensetzungsoperatoren $\oplus$ und $\ominus$ logisch–topologische Netze erzeugen. Man hat damit einen Kalkül, mit dem man auf abstrakter Ebene Schaltkreise durch arithmetische Ausdrücke unter Anwendung elementarer Rechenregeln beschreiben kann. In [Mol86] wird dazu gezeigt, daß

$$NET\,(A) = (\mathbb{N}_0,\, Net\,(A), N, S, W, E, \oplus, \ominus)$$

beziehungsweise

$$NET\,(O, A) = (O^*,\, Net\,(O, A), N, S, W, E, \oplus, \ominus)$$

Bikategorien sind. Von entscheidendem Interesse ist hier die Frage nach einem Erzeugendensystem für $NET(A)$ beziehungsweise $NET(O, A)$, und ob ein freies Erzeugendensystem existiert. Eine Formalisierung dieses Begriffes erfolgt zunächst in den folgenden Definitionen:

Definition 2.4. ([Mol86]) Sei $B = (O, M, N, S, W, E, \oplus, \ominus)$ eine Bikategorie, $P \subset M$, $\Sigma = P \cup \{1_w^\circ, 1_w^\bullet, \neg, \llcorner, \lrcorner, \ulcorner \mid w \in O\} \cup \{\oplus, \ominus, (,)\}$ und sei Σ^* das freie Monoid über Σ. Dann heißt der Durchschnitt aller Mengen $L \subset \Sigma^*$ mit

(1) $P \cup \{1_w^\circ, 1_w^\bullet, \ulcorner_w, \llcorner_w, \lrcorner_w, \neg_w \mid w \in O\} \subset L$

(2) Sind $w_1, \ldots, w_k \in L$, dann ist auch $(w_1 \oplus \ldots \oplus w_k) \in L$, falls dieser Ausdruck für die beschriebenen Morphismen definiert ist.

(3) Sind $w_1, \ldots, w_k \in L$, dann ist auch $(w_1 \ominus \ldots \ominus w_k) \in L$, falls dieser Ausdruck für die beschriebenen Morphismen definiert ist.

die Menge der *bikategoriellen Ausdrücke* über P.

Definition 2.5. ([Mol86]) Sei $B = (O, M, N, S, W, E, \oplus, \ominus)$ eine Bikategorie. Eine Menge $P \subset M$ heißt *Erzeugendensystem* von B, falls sich jeder Morphismus aus M durch einen bikategoriellen Ausdruck über P darstellen läßt.

Definition 2.6. ([Mol86]) Zwei bikategorielle Ausdrücke heißen *gleichartig*, wennn sie sich mit den Axiomen der Bikategorie ineinander überführen lassen. Ein Erzeugendensystem P heißt *frei*, wenn zwei bikategorielle Ausdrücke über P genau dann den gleichen Morphismus beschreiben, wenn sie gleichartig sind.

In [Mol86] wird gezeigt, daß A sowohl freies Erzeugendensystem von $NET(A)$ als auch von $NET(O, A)$ ist. Im folgenden werden wir bei freien Bikategorien stets bikategorielle Ausdrücke über einem freien Erzeugendensystem betrachten.

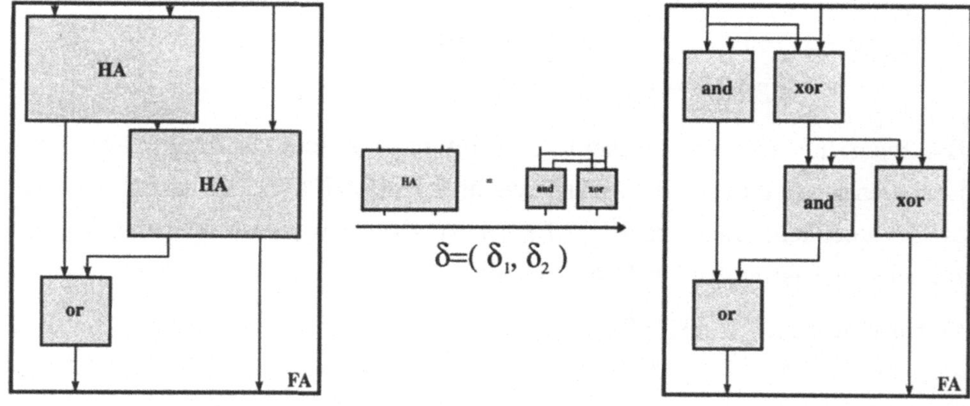

Abbildung 2.7: Anwendung des Bifunktors am Beispiel eines Volladdierers

Mit der bisher beschriebenen Methode hätte man Schwierigkeiten bei der Beschreibung sehr großer Schaltungen mit mehreren tausend Bausteinen, da die Darstellung einer Schaltung mittels bikategorieller Ausdrücke äußerst groß und unüberschaubar wird. Man nutzt nun aus, daß große Schaltungen oft regelmäßige Teilstrukturen beinhalten. Dazu kommt, daß derselbe Teilschaltkreis meist vielfach zum Aufbau einer komplexen Schaltung herangezogen wird, woraus man eine hierarchische Spezifikation ableiten kann. In der Sprache der Bikategorien bedeutet dies, daß man angeben muß, wie einem Netz über einem Bausteinsystem A ein Netz über einem Bausteinsystem B zuzuordnen ist, indem man eine genaue Beschreibung der Bausteine aus A als Netze über Bausteinen aus B angibt. Diese Zuordnung erfolgt unter Verwendung einer strukturerhaltenden Abbildung zwischen Bikategorien, die wir im folgenden als Bifunktor bezeichnen. Abbildung 2.7 zeigt ein einfaches Beispiel hierfür.

Definition 2.7. ([Mol86]) Seien $B_i = (O_i, M_i, N_i, S_i, W_i, E_i, \oplus_i, \ominus_i)(i = 1, 2)$ zwei Bikategorien. Wir nennen $\delta = (\delta_1, \delta_2)$ *Bifunktor* von B_1 nach B_2, falls gilt:

(a) $\delta_1 : (O_1, \circ_1) \to (O_2, \circ_2)$ ist ein Monoidhomomorphismus, $\delta_2 : M_1 \to M_2$ ist eine Abbildung.

(b) δ_2 erfüllt folgende Bedingungen:

    (b1) $\forall F, G \in M_1$ mit $S_1(F) = N_1(G)$ gilt: $\delta_2(F \oplus_1 G) = \delta_2(F) \oplus_2 \delta_2(G)$

    (b2) $\forall F, G \in M_1$ mit $E_1(F) = W_1(G)$ gilt: $\delta_2(F \ominus_1 G) = \delta_2(F) \ominus_2 \delta_2(G)$

(c) Das folgende Diagramm ist kommutativ:

$$\begin{array}{ccc} M_1 & \overset{N_1, S_1, W_1, E_1}{\longrightarrow} & O_1 \\ \delta_2 \downarrow & & \downarrow \delta_2 \\ M_2 & \overset{N_2, S_2, W_2, E_2}{\longrightarrow} & O_2 \end{array}$$

(d) $\forall w \in O_1 : \delta_2(1_w^{\oplus_2}) = 1_{\delta_1(w)}^{\oplus_1}, \; \delta_2(1_w^{\ominus_2}) = 1_{\delta_1(w)}^{\ominus_1}.$

Bifunktoren lassen sicht leicht auf bikategoriellen Ausdrücken berechnen, wenn die Bilder der Erzeugenden bekannt sind. Dies ergibt sich aus den beiden letzten Definitionen, da man einen bikategoriellen Ausdruck für F in einen Ausdruck für $\delta_2(F)$ übersetzen kann, indem man alle Vorkommen $p \in P$ durch Ausdrücke für $\delta_2(p)$ ersetzt, wobei P freies Erzeugendensystem der Bikategorie B_1 ist. In [Mol86] wird gezeigt, daß die Verfeinerung der Netze $\ulcorner_a, \llcorner_a, \lrcorner_a, \urcorner_a$ für $a \in O$ bereits durch δ_1 eindeutig bestimmt ist. Die Spezifikation eines Bifunktors besteht also im wesentlichen aus der Definition von $\delta_1(O)$ und $\delta_2(A)$. Unter Anwendung von Bifunktoren kann man auf sehr kompakte Weise hierarchische Schaltungsbeschreibungen spezifizieren.

2.2.2 Rekursive Netzgleichungssysteme

Wir geben nun eine Spezifikationsmethode für Schaltkreise an, die auf dem im vorangegangenen Abschnitt vorgestellten Kalkül basiert. Diese Methode nutzt aus, daß sich Schaltkreise oft besonders kurz und überschaubar definieren lassen, wenn der von ihnen berechneten Funktion ein rekursives Schema zugrunde liegt. Dazu gehören Schaltkreise, die arithmetische Funktionen berechnen wie etwa Addier– und Multiplizierwerke, aber auch Sortiernetzwerke oder andere regelmäßige Strukturen, beispielsweise Speichermodule. Rekursive Beschreibungen von Schaltungen bilden, basierend auf dem mathematischen Kalkül der Bikategorien, ein mächtiges Werkzeug beim Entwurf von sehr großen integrierten Schaltkreisen.

Wir werden nun zunächst Gleichungssysteme über logisch–topologischen Netzen beschreiben und dabei besonders auf rekursive Gleichungen eingehen. Anhand von einfachen Beispielen soll die Mächtigkeit dieser Beschreibungstechnik verdeutlicht werden.

Definition 2.8. ([Kol86]) Sei $NET(O, A)$ eine freie Bikategorie logisch-topologischer Netze, und sei V eine Menge von Unbestimmten. Sei weiter R eine Menge von Gleichungen der Form $l = r$, wobei l, r bikategorielle Ausdrücke über Bausteinen aus A und Unbestimmten aus V darstellen. Dann heißt $G = (V, R)$ ein *Gleichungssystem* über $NET(O, A)$ mit Unbestimmten aus V.

Sei $\zeta : V \to Net\,(O, A)$ eine beliebige Abbildung, die jeder Unbestimmten aus V ein Netz aus $Net\,(O, A)$ zuordnet. Man betrachte die freie Bikategorie $NET(O, A \cup V^\zeta)$, die man erhält, indem man alle Elemente aus V als Bausteine hinzunimmt und

$$N, S, E, W(X) := N, S, E, W(\zeta(X))$$

für alle $X \in V$ setzt. Dann definiert ζ einen Bifunktor

$$\tau = (\tau_1^\zeta, \tau_2^\zeta) : NET\,(O, A \cup V^\zeta) \to NET\,(O, A) \text{ mit}$$

$$(1) \quad \tau_1^\zeta \text{ ist Identität auf } O \text{ und}$$

$$(2) \quad \tau_2^\zeta(X) := \begin{cases} X & \text{falls } X \in A \\ \zeta(X) & \text{falls } X \in V \end{cases}$$

ζ heißt *Lösung* von G genau dann, wenn für jede Gleichung $l = r \in R$ gilt: $\tau_2^\zeta(l) = \tau_2^\zeta(r)$. Wir nennen τ^ζ den Einsetzungsfunktor von ζ. Ein Gleichungssystem heißt (eindeutig) *lösbar*, wenn es (genau) eine Lösung besitzt.

Hier wird also das, was man allgemein unter einem Gleichungssystem versteht, auf Netze übertragen. Dabei hat man eine Menge von Gleichungen, die durch Gleichsetzen von bikategoriellen Ausdrücken über Konstanten und Unbestimmten gegeben sind. Eine Lösung stellt dann eine Einsetzung für die Unbestimmten dar, bei der alle Gleichungen erfüllt sind.

Beispiel 2.9. Gleichungssystem für einen binären Vergleichsbaum

$$V = \{T_i \mid i \in \mathbb{N}_0\}, R = \{T_i = (T_{i-1} \ominus T_{i-1}) \oplus \text{ or } \mid i \geq 1\} \cup \{T_0 = \text{ exor }\}$$

Dieses einfache Gleichungssystem ist eindeutig lösbar und definiert für T_i einen vollständigen binären Vergleichsbaum, wobei die 2^i Blätter durch Exklusiv-Oder–Gatter und die inneren Knoten durch Oder–Gatter gebildet werden. Abbildung 2.8 zeigt die graphische Darstellung der Lösung dieses Gleichungssystems für T_3. $\diamond$

Beispiel 2.10. Unlösbares Gleichungsystem

$$V = \{Y\}, R = \{Y = \text{ inv } \oplus Y\}$$

Dieses Gleichungssystem hat keine Lösung in $Net(O, A)$, da die Zahl der Bausteine aus A auf der rechten Seite für jede Einsetzung stets größer ist als die Zahl der Bausteine in der für Y gewählten Einsetzung. $\diamond$

Definition 2.11. ([Kol86]) Sei $G = (V, R)$ ein Gleichungssystem über $Net(O, A)$. G heißt *einfach* genau dann, wenn jede Gleichung in R von der Form $X = e$ ist, wobei X eine Unbestimmte und e ein bikategorieller Ausdruck über Unbestimmten aus V und Bausteinen aus A ist, und wenn es zu jeder Unbestimmten $X \in V$ höchstens eine solche Gleichung gibt.

In [Kol86] wird gezeigt, daß für ein lösbares Gleichungssystem nach k–facher Iteration des Expansionsfunktors ein Ausdruck über $Net(O, A)$ erzeugt werden

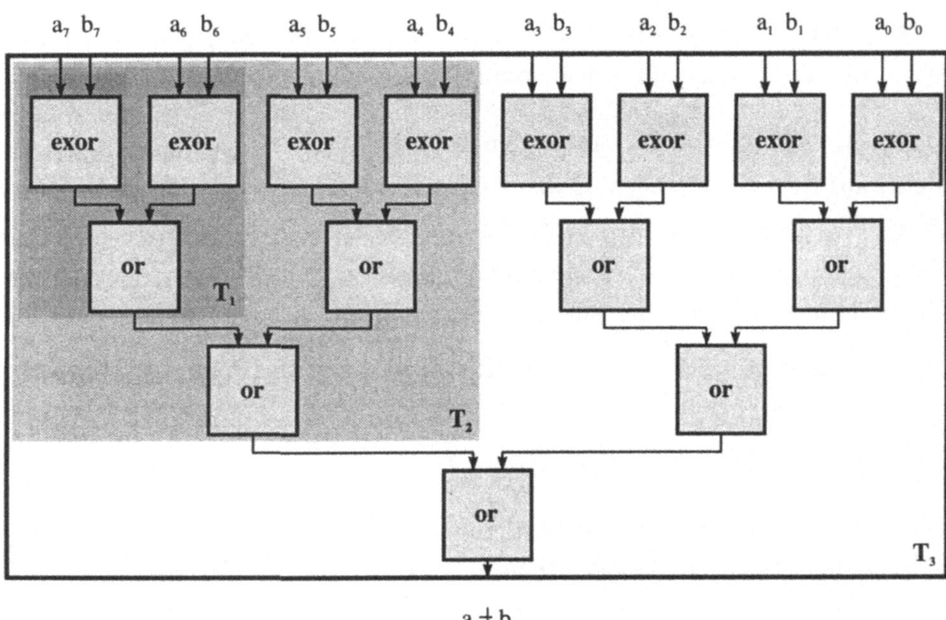

Abbildung 2.8: Rekursive Beschreibung eines binären Vergleichsbaumes

kann. In Abschnitt 2.3.1 zeigen wir, welche syntaktischen Konstrukte zur Definition rekursiver Gleichungssysteme verwendet werden dürfen. Es soll dabei ein einfacher Ansatz gewählt werden, der dem Entwerfer aber auch die Beschreibung komplexer Schaltkreise auf einfache und prägnante Weise erlaubt.

Definition 2.12. ([Kol86]) Sei T ein beliebiges Alphabet und sei $X[p_1, \ldots, p_n]$ mit $p_i \in T^* \cup \mathbb{N}_0$ eine Netzvariable mit freien und konstanten Parametern $p_1, \ldots, p_n$. Dann beschreibt $X[p_1, \ldots, p_n]$ eine Menge von Unbestimmten gemäß

$$X[p_1, \ldots, p_n] = \left\{ X_{\varphi(p_1), \ldots, \varphi(p_n)} \mid \varphi(p_i) = \begin{cases} p_i, & \text{falls } p_i \in \mathbb{N}_0 \\ \delta_i \in \mathbb{N}_0, & \text{sonst} \end{cases} \right\}.$$

$X[p_1, \ldots, p_n]$ heißt dann *Netzvariable der Dimension* n mit freien und konstanten Parametern $p_1, \ldots, p_n$. Weiter sei $P_X := \{p_i \mid p_i \notin \mathbb{N}_0\}$ die *Menge der freien Parameter* von $X[p_1, \ldots, p_n]$.

In dieser Definition ist $\varphi : P_X \longrightarrow \mathbb{N}_0$ eine Abbildung, die den freien Parametern von X einen beliebigen Wert aus $\mathbb{N}_0$ zuordnet. Für die konstanten Parametern von X ist φ durch die Identität gegeben. Es bezeichne $e\,(P_X)$ einen bikategoriellen Ausdruck über Grundbausteinen und Netzvariablen, wobei für die Parameter der Vorkommen von Netzvariablen arithmetische Ausdrücke über $p_i \in P_X$ stehen dürfen. Ist $\varphi : P_X \longrightarrow \mathbb{N}_0$ eine Belegung der freien Parameter mit konstanten Werten, so verstehen wir unter $e(\varphi(P_X))$ den bikategoriellen Ausdruck, den man erhält, indem jedes Vorkommen von p_j durch $\varphi(p_j)$ ersetzt wird und die arithmetischen Ausdrücke zu konstanten Werten ausgewertet werden.

Wir unterscheiden zwei verschiedene Typen von Gleichungen, aus denen eine rekursive Schaltungsbeschreibung aufgebaut werden kann:

(1) *Allgemeine Gleichungen* der Form $X[p_1,\ldots,p_n] = e(P_X)$, wobei $\forall i : p_i \notin \mathbb{N}_0$, also $|\,P_X\,| = n$ gilt, d.h. es handelt sich um eine Netzvariable mit ausschließlich freien Parametern.

(2) *Abschlußgleichungen* der Form $X[p_1,\ldots,p_n] = e(P_X)$, wobei $\exists i : p_i \in \mathbb{N}_0$, also $|\,P_X\,| < n$ gilt.

Als allgemeine Gleichungen werden also solche bezeichnet, bei denen sämtliche Parameter frei wählbar sind. Der Ausdruck auf der rechten Seite kann dabei auch nur eine Teilmenge dieser Parameter verwenden. Unter Abschlußgleichungen verstehen wir solche, bei denen mindestens ein Parameter mit einem konstanten Wert belegt ist.

Definition 2.13. ([Kol86]) Eine Abschlußgleichung $X[p_1,\ldots,p_n] = e(P_X)$ heißt *anwendbar* auf $X[\varphi(p_1),\ldots,\varphi(p_n)]$ genau dann, wenn

(1) $M_X^\varepsilon := |\,\{p_i \mid p_i \in \mathbb{N}_0, p_i = \varphi(p_i)\}\,| = n - |\,P_X\,|$ gilt, d.h. alle konstanten Parameter müssen mit den betreffenden Werten, die durch die Belegung φ gegeben sind, übereinstimmen, und

(2) für jede andere Schlußregel der Form $X[p_1,\ldots,p_n] = e'(P'_X)$ mit $M_X^{\varepsilon'} = n - |\,P'_X\,|$ gilt $M_X^{\varepsilon'} < M_X^\varepsilon$.

Definition 2.14. ([Kol86]) $GL = (NV, AR, SR)$ mit

(1) NV ist eine Menge von Netzvariablen,

(2) AR eine Menge von allgemeinen Gleichungen über Netzvariablen aus NV und

(3) SR eine Menge von Abschlußgleichungen über Netzvariablen aus NV

heißt *System rekursiver Netzgleichungen*, falls zu jeder Variablen $X[p_1, \ldots, p_n]$ $\in NV$

(a) höchstens eine allgemeine Gleichung und

(b) keine zwei Abschlußgleichungen $X[p_1, \ldots, p_n]$ und $X[p_1', \ldots, p_n']$ existieren, für die gilt: $\forall p_i, p_i' \in \mathbb{N}_0 \; p_i = p_i'$. Zwei Abschlußgleichungen für dieselbe Netzvariable müssen sich damit an mindestens einem konstanten Parameter unterscheiden. Dann folgt mit Definition 2.13, daß immer höchstens eine anwendbare Abschlußgleichung existiert.

Über die Mächtigkeit rekursiver Netzgleichungen, d.h. die Frage, welche Teilmengen aus $Net(O, A)$ man als Lösungen für eine Netzvariable $X[p_1, \ldots, p_n]$ in einem rekursiven Gleichungssystem erhalten kann, werden in [Kol86] folgende Aussagen bewiesen, die wir hier der Vollständigkeit halber angeben.

Satz 2.15. ([Kol86]) Sei $f : \mathbb{N}_0 \to \mathbb{N}_0$ eine (turing–) berechenbare Abbildung. Dann gibt es ein lösbares rekursives Gleichungssystem $G_f = (NV_f, AR_f, SR_f)$ mit Netzvariablen $F[n]$ und $E[n]$, so daß gilt:

$$\forall\, n \in \mathbb{N}_0 : f(n) \text{ ist definiert} \quad \Leftrightarrow \quad \exists k \in \mathbb{N}_0 : \phi_{G_f,2}^k(F[n]) = E[f(n)],$$

wobei ϕ_{G_f} der Expansionsfunktor von G_f ist.   ◇

Korollar 2.16. ([Kol86]) Sei $f : \mathbb{N}_0 \to Net\,(O, A)$ eine berechenbare Abbildung. Dann gibt es ein lösbares Gleichungssystem G_f und eine Netzvariable $F[n]$ mit

$$f(n) \text{ ist definiert} \quad \Leftrightarrow \quad \exists k(n) : \phi_{G_f,2}^{k(n)}(F[n]) = f(n).$$

$\diamond$

Weiterhin wird in [Kol86] gezeigt, daß folgende Probleme für rekursive Netzgleichungssysteme nicht entscheidbar sind: Lösbarkeitsproblem, Existenz eines Expansionsfunktors, Terminierungsproblem und Wortproblem.

2.3 Gleichungssysteme über Netzvariablen

In [BHK$^+$86] wird gezeigt, daß mit Hilfe der Beschreibungsmethode auf Basis des in den Abschnitten 2.2.1 und 2.2.2 vorgestellten Kalküls auch sehr große reguläre Schaltkreise durch Eingabe weniger Netzgleichungen beschrieben werden können. Dabei wird aber auch deutlich, daß die textuelle Eingabe von bikategoriellen Ausdrücke entscheidende Nachteile hat:

- die Erstellung eines Ausdruckes erfolgt durch den Entwerfer in der Regel nach Aufzeichnen des Netzes und anschließendem Zerlegen gemäß der Rechenregeln des zugrundeliegenden Kalküls. Der Übergang von der Zeichnung des Netzes zum Ausdruck stellt dabei einen Arbeitsschritt dar, der sich leicht automatisieren läßt.

- bereits für kleine Netze können große und unübersichtliche Ausdrücke entstehen.

- geringfügige Änderungen der Schaltungsstruktur ziehen unter Umständen umfangreiche Modifikationen der zugehörigen Ausdrücke nach sich. In der Regel bedeutet dies, daß der Entwerfer die Ausdrücke völlig neu erstellt, womit eine interaktive Arbeitsweise von vorneherein ausgeschlossen ist.

- die Eingabe ist äußerst fehleranfällig, insbesondere wenn im Netz aufwendige Verdrahtungsstrukturen auftreten.

- die Lokalisierung von Eingabefehlern (bezüglich der Rechenregeln des Kalküls) ist schwierig, da der Entwerfer erst wieder den Bezug zwischen seiner Zeichnung und der auf dem Ausdruck basierenden Fehlermeldung herstellen muß.

- eine Interaktion mit den weiterverarbeitenden Werkzeugen ist aus zwei entscheidenden Gründen nicht gewährleistet: Einerseits ist die Zuordnung der berechneten Resultate zur Eingabe ein zeitaufwendiger Arbeitsschritt, den der Entwerfer von Hand zu erledigen hat. Andererseits sind daraus resultierende Änderungen der Eingabe nur unter großem Aufwand durchführbar.

Es bietet sich daher an, die Vorteile, die sich aus der wohldefinierten Beschreibung in einem mathematischen Kalkül ergeben mit denen, die aus einer graphischen Eingabe resultieren, in geeigneter Weise zu kombinieren. Ein erster Ansatz hierzu wurde bereits in [Bur88], [BBH$^+$90] verwirklicht. Der dort beschriebene graphische Editor für Netze erzeugt als Ausgabe eine Darstellung in Form bikategorieller Ausdrücke. Über diese Schnittstelle wurde der Editor als Frontend für die weiteren Werkzeuge von CADIC benutzt. Der Nachteil dieser isolierten Lösung besteht darin, daß man sich mit dem Übergang von der graphischen zur textuellen Beschreibungsebene die oben geschilderten Probleme bei der Auswertung von berechneten Ergebnissen einhandelt.
Der in diesem Abschnitt beschriebene graphische Editor hat den Vorteil, daß er auf einer für alle Werkzeuge zentralen Datenstruktur arbeitet. Dadurch wird eine enge Bindung zwischen der graphischen Eingabe und den weiterverarbeitenden Werkzeugen möglich, so daß ein direkter Bezug zwischen berechneten Resultaten und dem Entwurf gewährleistet wird. Die dem Editor zugrundeliegende Spezifikationsebene unterstützt dabei sämtliche in den Abschnitten 2.2.1 und 2.2.2 vorgestellten Aspekte. Ihre Syntax ist aufgrund der modularen Implementierung leicht um neue Konstrukte erweiterbar. Voraussetzung dafür ist allerdings, daß die Eigenschaft der Sprachgrammatik als LR(1)-Grammatik erhalten bleibt.

Wir zeigen nun, wie ein Gleichungssystem über Netzvariablen mit Hilfe des graphischen Editors eingegeben werden kann. Jede Gleichung soll dabei durch eine graphische Eingabe repräsentiert werden. Wir werden deshalb stets einfache Gleichungssysteme gemäß Definition 2.11 betrachten, d.h. solche Systeme, in denen stets eine Netzvariable auf der linken Seite der Gleichung durch eine graphische Beschreibung auf der rechten Seite definiert wird. Die graphische Beschreibungsebene eines solchen Gleichungssystems soll dabei sämtliche in den Abschnitten 2.2.1 und 2.2.2 gezeigten Eigenschaften unterstützen. Es soll also auch die Eingabe rekursiver und damit parametrisierter Gleichungssysteme ermöglicht werden. Insbesondere erhalten wir durch die Verwendung von Leitungsvariablen eine Beschreibungsmethode, die eine wiederverwendbare Spezifikation von Strukturen ermöglicht. Eine Beschreibungsmethode dieser Art findet sich augenblicklich in keiner bekannten Beschreibungssprache, weder auf textueller noch auf graphischer Basis.

2.3.1 Syntaktische Strukturen

Zur Eingabe parametrisierter Netzgleichungen benötigen wir Konstrukte, die von den formalen Netzparametern abhängen. Es handelt sich dabei um Ausdrücke zur Beschreibung von Subschaltungen, Leitungsbreiten und Randbeschreibungen. Diese syntaktischen Strukturen sind durch die erlaubten arithmetischen Operationen der Beschreibungssprache definiert. Sie werden während der graphischen Eingabe eines Netzes von einem Scanner/Parser-Modul auf syntaktische Korrektheit überprüft. Ein wichtiger Aspekt hierbei ist, daß es durch die modulare Implementierung des Gesamtsystems sehr einfach möglich ist, die Menge der erlaubten Konstrukte zu erweitern. Dies geschieht durch Erweiterung der zugrundeliegenden Grammatik, aus der Scanner und Parser automatisch generiert werden. Zu berücksichtigen sind dabei die durch den Generator bedingten Einschränkungen in Bezug auf die Grammatik ([LMB92]).

Zur Beschreibung der syntaktischen Struktur von Eingabe–Konstrukten verwenden wir Syntaxdiagramme, wie sie aus der Beschreibung von Programmiersprachen bekannt sind. Elementare Konstrukte wie *identifier* und *integer* sollen dabei ihre allgemein übliche Bedeutung besitzen.

Linke Gleichungsseite

Bei der graphischen Beschreibung von Netzgleichungen entspricht der Name
des einzugebenden Netzes der zu definierenden Netzvariablen $X[p_1, \ldots, p_n]$.
Auf der linken Gleichungsseite darf nur eine einfache Netzvariable stehen, d.h.
die Parameter sind entweder vom Typ *identifier* oder *integer*. Es sind hier keine
komplexen Ausdrücke über den Schaltungsparametern zugelassen. Da sowohl
fest belegte als auch freie Parameter auftreten dürfen, können wir damit allgemeine Gleichungen und Schlußregeln eingeben, wie dies in Definition 2.12
gefordert wurde. Das Syntaxdiagramm für die Beschreibung einer Netzvariablen ist in Abbildung 2.9 dargestellt.

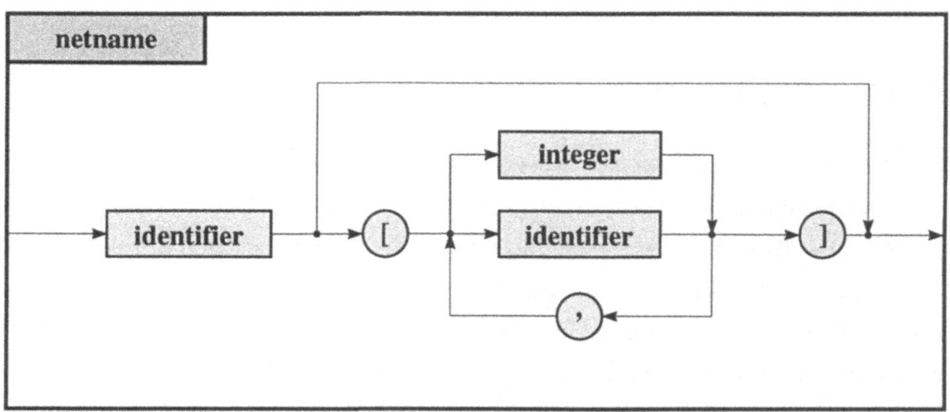

Abbildung 2.9: Syntax–Diagramm für linke Gleichungsseiten

Wir bezeichnen $X[p_1, \ldots, p_n]$ als Netzvariable der Dimension $n, n \geq 0$ mit
den Parametern $p_1, \ldots, p_n$. Da wir auch den Fall $n = 0$ zulassen, ist die Parameterliste einer Netzvariablen optional. In Abbildung 2.9 ist dies ebenfalls
berücksichtigt. Gemäß Definition 2.11 fassen wir die freien Parameter einer
Netzvariablen $X[p_1, \ldots, p_n]$, d.h. die Menge der Parameter vom Typ *identifier*,
in der Menge P_X zusammen, da wir diese bei der Beschreibung von Elementen
auf der rechten Gleichungsseite verwenden dürfen.

Rechte Gleichungsseite

Die rechte Seite einer Netzgleichung $X[p_1, \ldots, p_n] = e(P_X)$ wird durch einen Ausdruck über P_X beschrieben. Für die graphische Eingabe von $X[p_1, \ldots, p_n]$ bedeutet dies, daß die benutzten Subschaltungen und Leitungen von den Parametern des Netzes abhängen dürfen. Diese Abhängigkeiten werden durch arithmetische Ausdrücke über den Netzparametern beschrieben. Der Name eines verwendeten Bausteins kann also von der Form $B[a_1, \ldots, a_m]$ sein, wobei alle $a_1, \ldots a_m$, $m \geq 0$, arithmetische Ausdrücke über der Menge P_X der Netzparameter sind. Wir betrachten zunächst das in Abbildung 2.10 dargestellte Syntaxdiagramm für Bausteinnamen. Auch hier ist die Parameterliste optional, d.h. neben variablen Makrozellen können auch solche verwendet werden, die nicht von den Netzparametern abhängen. Dies ist insbesondere dann der Fall, wenn Bausteine aus der Grundzellenbibliothek verwendet werden.

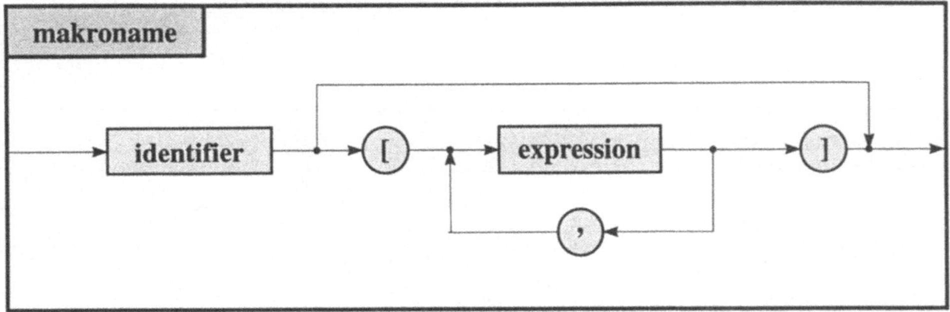

Abbildung 2.10: Syntax–Diagramm für Bausteinnamen

Im folgenden wird nun gezeigt, aus welchen Konstrukten ein arithmetischer Parameter einer Subschaltung aufgebaut werden kann. Dabei ist zu bemerken, daß in [Kol86] zwar gezeigt wird, daß die Mächtigkeit rekursiver Gleichungssysteme nicht von der Wahl der Operationen in den Ausdrücken der rechten Gleichungsseiten herrührt, sondern daß man sogar mit Vorgänger- und Nachfolgerfunktion auskommt. Dies rührt im wesentlichen daher, daß mit dieser Methode alle primitv rekursiven Funktionen aufgebaut werden können. Für die Entwicklung einer komfortablen Eingabemöglichkeit ist es aber dennoch unerläßlich, Ausdrücke über mächtigeren Grundoperationen erzeugen zu können. Die gewählte Menge an Grundoperationen kann aufgrund der modularen Implementierung leicht erweitert werden, solange die Voraussetzung als eine LR(1)–Sprache nicht verletzt wird.

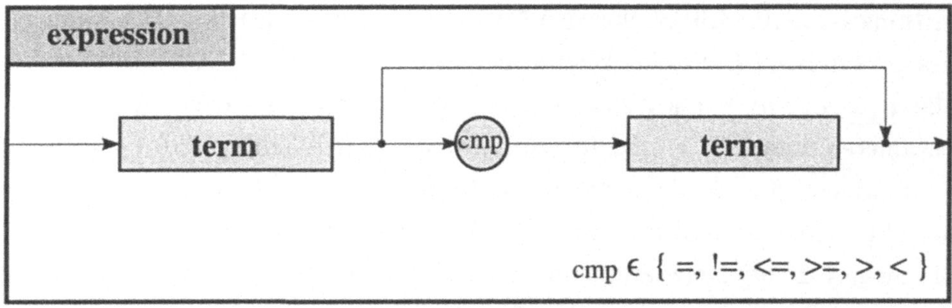

Abbildung 2.11: Struktur von *expression*

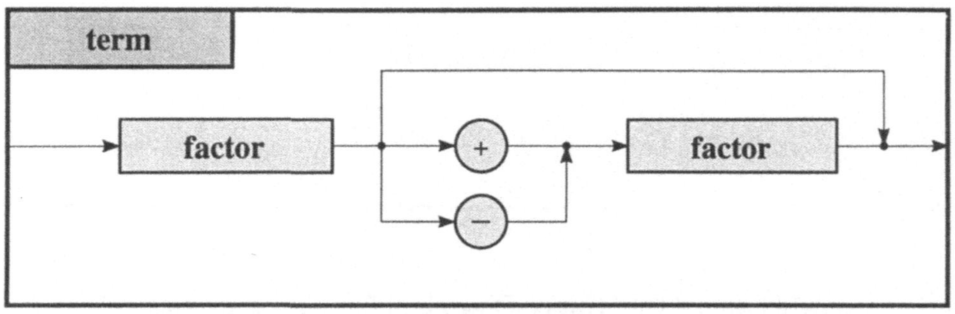

Abbildung 2.12: Struktur von *term*

Die Parameter eines Bausteinnamens sind durch das Konstrukt *expression* gegeben. Der Aufbau eines arithmetischen Ausdrucks erfolgt in mehreren Teilschritten, von denen jeder durch ein entsprechendes Syntaxdiagramm beschrieben wird. Die Gliederung folgt dabei der allgemein üblichen hierarchischen Vorgehensweise wie sie aus der Syntaxbeschreibung imperativer Programmiersprachen (beispielsweise Pascal oder C) her bekannt ist. Auf diese Weise werden die Prioritäten zwischen den erlaubten Operatoren festgelegt.

Im ersten Schritt zerlegen wir *expression* gemäß dem in Abbildung 2.11 dargestellten Diagramm unter Verwendung des Konstruktes *term*. Ein Ausdruck kann damit aus einem Prädikat bestehen, d.h. aus dem Vergleich zweier einfacherer Ausdrücke, oder aus einem einzelnen *term* selbst. Bei der späteren Auswertung wird ein solches Prädikat e_1 *cmp* e_2 mit *cmp* $\in \{<, >, =, ! =, <=, >=\}$ entweder zu Eins oder zu Null ausgewertet, je nachdem ob es erfüllt ist oder nicht. Die Benutzung von Prädikaten erleichtert dabei die Eingabe von Fallunterscheidungen innerhalb einer rekursiven Beschreibung.

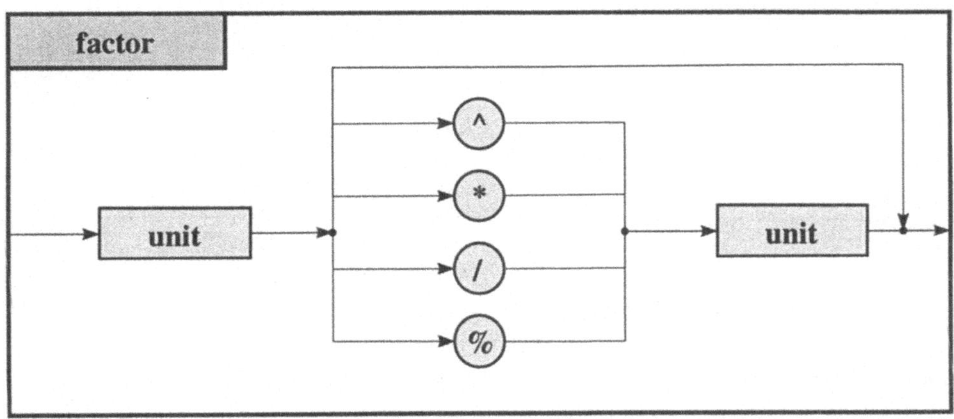

Abbildung 2.13: Struktur von *factor*

Die linke und rechte Seite eines Prädikates beschreiben wir durch das Konstrukt *term*, dessen Syntaxdiagramm in Abbildung 2.12 wiedergegeben wird. Ein *term* stellt also die Verknüpfung von zwei *factor*-Konstrukten durch die elementaren Operationen Addition und Subtraktion dar. Diese Beschreibung wird üblicherweise gewählt, um die höhere Priorität der in *factor* vorkommenden Operationen gegenüber Addition und Subtraktion zu realisieren und damit Klammern in den Ausdrücken einzusparen.

Ein *factor* wird dann durch das Syntaxdiagramm in Abbildung 2.13 definiert. Ein *factor* verbindet also zwei Objekte vom Typ *unit* durch Operationen wie Multiplikation, Division, Potenzierung (^) und Division mit Rest (%) miteinander. Auch hier wird durch Einführung des Konstruktes *unit* wieder gewährleistet, daß die dadurch beschriebenen Konstrukte höhere Prorität besitzen als die durch *factor* gegeben.

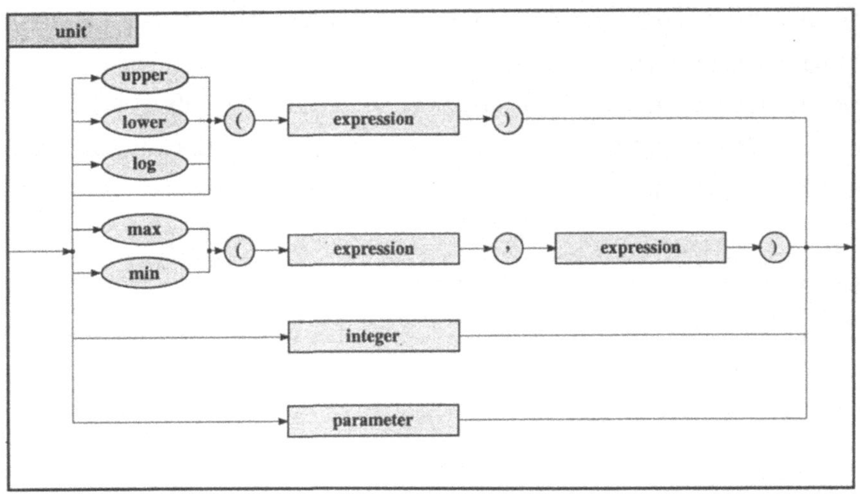

Abbildung 2.14: Struktur von *unit*

Die höchste Priorität besitzen Operanden vom Typ *unit*, deren Syntax durch das Diagramm in Abbildung 2.14 definiert ist. Hier bezeichnen die Funktionen $upper(x)$ die nächst größere, $lower(x)$ die nächst kleinere natürliche Zahl zu x und $log(x)$ den Logarithmus von x zur Basis 2. Neben einem Aufruf dieser Funktionen kann eine *unit* ein *integer* beziehungsweise ein freier Parameter $p_i \in P_X$ (im Diagramm durch das Objekt *parameter* berücksichtigt) der linken Gleichungsseite sein. Da hier keine allgemeinen *identifier* zugelassen sind, wird gewährleistet, daß nur die Parameter der Netzvariablen als Unbekannte in einem arithmetischen Ausdruck auftreten können.

Beispiel 2.17. Aufrufe von Subschaltungen

$$\text{Netzname:} \quad \text{Sort}\,[n] \rightarrow P_{\text{Sort}} = \{n\}$$

$$\text{Bausteine:} \quad \text{Sort}\,[n/2],\ \text{Merge}\,[n]$$

$$\text{Netzname:} \quad \text{Grid}\,[n, d_1, d_2, d_3] \rightarrow P_{\text{Grid}} = \{n, d_1, d_2, d_3\}$$

$$\text{Bausteine:} \quad \text{Grid}\,[n, d_1, d_2, \mathit{upper}\,(d_3/2)],\ \text{Grid}\,[n, d_1, d_2, \mathit{lower}\,(d_3/2)]$$

◇

Neben parametrisierbaren Bausteinen benötigt man auch variable Leitungsbreiten bei der Eingabe einer rekursiven Netzgleichung. Die Beschreibung von parametrisierten Busbreiten kann dabei auf zwei verschiedene Arten durchgeführt werden, wie aus dem Syntaxdiagramm in Abbildung 2.15 hervorgeht. Die erste Möglichkeit ergibt sich analog zu den Parametern der Bausteine. Ein Bündel von Leitungen kann damit durch Angabe eines arithmetischen Ausdrucks über den Netzparametern definiert werden. In Abbildung 2.15 entspricht dies dem Pfad, der nur das Konstrukt *expression* enthält.

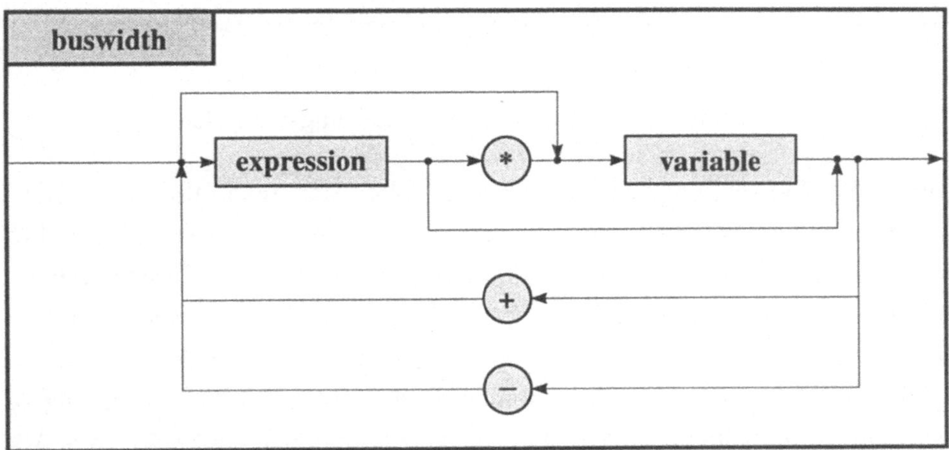

Abbildung 2.15: Struktur von Busbreiten

Da die Herleitung eines gültigen arithmetischen Ausdruckes innerhalb einer rekursiven Beschreibung mitunter eine aufwendige Aufgabe sein kann, stellen wir dem Entwerfer zusätzlich eine einfachere Spezifikation für Busbreiten zur Verfügung. Dazu lassen wir zu, daß die Breite einer Leitung auch durch eine formale Leitungsvariable beschrieben werden kann. Diese Variablen können, ähnlich wie Bausteinnamen, selbst wieder von den Parametern der Netzvariablen abhängen, indem sie mit arithmetischen Ausdrücken indiziert werden.

Die syntaktische Struktur einer Leitungsvariablen ist durch das Diagramm in
Abbildug 2.16 beschrieben. Die Indizierung der Variablen ermöglicht es dabei,
auf jeder Stufe einer rekursiven Beschreibung einen eigenen Satz von Variablen
definieren zu können. Eine Variable ohne Indizes repräsentiert dagegen einen
über alle Rekursionsstufen konstanten Wert.

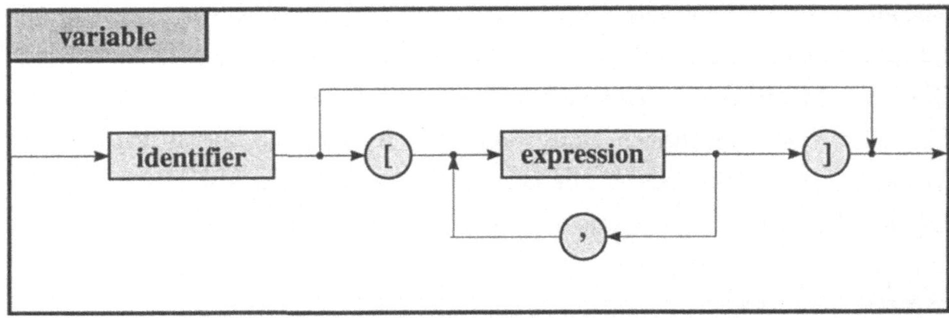

Abbildung 2.16: Struktur einer Leitungsvariablen

Durch die Verwendung von Leitungsvariablen läßt man also die genaue
Beschreibung einer Busbreite zunächst offen. Man gibt eventuell lediglich
Abhängigkeiten der Variablen von den Netzparametern durch Indizierung an.
Wir erlauben auch die gemischte Form von Variablen und arithmetischen Ausdrücken als Beschreibung einer Busbreite. Dadurch können Abhängigkeiten
der Variablen untereinander beschrieben werden, wobei als Einschränkung zu
beachten ist, daß alle Variablen nur in linearer Form auftreten dürfen. Aus Abbildung 2.15 ergibt sich, daß Variablen zwar als Koeffizienten beliebige *expres-
sions* haben dürfen, untereinander aber nur durch Addition und Subtraktion
miteinander verknüpft werden können. Dies hat seine Ursache darin, daß die
Belegung für die Variablen durch Lösung eines linearen Gleichungssystems gesucht wird. Auf die Vorgehensweise bei der Aufstellung des Gleichungssystems
und dessen Lösung werden wir in Kapitel 3 beim Aufbau der Schaltungshierarchie genau eingehen. Die Verwendung von Leitungsvariablen erlaubt insbesondere die unabhängige Beschreibung von Teilschaltungen, die bestimmte
Algorithmen realisieren. Wir werden dies bei der unabhängigen Beschreibung
eines Sortieralgorithmus sowie eines Netzes zur parallelen Präfixberechnung

anwenden. Diese Möglichkeit algorithmische Komponenten von Schaltungen unabhängig von gewissen Basisoperationen eingeben zu können, erhöht die Flexibilität von Beschreibungen und damit deren Grad an Wiederverwendbarkeit.

Beispiel 2.18. Parametrisierte Busbreiten

Netzname:　　　　　　$\mathrm{Sort}[n] \rightarrow P_{\mathrm{Sort}} = \{n\}$

gültige Busbreiten:　　$n/2,\ v[n],\ 2 \cdot v[n-1],\ w[n>0],\ v[n] + n/2$

ungültige Busbreiten:　$v[w[n]]$ (kein legaler Index), $v[n] \cdot w[n]$ (nicht linear)

$\diamond$

In diesem Beispiel handelt es sich bei $v[n]$ um eine indizierte Leitungsvariable, die wegen des freien Parameters n eine ganze Menge von Variablen $v[1]$, $v[2]$, ...repräsentiert. Die Variable $w[n>0]$ ist mit einem Prädikat indiziert und erlaubt damit die Fallunterscheidung zwischen $w[1]$ und $w[0]$ in Abhängigkeit davon, ob das Prädikat erfüllt ist oder nicht.

2.3.2　Eine Datenstruktur für Netzgleichungen

Die im vorangegangenen Abschnitt beschriebenen syntaktischen Konstrukte repräsentieren das Mittel zur parametrisierten Beschreibung von Schaltkreisen. Sie sind dabei unabhängig von der Darstellung einer Schaltung durch eine bestimmte Datenstruktur, die im folgenden auch als Sicht oder View bezeichnet wird. Je nach verwendetem Werkzeug ist die eine Sicht vorteilhalfter als die andere.

Abbildung 2.17 beschreibt schematisch die Struktur der Information zu einem Netz. Danach besteht ein Netz aus einem Namen, einer Parameterliste, einer (eventuell leeren) Liste von Subschaltungen sowie einer Beschreibung des Inneren. Diese Beschreibung kann auf unterschiedlichen Ebenen erfolgen und verschiedene Informationen enthalten. So ist beispielsweise in einigen Fällen nur die Verbindungsstruktur von Interesse, so daß wir eine Teilschaltung in diesem Fall nur durch ihre Netzliste beschreiben. In anderen Fällen kann auch

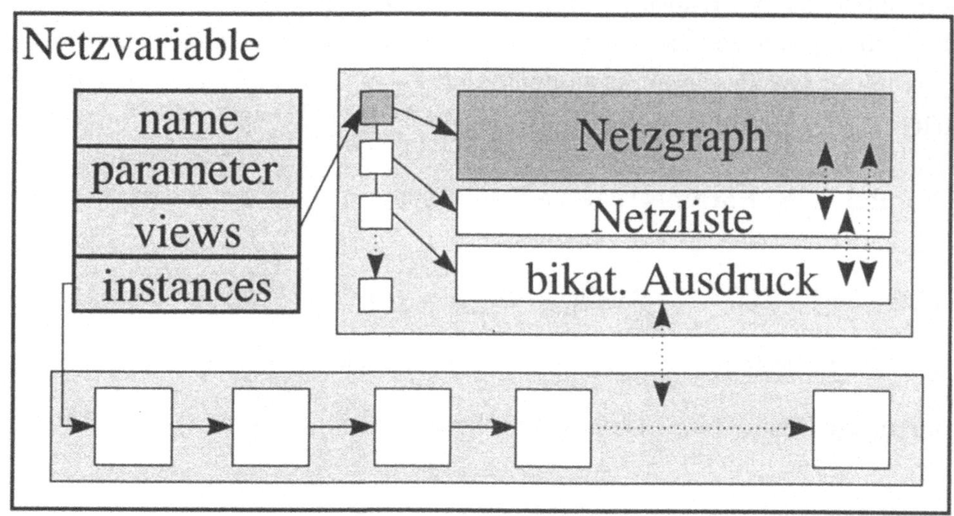

Abbildung 2.17: Interne Darstellung einer Netzvariablen

noch geometrische Information von Wichtigkeit sein, wie dies bei der Sicht als geometrisches Layout notwendig ist. In diesem Abschnitt beschreiben wir nun die Sicht, die der graphischen Eingabe zugrundeliegt und im folgenden als Netzgraph bezeichnet wird. Sie stellt insofern die zentrale Beschreibung für eine Schaltung dar, als daß aus ihr die übrigen Sichten generiert werden können. Desweiteren dient sie als Grundlage für die Navigation und Visualisierung der durch die Werkzeuge berechneten Resultate.

Eine ähnliche Darstellung von logisch–topologischen Netzen durch Graphen wird in [Kol86] beschrieben. Unterschiedlich ist einerseits, daß wir eine Zelle nicht als einen einzelnen Knoten des Graphen auffassen, sondern für jeden äußeren Anschluß und die Ecken des Bausteins einen Knoten erzeugen. Weiterhin ordnen wir den Knoten geometrische Information zu, die sich durch die graphische Eingabe eines Netzes ergibt. Die in [Kol86] angegebenen Gebiete des Graphen werden nicht explizit abgelegt, sondern bei Bedarf aus der Inzidenzstruktur berechnet.

Die zur Beschreibung des Netzgraphen realisierten Datenstrukturen werden in modularen Bibliotheken, die neben elementaren Zugriffsfunktionen auch komplexe Algorithmen enthalten, bereitgestellt. Sie stehen damit direkt zur Implementierung von Werkzeugen und deren Integration in das System zur Verfügung.

Wie kann nun eine geeignete Datenstruktur für graphisch eingegebene Netze aussehen? Wie wir bereits bei Definition 2.3 der Bikategorie gesehen haben (vgl. Axiom B_9), ist eine Darstellung eines Netzes durch einen bikategoriellen Ausdruck für diese Zwecke keine besonders geeignete Methode. Ein entscheidender Grund hierfür ist, daß benachbarte Elemente in einem Netz je nach Zerlegung in dem zugeordneten bikategoriellen Ausdruck sehr weit voneinander entfernt sein können. Deshalb sind interaktive Modifikationen einer Schaltung, die bei einem graphischen Editor die entscheidenden Operationen darstellen, sehr schwer auf dem zugehörigen Ausdruck durchzuführen.

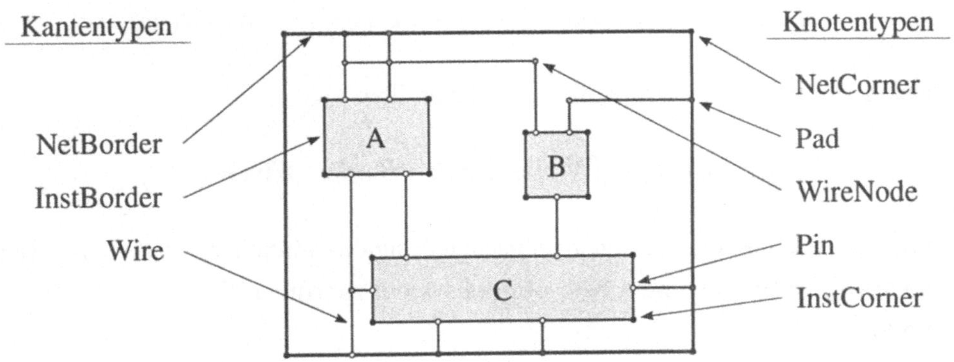

Abbildung 2.18: Graphdarstellung eines Netzes

Die Adjazenzstruktur des Netzgraphen

Es bietet sich also an, mehr Informationen über die Nachbarschaften der Netzelemente abzuspeichern. Dazu ordnen wir jedem graphisch eingegebenen Netz einen entsprechenden Graphen zu. Die Eigenschaften dieses Graphen können wie folgt erläutert werden: Sei $X[p_1, \ldots, p_n]$ die zu definierende Netzvariable. Dann bezeichne $G_X = (V_X, E_X)$ den zugehörigen Graphen. Wir schreiben im folgenden stets X statt $X[p_1, \ldots, p_n]$, falls klar ist, welche Netzvariable gemeint ist. Außerdem schreiben wir kurz $G, V, E, \ldots$ anstelle von $G_X, V_X, E_X, \ldots$. Gemäß Abschnitt 2.2.1 besteht ein logisch–topographischer Vertreter eines logisch–topologischen Netzes – um einen solchen handelt es sich ja bei einem graphisch eingegebenen Netz, wobei die graphische Eingabe nur Vertreter mit rechtwinkliger Leitungsführung liefert – aus *Bausteinen* und *Signalleitungen*, die von einem *Rand* umschlossen sind. Im zugehörigen Graphen werden alle diese Elemente in der Knoten- und Kantenmenge berücksichtigt. Sei also B die Menge der Bausteine, L die Menge der Signalleitungen und R der Rand von X. Damit können wir V und E darstellen als

$$V = V_B \cup V_L \cup V_R, \quad E = E_B \cup E_L \cup E_R.$$

Wie in Abbildung 2.18 gezeigt, ordnen wir jedem Knoten $v \in V$ einen Typ

$$type\,(v) \in \{NetCorner, Pad, InstCorner, Pin, WireNode\}$$

zu. Jede Kante $e \in E$ erhält hingegen einen Typ aus

$$type\,(e) \in \{NetBorder, InstBorder, Wire\}.$$

Aufgrund der Geometrie der graphischen Eingabe können wir jedem Knoten eine feste Position in einem Koordinatensystem zuordnen. Dies wird durch die Abbildung

$$pos\,:V \longrightarrow [0:1] \times [0:1] \subset \mathbb{R} \times \mathbb{R}$$

realisiert. Die Position soll dabei unabhängig von der Dimension des zugrundeliegenden Eingabefensters sein. Deshalb wird eine Abbildung auf das Intervall $[0:1] \times [0:1]$ durchgeführt. Dies erlaubt uns eine dynamische Skalierung der Eingabe unabhängig von absoluten Bildschirmkoordinaten. Die y–Koordinaten der Knoten sind dabei von Norden nach Süden, die x–Koordinaten entsprechend von Westen nach Osten aufsteigend.

Mit der Position der Knoten können wir allen Kanten eine Orientierung geben. Sei dazu $e = (v_1, v_2) \in E$. Dann soll e vom Knoten mit der kleineren Koordinate zum Knoten mit der größeren Koordinate gerichtet sein. Dies ist stets wohldefiniert, da in unserem Graphen nur horizontale oder vertikale Kanten

auftreten. Dabei sind waagerechte Kanten von Westen nach Osten und senk-
rechte Kanten von Norden nach Süden gerichtet, was der Ordnung innerhalb
des Kalküls entspricht.

Die Knotenmenge V und die Kantenmenge E von G werden, wie in Abbildung 2.19 gezeigt, in zwei Feldern abgespeichert, so daß ein direkter Zugriff
auf Knoten i oder Kante j möglich ist. Diese beiden Felder werden dynamisch
verwaltet, d.h. jede durch den graphischen Editor bedingte Transformation auf
dem Graphen führt zu einer direkten Veränderung dieser Felder. Das Entfernen
eines Knotens ist gleichbedeutend mit dem Setzen des zugehörigen Eintrages
auf ungültig, so daß ein "Loch" im Knotenfeld entsteht. Beim nächsten Anlegen eines Knotens wird diese freie Stelle wieder vergeben. Das Feld wird
nur dann verlängert, wenn ein neuer Knoten bei vollbesetztem Feld angelegt
werden soll. Die Adjazenzstruktur des Graphen wird abgespeichert, indem jeder Knoten die Indizes seiner anliegenden Kanten enthält, in der Reihenfolge
Norden, Osten, Süden und Westen. Hat ein Knoten in einer Richtung keine
Nachbarkante, so erhält der entsprechende Eintrag den Wert *undef*.

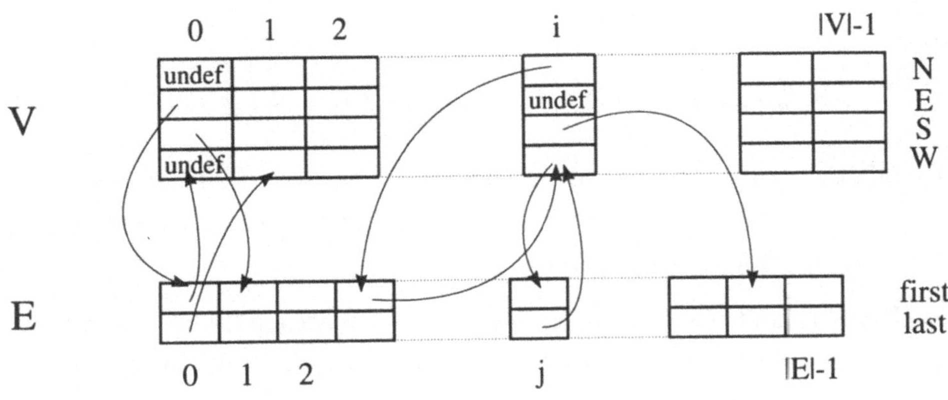

Abbildung 2.19: Adjazenzstruktur des Netzgraphen

Jede Kante enthält zwei Knotenindizes als Start– und Endpunkt (vgl. Abbildung 2.19), wodurch den Kanten die oben definierte Richtung zugeordnet wird.
Die an einem Knoten $v \in V$ in Richtung $r \in \{N, E, S, W\}$ anliegende Kante

liefert die Funktion

$$Edge : V \times \{N, E, S, W\} \longrightarrow E \cup \{undef\}.$$

Den Start– beziehungsweise Endknoten einer Kante $e = (v, w)$ erhalten wir über

$$Node : E \times \{first, last\} \longrightarrow V.$$

Den Nachbarknoten v' eines Knoten v in Richtung r erhalten wir mit der Funktion

$$Neighbour : V \times \{N, E, S, W\} \longrightarrow V \cup \{undef\},$$

die sich offensichtlich unter Benutzung von *Edge* und *Node* bilden läßt

$$v' = \begin{cases} undef, & \text{falls } Edge\,(v, r) = undef. \\ Node\,(Edge\,(v, r), first), & \text{falls } Edge\,(v, r) \neq undef \text{ und } r \in \{N, W\}. \\ Node\,(Edge\,(v, r), last), & \text{falls } Edge\,(v, r) \neq undef \text{ und } r \in \{S, E\}. \end{cases}$$

Weiterhin definieren wir die Funktion

$$Directions : V \longrightarrow \mathcal{P}(\{N, E, S, W\})$$

durch

$$Directions\,(v) = \{r \in \{N, E, S, W\} \mid Edge\,(v, r) \neq undef\}.$$

Sie liefert zu einem Knoten v die Menge der Richtungen, in denen eine Kante $e \in E$ angeschlossen ist. Mit Hilfe dieser Funktion lassen sich beispielsweise Verdrahtungsknoten klassifizieren.

Die Knoten– und Kantenmengen des Graphen werden während der Eingabe eines Netzes dynamisch verändert. Alle Funktionen, die Manipulationen eines Netzes, wie beispielsweise Einfügen, Löschen, Drehen oder Verschieben von Bausteinen durchführen, bewirken eine direkte Veränderung der Knoten– und Kantenmenge des Graphen. Das gleiche gilt für Operationen, die sich auf die Leitungen des Netzes beziehen. Jede dieser Funktionen führt Transformationen auf einem Netzgraphen durch und überführt ihn so in einen neuen Graphen. Dabei muß dafür gesorgt werden, daß den neu eingefügten Knoten und Kanten der richtige Typ zugeordnet wird, so daß jeder Graph gemäß Abbildung 2.18

aufgebaut ist. Weiterhin darf durch diese Operationen nicht die Planaritäts-
eigenschaft des Graphen verletzt werden. Es dürfen beispielsweise keine Leitungen über Bausteine hinweg gezogen werden, Bausteine dürfen sich nicht
überschneiden oder über den Netzrand hinausragen.

Der Netzrand

Zu Beginn einer Eingabe wird der Graph durch das "leere Netz" initialisiert. Dieses besteht nur aus einem Rand ohne Inhalt, d.h. wir haben vier
Knoten $V = V_R = \{c_0, c_1, c_2, c_3\}$ mit $type(c_i) = NetCorner$. Die Koordinaten der Knoten werden mit $pos(c_0) = (0.0, 0.0)$, $pos(c_1) = (1.0, 0.0)$,
$pos(c_2) = (1.0, 1.0)$ und $pos(c_3) = (0.0, 1.0)$ initialisiert. Zwischen je zwei
benachbarten Knoten ist eine Kante vom Typ *NetBorder* eingehängt. Es ist
also $E = E_R = \{e_0 = (c_0, c_1), e_1 = (c_1, c_2), e_2 = (c_3, c_2), e_3 = (c_0, c_3)\}$. Aufgrund der Orientierung von Norden nach Süden und von Westen nach Osten
stellt c_0 die linke obere Ecke des Netzes dar. Die Kante $c_0 \xrightarrow{e_0} c_1$ entspricht
der Nordseite des Netzes. In analoger Weise werden die anderen Kanten den
betreffenden Seiten zugeordnet.

Der Rand eines Netzes stellt seine Schnittstelle nach außen dar. Die auf dem
Rand angeschlossenen Leitungen repräsentieren die Ein– und Ausgänge eines
Netzes, wobei sie durch die Verbindung mit dem Netzrand eindeutig einer Seite
zugeordnet werden. Um die Anschlüsse, die wir auch als Pads eines Netzes bezeichnen, identifizieren zu können, ordnen wir ihnen einen eindeutigen Namen
zu, über den ein Signalnetz durch alle Hierarchieebenen verfolgt werden kann.
Auf die syntaktische Struktur der Padnamen und deren Berechnung gehen wir
im Anschluß an die Behandlung der Verdrahtung ein, da sich die Namen der
Anschlüsse aus den Breiten der angeschlossenen Leitungsbündel ergeben. Außerdem erfolgt eine analoge Namensberechnung für die Anschlüsse auf den im
Netz verwendeten Bausteine.

Die Bausteine

Innerhalb des Netzrahmens werden Bausteine plaziert und durch Leitungen
miteinander verbunden. Jedes dieser Elemente läßt sich durch einen Teilgraphen beschreiben. Jede Eingabe eines neuen Elementes hat zur Folge, daß der

zugehörige Teilgraph mit dem Netzgraphen vereinigt werden muß. In analoger
Weise bewirken die übrigen Operationen auf Bausteinen (Drehen, Dehnen, Ver-
schieben, Löschen, ...) und Leitungen (Eingabe, Löschen, ...) entsprechende
Veränderungen auf dem Netzgraphen.

Die Bausteine lassen sich gemäß ihrer Funktionalität in drei verschiedene Gruppen einteilen:

- *Grundbausteine* sind elementare Einheiten, die bestimmte Grundoperationen berechnen. Die Menge dieser Operationen kann beliebig gewählt
  und dem System in einer Grundzellenbibliothek zur Verfügung gestellt
  werden. Diese Bibliothek kann Operationen auf unterschiedlichem Niveau
  enthalten, von den üblicherweise gebräuchlichen grundlegenden logischen
  Gattern (and, or, inv, ...) über einfache Operationen (Halbaddierer, Vol-
  laddierer, ...) bis hin zu komplexen Funktionen (Addition, Multiplikation, ...) reichen. Die geeignete Wahl einer Zellbibliothek erlaubt dabei die
  Spezifikation auf unterschiedlichen Abstraktionsebenen und damit auch
  die sukzessive Verfeinerung eines Entwurfs.

- *Diskrete Makrozellen* sind Bausteine, die durch die Eingabe eines Netzes
  definiert sind. Diskret bedeutet in diesem Zusammenhang, daß das Netz
  entweder keine oder nur konstante Parameter hat. Die Verwendung eines
  solchen Makros ist damit gleichbedeutend mit der Einführung einer neu-
  en Hierarchieebene. Man arbeitet in diesem Fall also bottom–up, indem
  man vom Inneren eines Netzes abstrahiert und nur noch dessen Rand als
  Schnittstelle eines Bausteines betrachtet.

- *Parametrisierte Makrozellen* beschreiben Teilschaltungen, deren Ausprägung von verschiedenen Parametern des aktuell eingegebenen Netzes
  abhängen können. Insbesondere kann im Zuge einer rekursiven Definition auch das gerade beschriebene Netz selbst als solches Makro verwendet werden. Aus diesem Grund sind parametrisierte Makrozellen im
  allgemeinen vergleichbar mit Forward–Deklarationen in einer Programmiersprache, d.h. die Arbeitsweise ist top–down. Das hat zur Folge, daß
  zunächst keine Information über die Lage von äußeren Anschlüssen existiert. Desweiteren ist auch die Größe eines parametrisierten Makros bei

der Eingabe nicht festgelegt.

Wir beschreiben jeden dieser Bausteintypen durch einen Teilgraphen, der aus vier Eckknoten und einer (zunächst eventuell leeren) Menge von äußeren Anschlußknoten (Pins) besteht. Die Extraktion dieses Teilgraphen erfolgt dabei je nach Typ des Bausteins auf unterschiedliche Weise. Bei den Grundzellen wird der Teilgraph aus den Einträgen der Zellbibliothek aufgebaut, wie dies in Abbildung 2.20 schematisch angedeutet ist.

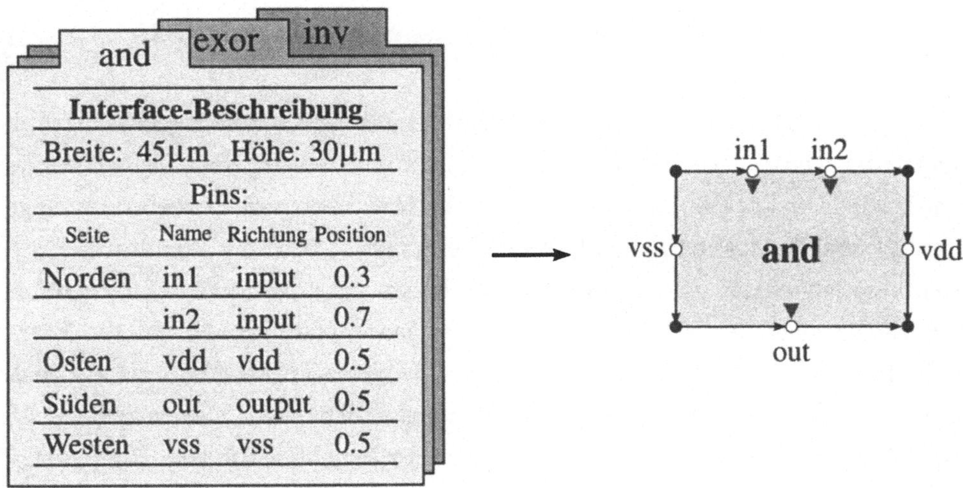

Abbildung 2.20: Umwandlung eines Eintrages aus der Zellbibliothek

Die zum Aufbau des Teilgraphen notwendige Information wird durch das sogenannte Interface der Zelle beschrieben. Darunter versteht man die Informationen über Ausdehnung der Zelle sowie Namen, Positionen und Richtungen der äußeren Anschlüsse. Die angegebenen Positionen in Abbildung 2.20 sind relativ bezüglich der zugehörigen Seite. Bei den Pinarten unterscheiden wir zwischen Signal– und Versorgungspins. Der Typ des Pins äußert sich in seiner Richtung. Für Signalpins sind *input*, *output* und *bidirectional* zugelassen. Bei den Versorgungspins handelt es sich von der Richtung her um Inputs, die wir zur Unterscheidung der beiden Versorgungsnetze durch *vdd* und *vss* klassifizieren.

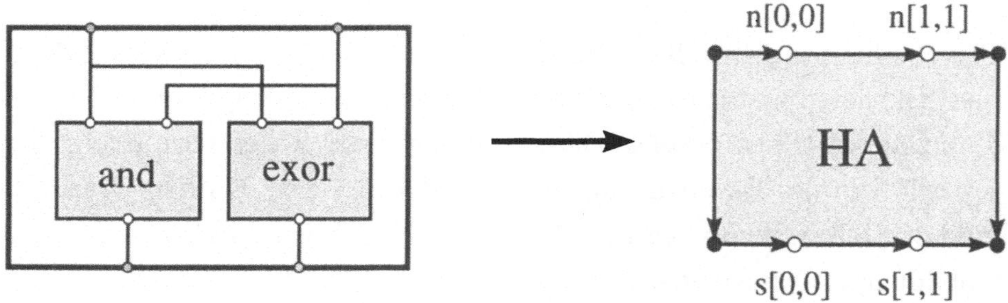

Abbildung 2.21: Darstellung eines Netzes als Makrozelle

Für diskrete Makrozellen kann der Teilgraph aus dem zugehörigen Netzgraph abgeleitet werden, wie dies in Abbildung 2.21 am Beispiel eines Halbaddierers verdeutlicht wird. Die Lage der Pins ergibt sich direkt aus der relativen Lage der auf dem Netzrand angeschlossenen Leitungen. Durch die Pinnamen ergibt sich eine eindeutige Zuordnung der Anschlüsse zu einer Seite des Bausteins. Die Reihenfolge der Pins läßt sich dabei an dem eindeutig zugeordneten Intervall erkennen, in dem sowohl die Position auf der betreffenden Seite als auch die Breite der angeschlossenen Leitung enthalten ist. Diese Namensgebung ist vor allem bei Drehungen und Spiegelungen des Bausteins wichtig. Die Berechnung der Pinnamen erfolgt beim Abspeichern des Netzes. Die Vorgehensweise hierbei geben wir im Anschluß an die Beschreibung der Verdrahtung an, da die Pinnamen direkt von der Position und der Breite der entsprechenden Leitungsbündel abhängen.

Anders behandelt werden parametrisierte Makrozellen. Hier existiert im allgemeinen zunächst keine Beschreibung als Netz oder Eintrag in einem Zellkatalog. Die Verwendung von parametrisierten Makrozellen darf auch im voraus erfolgen, d.h. man kann eine Teilschaltung benutzen, bevor sie durch Eingabe eines Netzes definiert wurde. Dies hat entscheidenden Einfluß auf die Darstellung von Makrozellen, da das Interface im allgemeinen zunächst unbestimmt ist. Aber auch in dem Fall, daß für die verwendete parametrisierte Zelle schon eine Beschreibung existiert, soll das Interface unbestimmt bleiben. Dies erlaubt dem Entwerfer, ein und dieselbe Zelle in unterschiedlichen Kontexten einzusetzen. Neben der Randbeschreibung ist auch die Größe einer parametrisierten Makrozelle nicht festgelegt. Diese kann einerseits von den Zellparametern abhängen, andererseits ist sie durch die top–down Vorgehensweise natürlich durch keine Eingabe definiert.

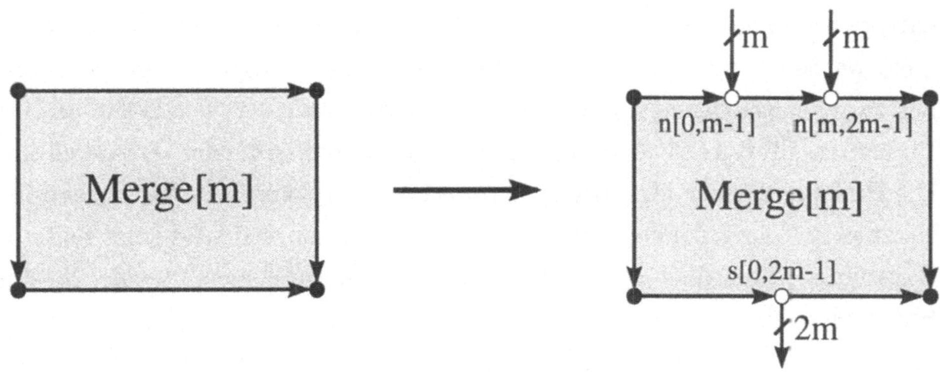

Abbildung 2.22: Parametrisierte Makrozellen

Aus all diesen Gründen stellen wir parametrisierte Makrozellen beim Einfügen in das Netz zunächst als rechteckige Teilgraphen ohne Pinknoten dar. Abbildung 2.22 zeigt links das Aussehen einer Makrozelle umittelbar nach ihrer Eingabe. Im weiteren Verlauf der Netzeingabe können nun Leitungen beliebig auf den Rändern der Makrozelle angeschlossen werden. Jeder Anschluß erzeugt einen Pinknoten auf dem Rand der Zelle analog zur Behandlung des Netzrandes. Wir werden bei der Behandlung der Leitungen auf die betreffenden Veränderungen im Netzgraphen eingehen. Diese Darstellung der Makrozellen hat insbesondere den Vorteil, daß mehrere Vorkommen derselben Zelle auf unterschiedliche Weise angeschlossen werden können. Wichtig ist hier nur, daß die Gesamtanzahl der angeschlossenen Leitungen auf einer Seite mit der Zahl der inneren Leitungen bei der Definition des Makros übereinstimmt. Die einzelnen Leitungen können vom Entwerfer in beliebiger Weise zu Leitungsbündeln zusammengefaßt werden.

Die Größe der Zelle wird zunächst vom System vorgegeben. Sie kann aber mit Hilfe einer Skalierungsfunktion vom Entwerfer in geeigneter Weise verändert werden. Diese Operation soll dem Entwerfer eine anschauliche graphische Darstellung einer Schaltung ermöglichen.

Die Behandlung von Makrozellen entspricht also der, die wir auch beim Rand des Netzes anwenden. Diese Vorgehensweise ergibt sich auch aus der Tatsache, daß der Rand einer Makrozelle dem Rand des sie beschreibenden Netzes entspricht, wobei dieses Netz vor oder nach Anwendung der Makrozelle definiert werden kann. Wie der Netzrand besteht der Teilgraph eines Bausteins aus zwei verschiedenen Typen von Knoten, und zwar den vier Ecken und den Pinknoten, die durch Kanten vom Typ *InstBorder* miteinander verbunden sind. Die Pinknoten einer Makrozelle entsprechen den Padknoten der zugehörigen Netzbeschreibung. Dabei muß ein äußerer Anschluß eindeutig einer Seite des Bausteines zugeordnet sein, d.h. ein Eckknoten kann niemals ein Pin eines Bausteines sein und umgekehrt. Analog zum Netzrand wird auch für die Pins der Makrozellen ein eindeutiger Name berechnet, über den die Zuordnung von Signalnetzen über Hierarchiegrenzen hinweg erfolgen kann.

Wird eine Grund– oder Makrozelle b in den Netzgraphen G eingefügt, so werden alle Pinknoten und die vier Eckknoten in die Menge der Bausteinknoten V_B eingefügt, d.h. $V'_B := V_B \cup \{c_0^b, c_1^b, c_2^b, c_3^b\} \cup V_{P_b}$, wobei V_{P_b} die Menge der Pinknoten ist ($V_{P_b} = \emptyset$, falls b eine parametrisierte Makrozelle ist). Insgesamt läßt sich die durch die Bausteine erzeugte Knotenmenge also schreiben als $V_B = \bigcup_{b \in B}(\{c_0^b, c_1^b, c_2^b, c_3^b\} \cup V_{P_b})$.

Die Bausteinmenge B eines Netzes wird in seiner Instanzliste abgespeichert. Dabei treten auch Netze auf, für die $B = \emptyset$ gilt, und zwar dann, wenn eine Teilschaltung nur Verdrahtung enthält. Jedes Element der Instanzliste beinhaltet lokale Information über den betreffenden Baustein. Jedem Baustein wird ein eindeutiger Identifikator zugeordnet gemäß

$$Key : B \longrightarrow \mathbb{N}_0.$$

Damit ist die eindeutige Unterscheidung zwischen Mehrfachvorkommen desselben Bausteines in einem Netz möglich. Weiter wird die Orientierung

$$Orientation : B \longrightarrow \mathcal{O}$$

jeder Instanz angegeben, die aus der Menge $\mathcal{O} := \{$ *Normal, RightTurn, Half-Turn, LeftTurn, HorFlip, VertFlip, LeftVertFlip, LeftHorFlip* $\}$ stammt. Man sieht leicht, daß nur die in $\mathcal{O}$ enthaltenen Lagen auftreten können. Dabei läßt sich jede Lage aus der Ausgangslage *Normal* unter Anwendung der Operationen Rechtsdrehung und horizontaler Spiegelung erzeugen. In Abbildung 2.23 ist der Zusammenhang zwischen den einzelnen Orientierungen unter Benutzung dieser beiden Operationen gezeigt.

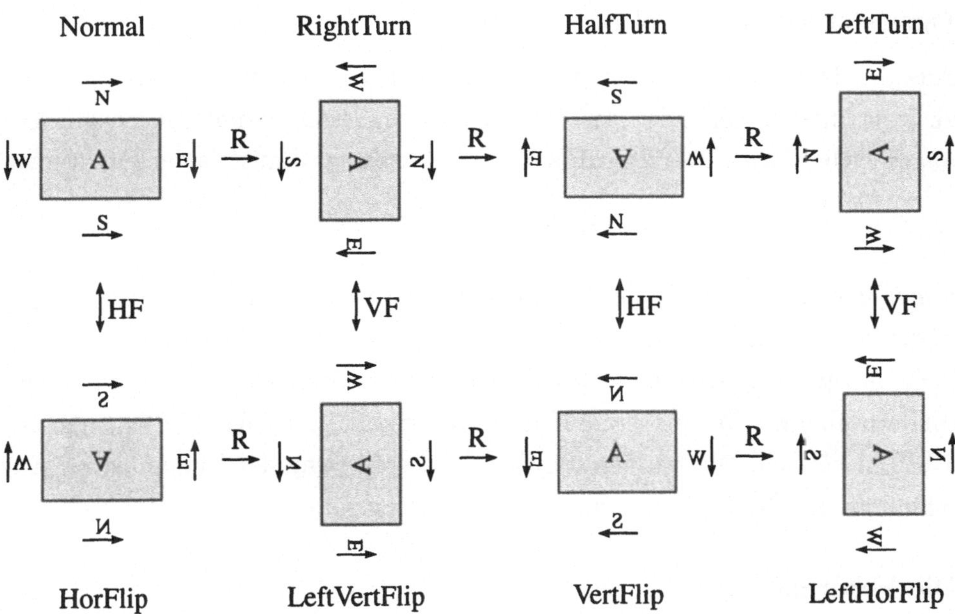

Abbildung 2.23: Orientierungen einer Instanz

In Abbildung 2.23 ergibt sich jede Zeile durch sukzessive Anwendung einer Rechtsdrehung (R). Aus einer Zeile kann entweder durch eine horizontale (HF) oder vertikale (VF) Spiegelung in die andere Zeile gewechselt werden. Zu beachten ist, daß die Randbeschriftung des Bausteins verändert wird. Die Randbeschriftung ist durch die Pinknoten des Bausteins gegeben. Bei der Berechnung der Pinnamen von parametrisierten Makrozellen ist also auch die Orientierung des Bausteins zu berücksichtigen.

Weiterhin erhält jede Instanz einen Verweis auf ihren "Inhalt", d.h. auf die sie beschreibende Netzvariable. Über diese Verweise wird die Schaltkreishierarchie aufgebaut. Wir werden darauf in Kapitel 3 genau eingehen. Während der graphischen Eingabe werden diese Verweise nicht benutzt, da man stets eine einzelne Netzgleichung mit dem Editor bearbeitet. Es liegt also lediglich eine Hierarchie der Tiefe 1 vor. Ein weiterer Grund ergibt sich aus den parametrisierten Bausteinen, bei denen ohne Belegung der Parameter dieser Verweis nicht eindeutig bestimmt ist. Die Verbindung zwischen den einzelnen Hierarchiestufen sowie deren feste Ausprägung kann erst nach der Spezifikation der Parameterwerte berechnet (vgl. Kapitel 3).

Aus der Instanzliste existieren Verweise in den Graphen des Netzes, indem zu jeder Instanz der Index des linken oberen und rechten unteren Eckknotens abgespeichert wird. Der Zugriff auf diese Knoten wird mittels der Funktionen

$$UpLeft, LowRight \; : B \longrightarrow V$$

ermöglicht. Die Struktur der Instanzliste hat somit die in Abbildung 2.24 gezeigte Form. Diese hat den Vorteil, daß instanz–orientierte Algorithmen, die auf dem Netzgraphen arbeiten, nicht alle Knoten des Graphen betrachten müssen, sondern über die Instanzliste und die Adjazenzstruktur jeden Teilbaustein abarbeiten können. Wir werden dies bei der Berechnung der Pinnamen im Anschluß an die Beschreibung der Verdrahtung ausnutzen.

Die Verdrahtung

Betrachten wir nun die Knoten und Kanten, die durch die Verdrahtung des Netzes entstehen. Wie in Abschnitt 2.2.1 erläutert, abstrahieren wir von physikalischen Leitungsbreiten und fassen ein Signalnetz als eine Menge von rechtwinklig geführten Liniensegmenten auf. Leitungen können an vorgegebenen Pins oder auf den Seiten von parametrisierten Makrozellen und auf dem Netzrand angeschlossen werden. Innerhalb des Netzes können Leitungen zusammengeschlossen werden. An diesen Punkten entstehen Verdrahtungsknoten. Als besondere Verdrahtungsknoten erlauben wir auch, daß Leitungen frei im Netz enden können (sogenannte Projektionen), wodurch oft eine sehr reguläre Beschreibung von Strukturen ermöglicht wird. Ein Beispiel, bei dem die Verwendung solcher Projektionsknoten zu einer kurzen Beschreibung führt, wird

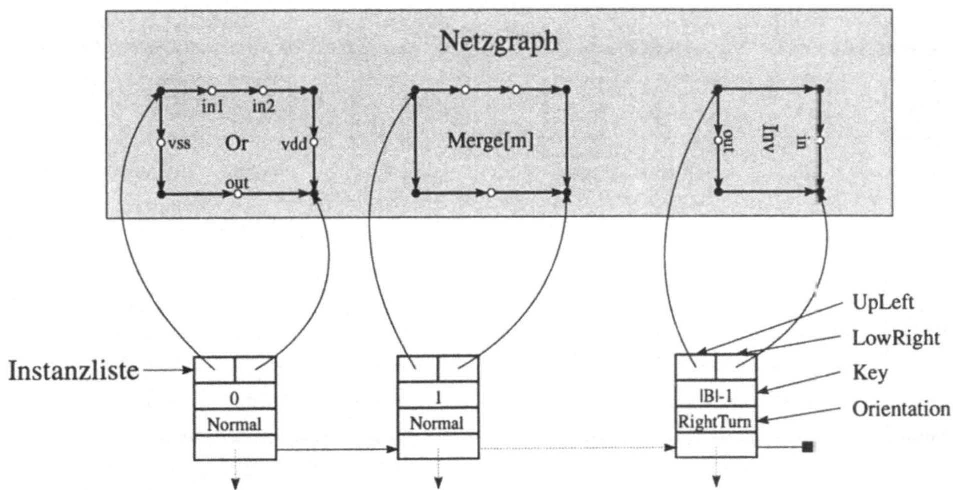

Abbildung 2.24: Instanzliste mit Verweisen in den Netzgraphen

in Abschnitt 5.1 angegeben.

Die Anfangs– und Endpunkte eines jeden Liniensegmentes stellen Knoten im Netzgraphen dar. Die Liniensegmente sind Kanten im Graphen und werden als Verdrahtungskanten ($type(e) = Wire$) bezeichnet. Aufgrund der rechtwinkligen Leitungsführung, treten die in Abbildung 2.25 gezeigten Fälle als Verdrahtungsknoten auf. Wir fassen hierbei auch die Überkreuzung von zwei Leitungen als Knoten auf und erhalten damit, wie in Abschnitt 2.2.1 gefordert, einen planaren Graphen zur Darstellung eines Netzes. Die eindeutige Klassifikation eines Verdrahtungsknotens läßt sich mit Hilfe der Funktionen *Directions* und *type* durchführen.

Beispiel 2.19.

$$v \in V \text{ ist Ostabzweigung (ebra)}$$

$$\Leftrightarrow$$

$$Directions(v) = \{N, E, S\} \text{ und } type(v) = WireNode.$$

Man benötigt beide Kriterien, da beispielsweise ein *Pin* auf der Ostseite eines Bausteines, an den eine Verdrahtungskante angeschlossen ist, das gleiche Schema an Graphkanten aufweist. ◇

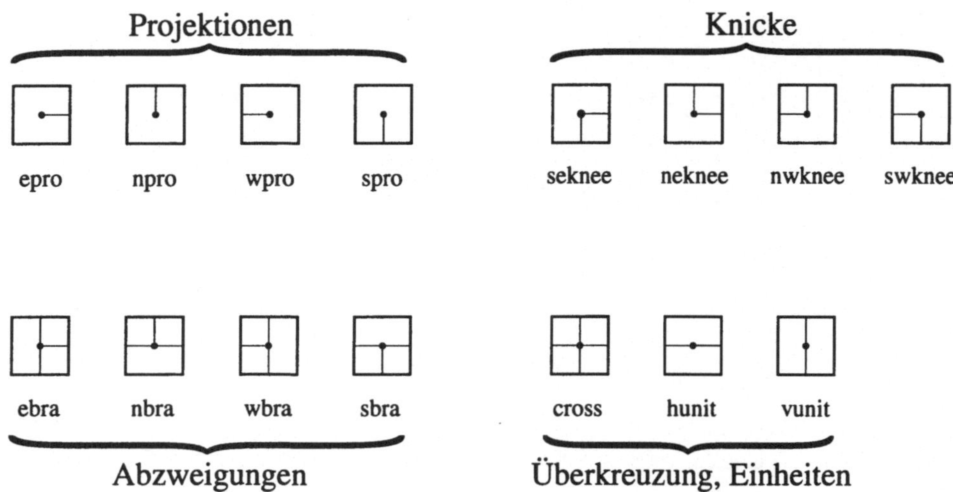

Abbildung 2.25: Klassifikation von Verdrahtungsknoten

Jeder Verdrahtungskante wird eine Breite zugeordnet, die besagt, wieviele parallel verlaufende Leitungen durch diese Kante repräsentiert werden. Die syntaktische Struktur von Kantenbreiten ist durch das Diagramm in Abbildung 2.15 gegeben. Auf die Busbreite einer Kante greifen wir mittels der Funktion

$$buswidth \ : E \longrightarrow BusExpression \cup \{undef\}$$

zu, wobei *BusExpression* die Menge der regulären Ausdrücke sei, die durch die Vorschrift von Diagramm 2.15 gebildet werden können. Wir ordnen hier jeder Kante eine Breiteninformation zu und setzen diese für Kanten vom Typ *NetBorder* und *InstBorder* auf den Wert *undef*.

Ein Verdrahtungsknoten, wie er in Abbildung 2.25 dargestellt ist, steht damit für das Aufeinandertreffen von Leitungsbündeln variabler Breite. Für die graphische Beschreibung eines Netzes ist es übersichtlicher, wenn Leitungsbündel durch eine einzelne Kante eingegeben werden. Bei der Synthese müssen diese Busse und die Verdrahtungsknoten aufgelöst werden. Ihre Interpretation ergibt sich dabei in natürlicher Weise aus der Orientierung innerhalb des zugrundeliegenden Kalküls, die von Westen nach Osten beziehungsweise von Norden nach Süden gerichtet ist. In Abbildung 2.26 ist die Auflösung einiger Verdrahtungsknoten dargestellt. Dabei ist zu beachten, daß einige Knoten nur unter Einführung von neuen Überkreuzungen verfeinert werden können (vgl. *swknee*).

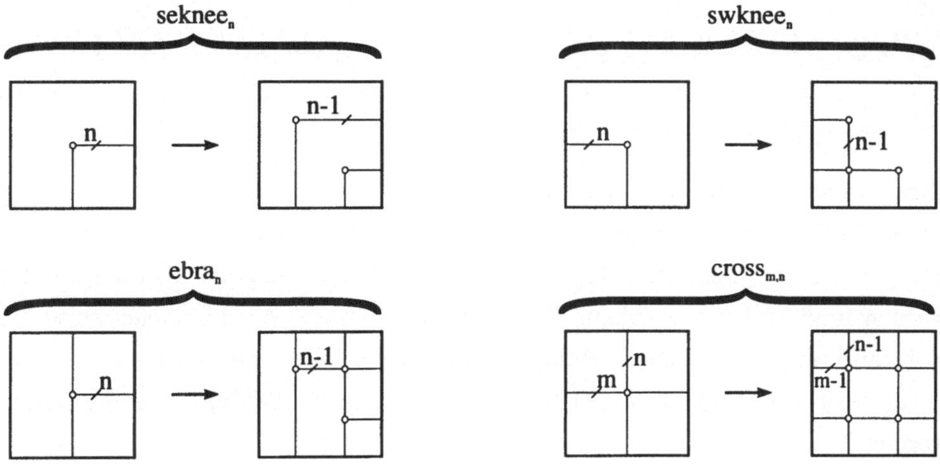

Abbildung 2.26: Verfeinerung von parametrisierten Verdrahtungsknoten

Aus Abbildung 2.26 wird klar, daß man eine einfache rekursive Beschreibung für die parametrisierten Verdrahtungsknoten angeben kann. Für das Beispiel eines *swknee* ergibt sich

$$swknee_n = swknee_{n-1} \oplus (cross_{1,n-1} \ominus swknee_1), \quad swknee_1 = \neg,$$

$$cross_{m,n} = cross_{m-1,n} \oplus cross_{1,n}, \quad cross_{1,n} = cross_{n-1,1} \ominus cross_{1,1}, \quad cross_{1,1} = +$$

In analoger Weise lassen sich rekursive Gleichungen für die übrigen Mehrfachknoten angeben. Die hier beschriebenen Verfeinerungen der Verdrahtungsknoten sind dabei diejenigen, die sich in natürlicher Weise aus dem zugrundeliegenden Kalkül ergeben. Will der Benutzer eine andere Interpretation verwenden, so kann er dies über die rekursive Spezifikation einer geeigneten Makrozelle erreichen. Auf diese Weise kann er beispielsweise bei einer Abzweigung eine beliebige Permutation der Leitungen definieren oder auch nur einen Teil des Leitungsbündels abgreifen.

Die gezeigten Verdrahtungsknoten werden während der Eingabe von Leitungen dynamisch im Graphen erzeugt beziehungsweise gelöscht. Beim Einfügen einer neuen Verdrahtungskante gibt es dabei für die Auswahl von Start- und Zielpunkt verschiedene Alternativen. Die Leitung kann entweder an einem Knoten oder einer Kante des Graphen angeschlossen werden. Der erste Fall tritt ein, wenn ein Pin eines Bausteins (Grundzelle, diskrete Makrozelle) oder der Anfangs- oder Endknoten einer anderen Leitung abgegriffen wird. Im zweiten Fall wird die Leitung am Rand des Netzes, auf einem parametrisierten Baustein oder auf einer Verdrahtungskante angeschlossen.

Diese verschiedenen Kontexte für Anfangs- und Endknoten einer einzelnen Leitung erfordern unterschiedliche Operationen auf den Knoten- und Kantenmengen des Graphen. Sie unterscheiden sich darin, ob ein neuer Knoten erzeugt werden muß und von welchem Typ dieser Knoten ist. Wird beispielsweise der Netzrand abgegriffen, so entsteht einer neuer *Pad*. Desweiteren muß die Kante, auf der die neue Leitung befestigt wird, in zwei Teilkanten aufgespalten werden.

Beispiel 2.20. Es wird eine neue Verdrahtungskante $e = (v, w)$ eingefügt. Dabei soll v auf dem Rand des Netzes liegen und w der Pin einer Grundzelle sein. Sei weiter $e_r = (v_r, w_r)$ die Randkante, auf der e angeschlossen wird. e_r sei eine Kante auf der Westseite des Netzes. Weiter liege der Pinknoten w ebenfalls auf der Westseite des zugehörigen Bausteines.

In diesem Fall muß der Knoten v neu erzeugt werden mit $type(v) = Pad$. Der neue Knoten v ist ein Randknoten des Netzes, d.h. $V'_R := V_R \cup \{v\}$. Die Kante e_r wird entfernt und durch zwei Kanten $e_1 = (v_r, v)$ und $e_2 = (v, w_r)$ ersetzt mit $type(e_1) = type(e_2) = NetBorder$, d.h. $E'_R := E_R - \{e_r\} \cup \{e_1, e_2\}$. Es gilt $Directions(v) = \{N, E, S\}$. Weiter ist $Edge(v, N) = e_1$, $Edge(v, S) = e_2$, $Edge(v, E) = e$. Beim Pinknoten w muß nur die Information über die angeschlossenen Kanten aktualisiert werden, d.h. $Directions(w) = \{N, S, W\}$ und $Edge(w, W) = v$. $\diamond$

Beim Einfügen einer Kante werden also die neu erzeugten Knoten und Kanten mit ihrem richtigen Typ versehen, so daß der Graph stets die in Abbildung 2.17 gezeigte Struktur hat. In ähnlicher Weise lassen sich die Veränderungen auf dem Graphen angeben, falls eine Verdrahtungskante entfernt werden soll.

Berechnung der Pin– und Padnamen

Nach Beendigung der Eingabe eines Netzes müssen die Namen für die Pad–
und Pinknoten auf dem Netzrand und den Makrozellen berechnet werden. Wir
führen diese Berechnungen erst beim Abspeichern eines Netzes durch, da sich
die Reihenfolge der Anschlüsse auf dem Rand des Netzes oder der parametrisierten Makrozellen während der Eingabe dynamisch ändern kann. In der
Schaltungshierarchie erfolgt über diese Namen die Identifikation von Signalnetzen über Hierarchiegrenzen hinweg. Die Pin– und Padnamen enthalten dabei
die Seite, auf der die zugehörige Leitung angeschlossen ist, und das Intervall
der Einzelleitungen, die zu diesem Anschluß beitragen. Abbildung 2.27 zeigt
die syntaktische Struktur von Pin– und Padnamen.

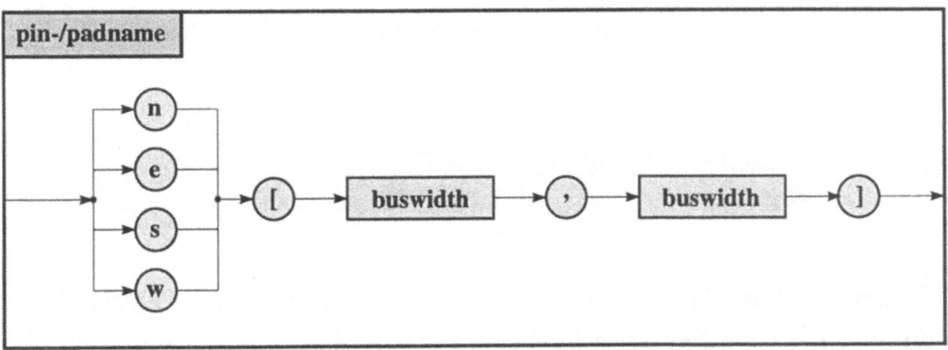

Abbildung 2.27: Syntaktische Struktur von Pin– und Padname

Der untere Index eines Namens wird hierbei durch die Summe der Leitungsbündel, die in der Reihenfolge vor diesem Anschluß auftreten, gebildet,
der obere Index ist die Summe aus unterem Index und der Breite der angeschlossenen Leitung. Bei den Pinnamen ist zusätzlich die Orientierung des
Bausteins zu berücksichtigen, die sich auf die Reihenfolge der Anschlüsse und
den Namen der Seite auswirkt (bei einem um 90° nach links gedrehten Baustein liegen die Nordpins auf der Westseite und die Reihenfolge der Anschlüsse
ist invertiert, wie aus Abbildung 2.23 deutlich wird).

Die Berechnung der Pinnamen läßt sich leicht auf der Adjazenzstruktur, wie sie oben beschrieben wurde, formulieren. Wir geben dazu zunächst einen Iterator an, der über den Rand eines Bausteins $b \in B$ läuft und für alle Pins $v \in V_{P_b}$ eine Funktion *pinfunction* (b, v) aufruft. Dabei sind b und *pinfunction* die Parameter des Iterators *ForallPins* $(b, \text{pinfunction})$, der sich wie folgt ergibt:

```
proc ForallPins (b, pinfunction)
begin
    v := UpLeft (b);
    d := E;
    do
        if type (v) = Pin then  call pinfunction (b, v) fi;
        v := Neighbour (v, d);
        case Directions (v) of
            {S, W} : d := S;
            {N, W} : v := UpLeft (b);
            {N, E} : d := E;
        esac ;
    until v = UpLeft (b) ∧ d = E;
end
```

Die Iteration über die Randknoten des Bausteins b beginnt in der linken oberen Ecke und läuft die Nordseite in Richtung Osten $(d := E)$ ab. Für jeden Pin wird *pinfunction* aufgerufen. Danach wird der Nachbar des aktuellen Knoten v in Richtung d bestimmt. Ist man an der rechten oberen Ecke des Bausteins angelangt $(\textit{Directions}(v) = \{S, W\})$, dann wird die Ostseite nach Süden abgelaufen. Erreicht man die rechte untere Ecke, so beginnt man wieder an der linken oberen Ecke und läuft die Westseite ebenfalls nach Süden ab, d.h. die aktuelle Laufrichtung kann an dieser Stelle beibehalten werden. An der linken unteren Ecke ändert sich die Richtung zu E und die Südseite wird in Ostrichtung abgelaufen. Wenn so wieder die rechte untere Ecke erreicht wird, ist die Iteration um den Bausteinrand beendet. Diese Ablaufreihenfolge wird angewendet, weil wir die Seiten gemäß der Orientierung des zugrundeliegenden Kalküls abarbeiten. Dabei dient uns die linke obere Ecke der Instanz jeweils als

Startpunkt und die rechte untere Ecke als Wechsel– beziehungsweise Endpunkt der Iteration.

proc *PinNames* (b)
begin
  $sum_N := sum_E := sum_S = sum_W := \varepsilon;$
  $index_N := index_E := index_S := index_W := \varepsilon;$
  ForallPins $(b, SumOfPins);$
  ForallPins $(b, GenPinName);$
end

Bei geeigneter Wahl des Parameters *pinfunction* können mit dem Iterator *ForallPins* nun die Pinnamen eines Bausteins b berechnet werden. Dies wird in der Funktion *PinNames* durch zwei Aufrufe von *ForallPins* durchgeführt. Beim ersten Aufruf wird die Funktion *SumOfPins* als Parameter übergeben. Wir benötigen diesen Funktionsaufruf, da in der Prozedur *GenPinName*, die bei der zweiten Iteration übergeben wird, die Orientierung des Bausteins berücksichtigt werden muß. Beispielsweise wird auch im Falle der Linksdrehung die Westseite von Norden nach Süden abgearbeitet, obwohl aber die Reihenfolge der Pins von Süden nach Norden gerichtet ist (vgl. dazu auch Abbildung 2.23). Wir korrigieren dies durch die vorgeschaltete Funktion $SumOfPins\,(b, v)$, die zunächst die Gesamtsumme der Pins einer Seite s' berechnet und in der globalen Variablen $sum_{s'}$ abspeichert.

proc *SumOfPins* (b, v)
begin
  $s := PinSide\,(b, v);$
  $w := buswidth\,(Edge\,(v, s));$
  $s' := RealSide\,(s, Orientation\,(b));$
  $sum_{s'} := sum_{s'} + w;$
end

Nachdem durch *SumOfPins* ein Ausdruck für die Gesamtzahl der Pins einer jeden Seite berechnet wurde, können wir durch eine zweite Iteration mit der

Funktion *GenPinName* für jeden Pin seinen korrekten Namen bestimmen. Dabei wird anhand der Seite, auf der der aktuelle Pin liegt zusammen mit der Orientierung des Bausteins die ursprüngliche Seite des Pins ermittelt. In der Funktion *RealSide* ist dabei die Zuordnung der Bausteinseiten anhand der Orientierung realisiert, wie man sie in Abbildung 2.23 ablesen kann. Beispielsweise wird bei einer Linksdrehung die Nordseite auf die Westseite abgebildet, d.h. *RealSide* $(N, LeftTurn) = W$. Das Prädikat *ReversedOrder* ist erfüllt, falls die Seite s bei der Orientierung von b invertiert werden muß. Beispielsweise ist *ReversedOrder* $(N, LeftTurn) = True$. Falls die Reihenfolge der Anschlüsse gespiegelt ist, dann müssen wir die vorberechnete Gesamtzahl der Pins verwenden, um seine Indizes entsprechend zu korrigieren.

$$
\begin{aligned}
&\textbf{proc } GenPinName\,(b, v) \\
&\textbf{begin} \\
&\quad s := PinSide\,(b, v); \\
&\quad w := buswidth\,(Edge\,(v, s)); \\
&\quad s' := RealSide\,(s, Orientation\,(b)); \\
&\quad \textbf{if } ReversedOrder\,(s, Orientation\,(b)) \\
&\quad\quad \textbf{then } name_v := s'[sum_{s'} - (index_{s'} + w),\, sum_{s'} - index_{s'} - 1]; \\
&\quad\quad\;\; \textbf{else } name_v := s'[index_{s'},\, index_{s'} + w - 1]; \\
&\quad \textbf{fi}; \\
&\quad index_{s'} := index_{s'} + w; \\
&\textbf{end}
\end{aligned}
$$

Auf gleiche Weise wie die Pinnamen der parametrisierten Makrozellen werden die Padnamen auf dem Rand des Netzes berechnet. Hier benutzen wir einen zu *ForallPins* analogen Iterator *ForallPads*. Die Berechnung der Padnamen gestaltet sich einfacher, da keine Drehungen des Netzes zu berücksichtigen sind. Es entfällt also auch die Vorberechnung der Gesamtzahl der Anschlüsse einer Seite.

Funktionen zur Modifikation des Netzgraphen

Neben der Eingabe von Bausteinen und Leitungen erlaubt der graphische Editor eine Reihe von interaktiven Modifikationen auf den Netzgraphen. Diese

Modifikationen können sich auf einzelne Elemente wie Bausteine oder Leitungen beziehen, es dürfen aber auch ganze Teilnetze manipuliert werden. Im einzelnen sind folgende Operationen möglich:

- *Bausteine:* Verschieben, Kopieren, Drehen, Deformieren, Löschen, Ausrichten

- *Leitungen:* Löschen, Ausrichten

- *Teilnetze:* Ausschneiden, Bewegen, Kopieren, Drehen, Löschen, Instanz, Ausrichten

Alle diese Operationen lassen sich leicht unter Verwendung der auf der Datenstruktur des Netzgraphen eingeführten Funktionen realisieren. Neben den genannten Modifikationen, die im wesentlichen den Funktionsumfang des graphischen Editors darstellen, sind weitere denkbar, die als Grundlage weiterer in das System integrierter Werkzeuge dienen können. So kann beispielsweise auch der komplette Netzgraph aus der Wertetafel einer kombinatorischen Schaltfunktion automatisch erzeugt werden. Die Integration solcher Werkzeuge zur Logiksynthese in das System wird in [Biw94] beschrieben. Mit diesem Werkzeug kann der Entwerfer beispielsweise Steuerwerke automatisch generieren und als Makrozelle in einem Entwurf weiterverwenden.

Bevor wir auf die hierarchische Darstellung von Schaltkreisen und damit auf die Expansion eines Gleichungssystems von Netzvariablen eingehen, erläutern wir die Spezifikationsebene anhand von zwei ausführlichen Beispielen.

2.4 Generische Schaltkreisbeschreibungen

2.4.1 Odd–Even–Mergesort

Das erste Beispiel das wir vorstellen, um die Eigenschaften der graphischen Beschreibungsebene zu illustrieren, beschreibt eine Klasse von Sortiernetzen. Dabei werden Regularitäten in der zugrundeliegenden Berechnungsvorschrift ausgenutzt, um daraus eine rekursive Beschreibung herzuleiten. Die Klasse von Sortiernetzen, die wir hier angeben, arbeitet nach dem Verfahren von Batcher's Odd–Even–Merge ([Knu73]).

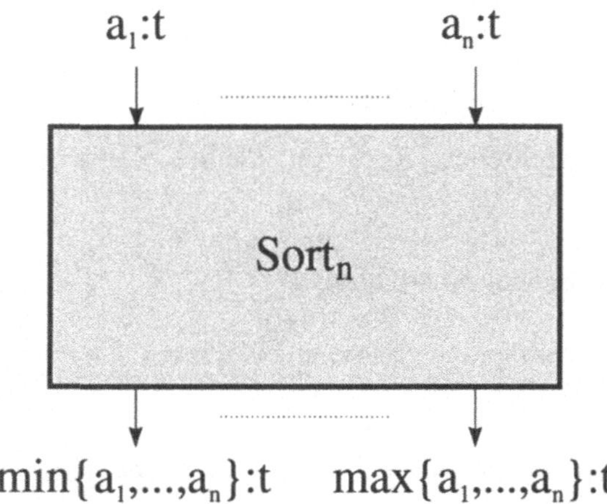

Abbildung 2.28: Sortierschaltung für $n = 2^k$ Elemente

Die Aufgabe der Schaltung läßt sich anhand von Abbildung 2.28 erläutern.
Die Eingabe besteht aus einer Folge von n Elementen $a_1,\ldots,a_n$, die von einem festen, aber beliebigen Typ t sein sollen. Um die rekursive Beschreibung in
diesem Beispiel einfach zu halten, setzen wir stets $n = 2^k$ voraus. Die Ausgabe
der Schaltung soll die sortierte Folge der Elemente in aufsteigender Reihenfolge
sein. Die Besonderheit der Spezifikation liegt darin, daß wir den eigentlichen
Sortieralgorithmus unabhängig vom Typ t der zu vergleichenden Elemente
beschreiben. Die Schaltung kann dann durch Einsetzen eines geeigneten Basisvergleichselementes zum Sortieren bestimmter Elemente konfiguriert werden.
Das Basisvergleichselement CMP muß dabei die Funktion

$$CMP : T \times T \longrightarrow T \times T \text{ mit } CMP(a,b) = (\min(a,b), \max(a,b))$$

berechnen. Dabei stellt T den Wertebereich der Elemente eines festen Typs
dar, beispielsweise $T = \{0,1\}$, T ist Menge der 16–Bit Integerzahlen oder
Menge der (24,8)–Bit Gleitkommazahlen.

Einen analogen Mechanismus findet man auch in Programmiersprachen, bei
denen der Parameter einer Prozedur selbst eine Funktion sein kann, wie wir
dies bei der Beschreibung von Iteratoren auf der Graphdatenstruktur bereits
ausgenutzt haben. Damit ist ein Aufruf der Form

$$SortedList = MergeSort\,(List,\, CompareFunction)$$

möglich, wobei die Vergleichsfunktion auf den zu sortierenden Elementen beliebig definiert werden kann. Bei deren Deklaration ist nur die Schnittstelle vorgegeben, die beispielsweise die Form

$$(\min(a,b),\max(a,b)) = CompareFunction\,(\text{Element } a, \text{Element } b)$$
$$\vdots$$

aufweisen könnte.

Dem hier verwendeten Sortierverfahren liegt folgender rekursiver Algorithmus zugrunde:

- Falls nur ein Wert zu sortieren ist, dann ist die Ausgabe der Schaltung gleich der Eingabe. Dies entspricht der Abschlußgleichung für das rekursive Gleichungsystem über Netzvariablen, die durch die Netzvariable $Sort_1$ beschrieben wird.

- Falls mehr als ein Wert zu sortieren ist, werden die linke und rechte Hälfte parallel sortiert und anschließend die beiden vorsortierten Hälften gemischt. Dies liefert uns eine rekursive Netzgleichung $Sort_n$ für $n > 1$.

- Das Mischen zweier einelementiger Folgen kann mit einem Basisvergleichselement erfolgen. Wir erhalten hier die Abschlußgleichung für die rekursive Beschreibung des Mischnetzwerkes. Sie wird durch die Netzvariable $Merge_2$ beschrieben.

- Das Mischen zweier Folgen mit jeweils mehr als einem Element erfolgt durch Vergleich der Elemente auf geraden Positionen der ersten Folge mit denen auf ungeraden Positionen der zweiten Folge und dem Vergleich der Elemente auf ungeraden Positionen der ersten Folge mit denen auf geraden Positionen der zweiten Folge. Die Ausgabe dieser beiden Mischbausteine halber Größe stellt die sortierten Teilfolgen der Elemente dar, die durch ein Shuffle–Netzwerk paarweise zusammengeführt werden. Danach liegt die vollständig sortierte Folge bis auf eventuelle Vertauschung auf zwei benachbarten Positionen $(i, i+1)$ mit $1 \leq i < n, i$ ungerade vor, wie dies in [Knu73] gezeigt wird. Deshalb folgt abschließend eine Zeile von $n/2$ Basisvergleichern, wobei der i–te Vergleicher aufgrund der paarweisen Zusammenführung der Elemente jeweils mit dem i–ten Ausgang der beiden Mischbausteine verbunden ist. Die Ausgabe dieser Basisvergleicherzeile und damit die Ausgabe der Teilschaltung *Merge$_n$* ist dann die sortierte Folge der n Elemente. Wir haben hier ebenfalls eine rekursive Gleichung *Merge$_n$* für $n > 1$ Elemente.

Graphische Spezifikation des Sortierverfahrens

Diese Formulierung des Algorithmus wird nun in ein System von graphischen Netzgleichungen umgesetzt. Wie man direkt sieht, läßt sich die Abschlußgleichung *Sort$_1$* des Sortiernetzwerkes durch eine einfache durchgezogene Leitung vom Typ t realisieren. Die rekursive Gleichung für den allgemeinen Sortierschritt für n Elemente ist in Abbildung 2.29 dargestellt.

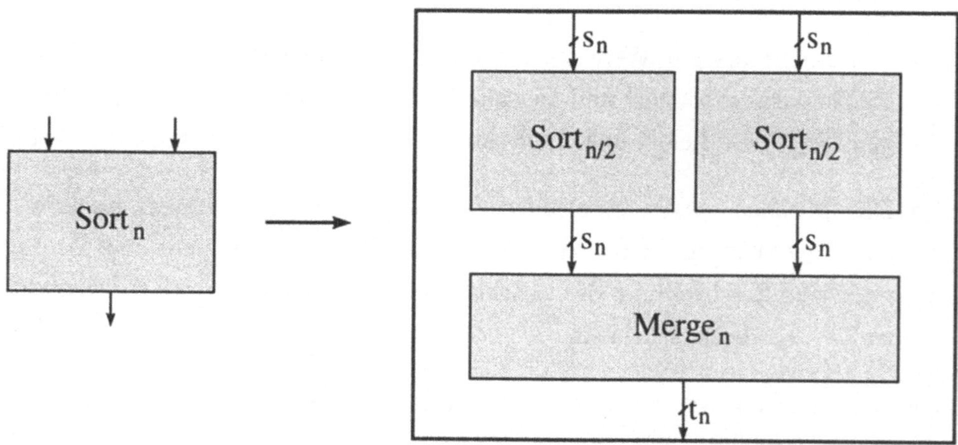

Abbildung 2.29: Rekursive Definition des Sortierschrittes für $n > 1$ Elemente

Man sieht hier die Aufteilung des Sortiervorganges in zwei parallele Vorgänge der halben Größe, die durch die beiden Bausteine *Sort$_{\frac{n}{2}}$* beschrieben werden. Die vorsortierten Folgen der halben Länge werden anschließend in einem Mischbaustein für insgesamt n Elemente zusammengeführt, wozu eine Instanz von *Merge$_n$* benötigt wird. In Abbildung 2.29 werden dabei die Breiten der Leitungen durch Variablen, deren Syntax durch Diagramm 2.15 beschrieben ist, definiert. Damit ist die Breite der Leitungsbündel zunächst frei. Sie wird anschließend aus der Belegung des Parameters n und der Festlegung des Basisvergleichers bestimmt. Die verwendeten Leitungsvariablen s_n und t_n sind dabei ebenfalls vom Parameter des Netzes abhängig. Dies gewährleistet für jede Hierarchieebene von *Sort$_n$* einen eigenen Satz von Variablen. Die gesamte Beschreibung des Sortierers hat somit zwei Freiheitsgrade: die Anzahl n und den Typ t der zu vergleichenden Elemente.

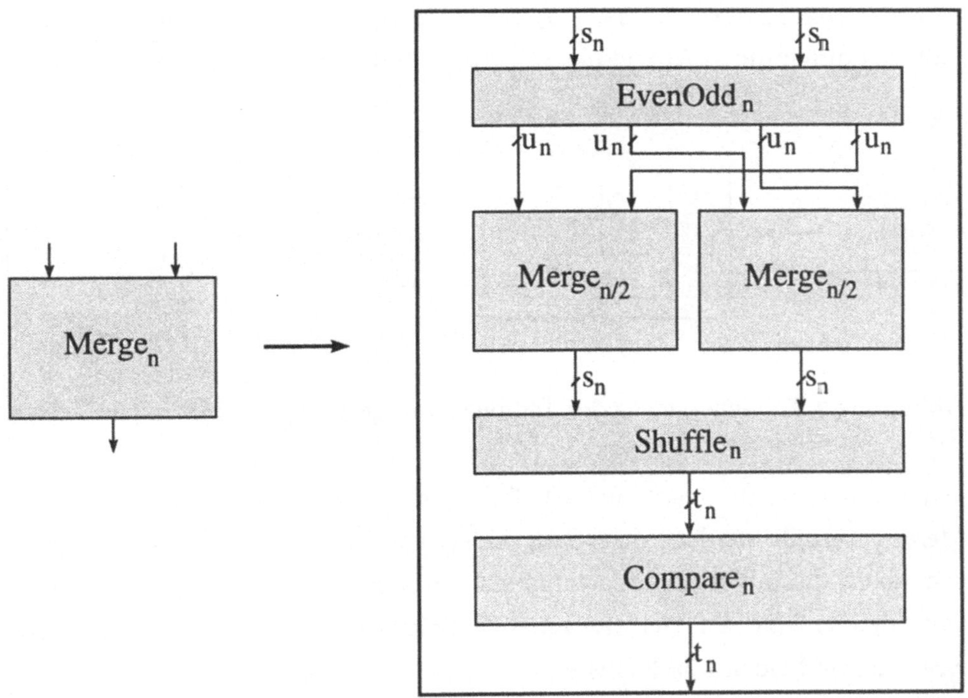

Abbildung 2.30: Rekursive Beschreibung für den Mischbaustein *Merge$_n$*

Der Mischbaustein *Merge$_n$* wird ebenfalls auf rekursive Weise definiert. Die Aufgabe dieser Teilschaltung besteht darin, zwei sortierte Teilfolgen der Länge $\frac{n}{2}$ zu einer sortierten Folge der Länge n zusammenzumischen. Wie oben erwähnt wird dies zurückgeführt auf das parallele Mischen je zweier Folgen der halben Länge. Dabei sollen in dem linken Mischbaustein $Merge_{\frac{n}{2}}$ die Elemente mit geradem Index aus der ersten Teilfolge mit denen mit ungeradem Index aus der zweiten Teilfolge gemischt werden. Entsprechend soll der rechte $Merge_{\frac{n}{2}}$–Baustein die Elemente mit ungeradem Index aus der ersten Teilfolge mit denen mit geradem Index aus der zweiten Teilfolge mischen. Wir benötigen also zunächst eine Teilschaltung $EvenOdd_n$, die aus den beiden Eingabefolgen von $Merge_n$ die Aufspaltung in Elemente mit geraden und ungeraden Indizes durchführt. Die Teilschaltung $EvenOdd_n$ läßt sich ebenfalls rekursiv beschreiben. Ihre Eingabe wird durch zwei Teilfolgen $a = a_0, \ldots, a_{\frac{n}{2}-1}$ und $b = b_0, \ldots, b_{\frac{n}{2}-1}$ gebildet. Ihre Ausgabe soll aus den vier Teilfolgen $a_0, a_2, \ldots, a_{\frac{n}{2}-2}, a_1, a_3, \ldots, a_{\frac{n}{2}-1}, b_0, b_2, \ldots, b_{\frac{n}{2}-2}, b_1, b_3, \ldots, b_{\frac{n}{2}-1}$ bestehen. Dies läßt sich durch die in Abbildung 2.31 dargestellten Netzgleichungen erreichen.

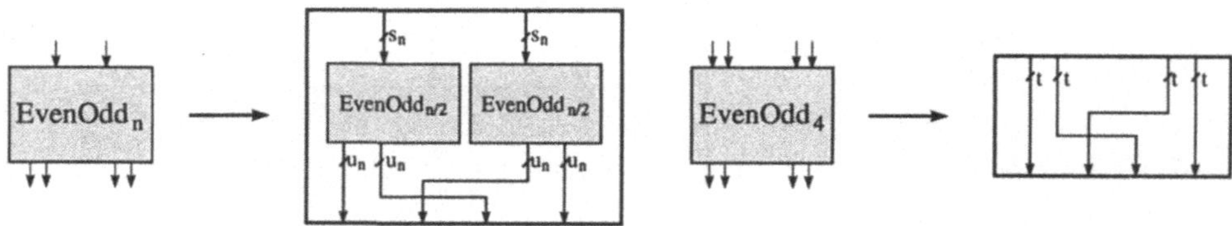

Abbildung 2.31: Generierung der Teilfolgen mit geraden und ungeraden Indizes

Danach können die entstandenen Teilfolgen auf die beiden Mischbausteine $Merge_{\frac{n}{2}}$ verteilt werden. $EvenOdd_n$ liefert zunächst die Elemente mit geraden, dann die mit ungeraden Indizes. In Abbildung 2.30 stellt jede Leitung vom Typ u_n eine der vier erzeugten Teilfolgen dar. Diese werden nun über Kreuz in die beiden Mischbausteine geführt.

Die Ausgabe der Mischbausteine wird abschließend in eine Zeile von Basisvergleichern geschickt. Dabei sollen jeweils die i–ten Ausgänge der beiden gemischten Folgen im i–ten Vergleicher zusammengeführt werden. Die hierzu benötigte Verdrahtung wird im Baustein $Shuffle_n$ spezifiziert. Die Teilschaltung $Compare_n$ enthält $\frac{n}{2}$ nebeneinander liegende Basisvergleichselemente. Der Gesamtaufbau von $Merge_n$ ist in Abbildung 2.30 angegeben.

Analog zu $EvenOdd_n$ läßt sich der Verdrahtungsbaustein $Shuffle_n$ definieren. Die Eingabe dieses Bausteines sind ebenfalls zwei Folgen $a = a_0, \ldots, a_{\frac{n}{2}-1}$ und $b = b_0, \ldots, b_{\frac{n}{2}-1}$. Die Ausgabe soll eine Folge der Form $a_0, b_0, a_1, b_1, \ldots, a_{\frac{n}{2}-1}, b_{\frac{n}{2}-1}$ sein. Man bezeichnet die von diesem Baustein berechnete Funktion auch als Shuffling, d.h. die abwechselnde Auswahl der Elemente zweier Folgen. Man beachte bei Abbildung 2.32, daß die Permutation der Elemente nach dem rekursiven Aufruf von $Shuffle_{\frac{n}{2}}$ erfolgt, wodurch eine andere Folge der Elemente erzeugt wird als durch das in Abbildung 2.31 gegebene Netz $EvenOdd_n$.

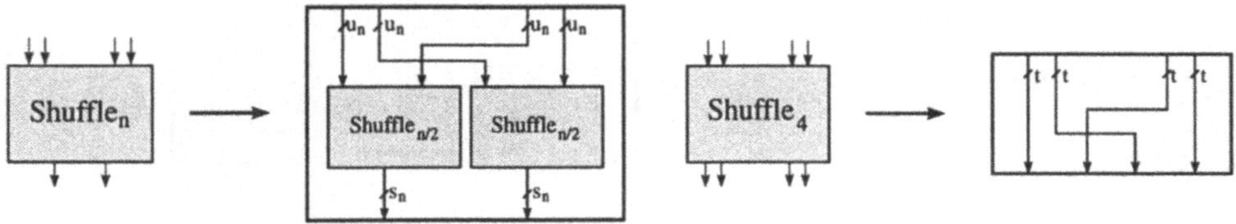

Abbildung 2.32: Rekursive Beschreibung von $Shuffle_n$

Der rekursive Aufbau einer Zeile von $\frac{n}{2}$ elementaren Vergleichern läßt sich auf einfache Weise mit der in Abbildung 2.33 beschriebenen Konstruktion erzeugen.

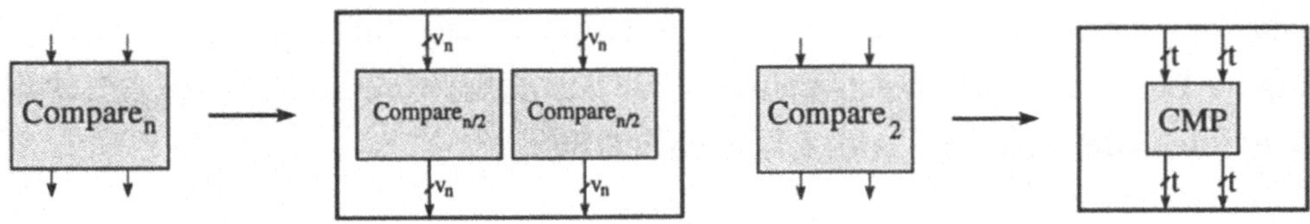

Abbildung 2.33: Zeile von $\frac{n}{2}$ Basisvergleichern

Wir vervollständigen schließlich die Beschreibung des Sortieralgorithmus durch die Abschlußgleichungen

$$Sort_1 \longrightarrow 1_t^o \quad \text{und} \quad Merge_2 \longrightarrow CMP.$$

Realisierung des Basisvergleichers

Die Beschreibung des Sortieralgorithmus ist unabhängig vom Typ der zu sortierenden Elemente. Die in Abbildung 2.28 bis 2.33 gezeigten Netzgleichungen und die beiden Abschlußgleichungen für $Sort_1$ und $Merge_2$ bleiben unverändert. Der Typ der Elemente wird in dem Basisvergleicher CMP respektiert.

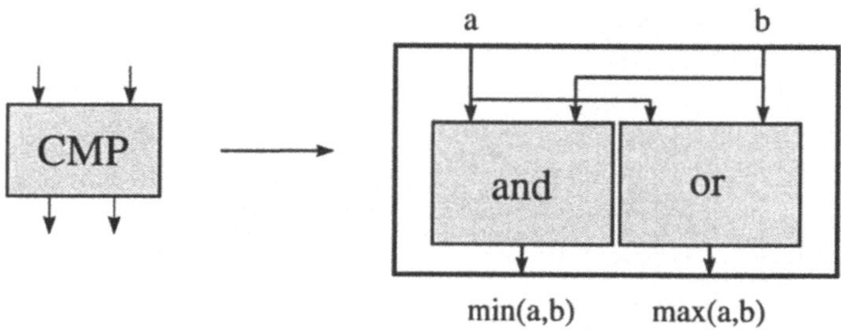

Abbildung 2.34: Basisvergleicher für 1–Bit–Zahlen

Betrachten wir zunächst als Beispiel einen Vergleicher für einzelne Bits, d.h. $T = \{0,1\}$. Die zugehörige Vergleichsfunktion $CMP : \{0,1\} \times \{0,1\} \longrightarrow \{0,1\} \times \{0,1\}$ wird offensichtlich durch die Teilschaltung in Abbildung 2.34 realisiert.

Das Basisvergleichselement läßt sich allerdings leicht für beliebige k–stellige binäre Werte angeben. Seien dazu $a = a_{k-1} \dots a_0$, $b = b_{k-1} \dots b_0 \in \{0,1\}^k$ zwei k–stellige Binärzahlen. Dann gilt offensichtlich:

$$a >_k b \Leftrightarrow a_{k-1} \dots a_{\lfloor \frac{k}{2} \rfloor} >_{\lceil \frac{k}{2} \rceil} b_{k-1} \dots b_{\lfloor \frac{k}{2} \rfloor} \vee$$

$$(a_{k-1} \dots a_{\lfloor \frac{k}{2} \rfloor} =_{\lceil \frac{k}{2} \rceil} b_{k-1} \dots b_{\lfloor \frac{k}{2} \rfloor} \wedge a_{\lfloor \frac{k}{2} \rfloor -1} \dots a_0 >_{\lfloor \frac{k}{2} \rfloor} b_{\lfloor \frac{k}{2} \rfloor -1} \dots b_0)$$

Diese rekursive Berechnungsvorschrift für $>_k$ läßt sich direkt in ein entsprechendes Schaltbild umsetzen (vgl. Abbildung 2.35). Der dabei verwendete k–stellige Vergleich $=_k$ läßt sich durch den in Abbildung 2.8 gezeigten Vergleichsbaum realisieren, der zunächst einen Test auf Ungleichheit berechnet. Durch einen nachgeschalteten Inverter erhalten wir den Test auf Gleichheit. Zu beachten ist dabei, daß die in Abbildung 2.8 gezeigte Realisierung die Eingabe in der Form $a_{k-1}, b_{k-1}, \ldots, a_0, b_0$ erwartet.

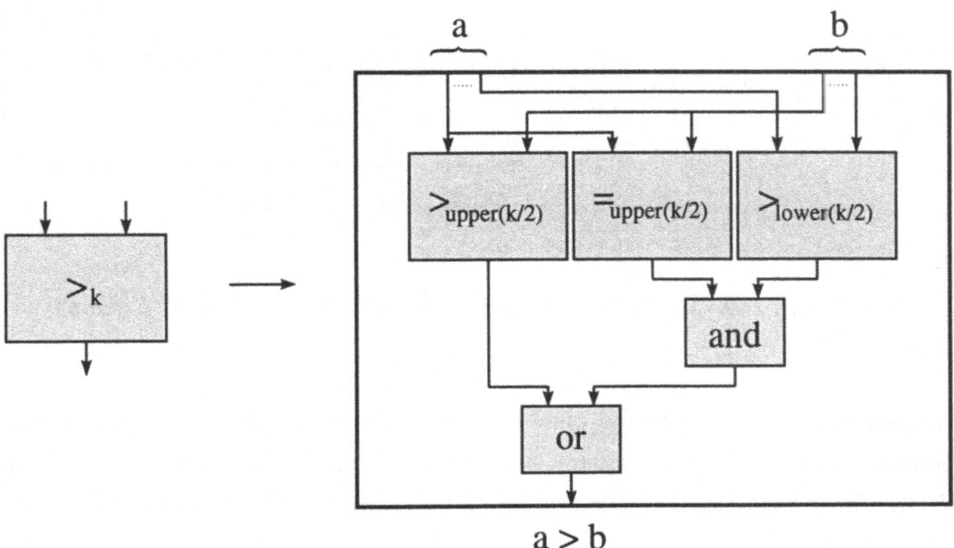

Abbildung 2.35: Rekursive Beschreibung von "$>_k$" für k–stellige Werte

Mit dem Vergleich auf "$>_k$" läßt sich nun leicht die Funktion *CMP* für k–stellige Binärzahlen definieren. Man benutzt dabei diese Vergleichsfunktion, um einen Schalter anzusteuern, der in Abhängigkeit des Vergleichsergebnisses die Operanden a und b in vertauschter Reihenfolge ausgibt. Die Funktionsweise des Bausteins *switch$_k$*, wie er in Abbildung 2.36 zur Definition von *cmp$_k$* benutzt wird, ergibt sich folgendermaßen:

$$switch_k(a, b, s) = \begin{cases} (a, b) & \text{falls } s = 1 \\ (b, a) & \text{falls } s = 0 \end{cases}$$

Der Schalter *switch$_k$* wird durch eine Folge von Multiplexern realisiert, deren Selekteingänge durch den Wert von $>_k$ gesteuert werden.

In Kapitel 3 werden wir beschreiben, wie nach Festlegung des Schaltungsparameters n und der Wahl eines Basisvergleichselementes die Schaltungshierarchie

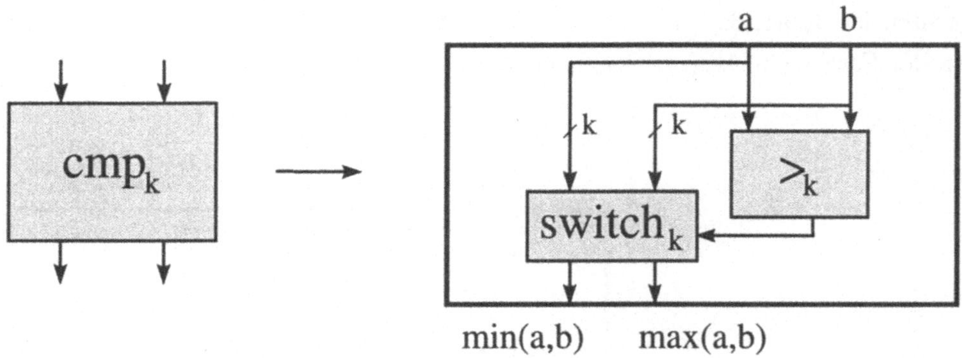

Abbildung 2.36: Basisvergleichselement für beliebige k–stellige Werte

aufgebaut und die Werte für die Leitungsvariablen berechnet werden. Abbildung 2.4.1 zeigt abschließend das komplette Layout des Sortieres $Sort_{32}$ unter Verwendung des Basisvergleichers aus Abbildung 2.34. Die gezeigte Darstellung des Netzes wurde von einem hierarchischen Plazierungs– und Verdrahtungsverfahren erzeugt, das in das Gesamtsystem integriert ist. Die Integration der hierbei verwendeten Werkzeuge wird in Kapitel 4 gezeigt.

2.4.2 Parallele Präfix–Berechnung

In vielen arithmetischen Schaltkreisen wird eine Struktur mit folgender Eigenschaft benutzt: *Gegeben sei ein Monoid $(M, \circ)$ und $m_1, \ldots, m_n \in M$. Dann berechne die Ausdrücke $e_i = m_1 \circ \ldots \circ m_i$, $\forall i \in \{1, \ldots, n\}$.*

Die effiziente Berechnung der Ausdrücke e_i erfolgt dabei über binäre Bäume T_i, die entweder vollständig oder rechts abgeschnitten sind in Abhängigkeit von der Anzahl ihrer Eingangsvariablen. In den inneren Knoten jedes Baumes werden je zwei Zwischenergebnisse miteinander verknüpft.

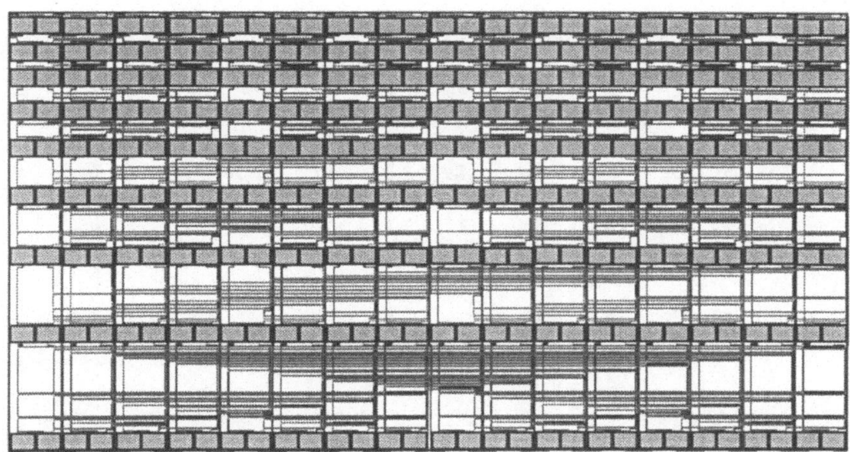

Abbildung 2.37: Layout für das Sortiernetzwerk $Sort_{32}$

Wir beschreiben auch hier wieder die Struktur unabhängig vom Typ der zu bearbeitenden Elemente. Die einzige Voraussetzung an die Basisoperation ist, daß zwei Eingangswerte a, b vom Typ t zu einem Ergebnis $a \circ b$ verknüpft werden, das wiederum vom Typ t ist. Die benötigten Bäume können vollständig oder teilweise überlagert werden, indem Zellen, die den gleichen Teilausdruck berechnen, miteinander identifiziert werden. Je nach Art der Realisierung der Bäume T_i und der Überlagerung dieser Bäume erhält man verschiedene Strukturen zur parallelen Präfix–Berechnung. Wir konstruieren das Schema aus links linearen Bäumen, so daß wir die in Abbildung 2.38 gezeigte Struktur erhalten. Dieses Schema wurde von Ladner und Fischer ([LF80]) eingeführt und von Brent und Kung ([BK82]) zur Konstruktion schneller Addierer benutzt, wobei die Basisoperation entsprechend gewählt werden muß.

Da die Gesamtstruktur durch Überlagerung binärer Bäume entsteht, folgt daraus auch, daß man bei n Eingangsvariablen $\lceil \log n \rceil$ Operationsstufen $S_0, \ldots, S_{\lceil \log n \rceil - 1}$ benötigt. Jede Stufe S_i läßt sich, wie in Abbildung 2.38 zu sehen ist, in einen Verdrahtungsteil und eine Zeile von Operationsknoten aufteilen. Im j–ten Operationsknoten von S_i wird dabei der Zwischenwert $m_j^{(i)}$ mit

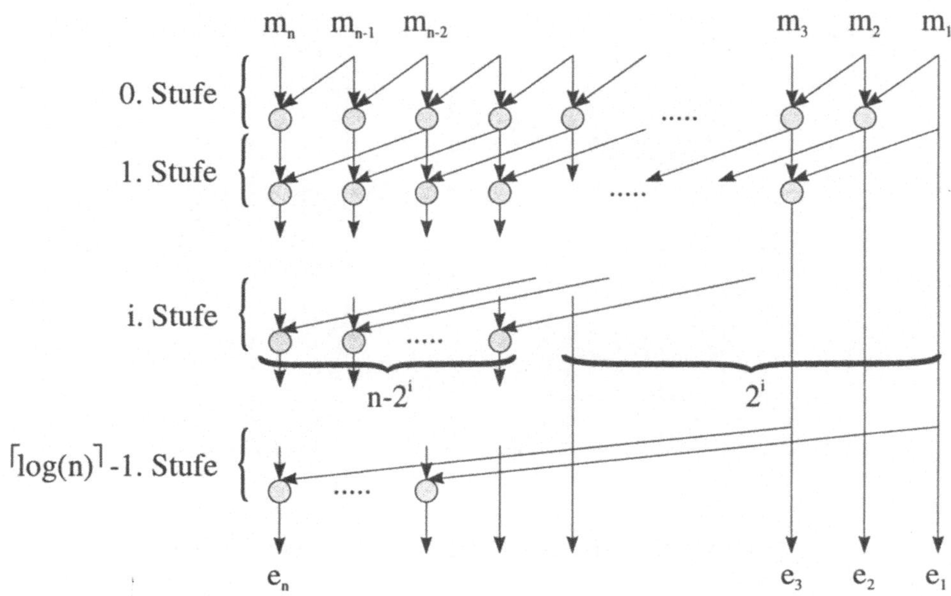

Abbildung 2.38: Überlagerung der Bäume zur parallelen Präfix–Berechnung

dem Zwischenwert $m_{j+2^i}^{(i)}$ verknüpft für alle $1 \leq j \leq n - 2^i$. Daraus folgt, daß in S_i eine Zeile von $n - 2^i$ einzelnen Operationsknoten benötigt wird. Ferner gelten die Randbedingungen $m_j^{(0)} = m_j$ und $m_j^{(\lceil \log n \rceil)} = e_j$.

Vor jeder Zeile von Operationsknoten befindet sich ein Verdrahtungskanal $Channel_{n,i}$, der die Zwischenwerte $m_{j+2^i}^{(i)}$ von der Position $j + 2^i$ auf die Position j, $1 \leq j \leq n - 2^i$ führt, so daß diese miteinander verknüpft werden können. Die Höhe H_i dieses Kanals in Stufe S_i ergibt sich aus der Anzahl der horizontalen Leitungen, die gleichzeitig über eine Spalte geführt werden müssen. Diese Zahl beträgt aufgrund der Entfernung der zu verknüpfenden Zwischenwerte, wie man auch anhand von Abbildung 2.38 sieht, für Stufe S_i gerade $H_i = \min\{n - 2^i, 2^i\}$.

Aus dieser Einteilung in $\lceil \log n \rceil$ Stufen, von denen jede aus einem Verdrahtungsteil und einer Zeile von Operationsknoten besteht, läßt sich direkt die in Abbildung 2.39 gezeigte rekursive Spezifikation ableiten. Die Gesamtstruktur des Parallel–Präfix–Berechnungsnetzes PPB_n ergibt sich dann durch die

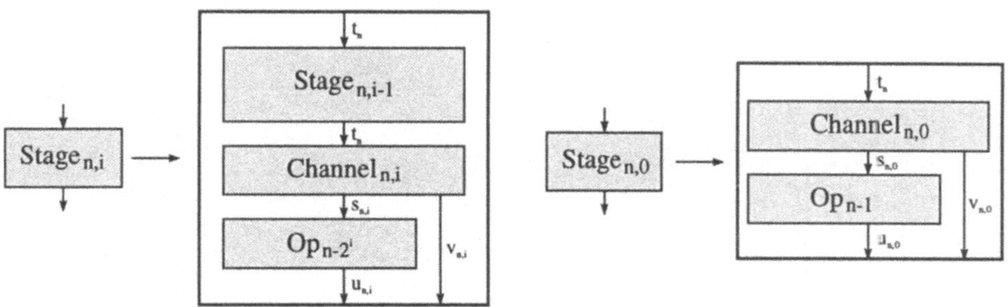

Abbildung 2.39: Rekursive Beschreibung von PPB für n Eingangsvariable

Netzgleichung $PPB_n \longrightarrow Stage_{n,\lceil \log n \rceil - 1}$.

Die Spezifikation von PPB_n soll so durchgeführt werden, daß sie von einer speziellen Realisierung der elementaren Operation $\circ$ und dem Typ t der Eingangselemente $m_1, \ldots, m_n$ unabhängig ist. Wir erreichen dies, indem wir, wie im Beispiel des Sortiernetzwerkes, die Leitungsbreiten nicht durch arithmetische Ausdrücke sondern durch Leitungsvariablen beschreiben. So repräsentiert die Leitungsvariable t_n in Abbildung 2.39 n Elemente vom Typ t, die die Eingangs– und Ausgangswerte jeder Stufe $Stage_{n,i}$ des Netzwerkes bilden. Eine andere Leitungsvariable $s_{n,i}$ beschreibt die Zahl der Elemente, die durch die Verdrahtungsstruktur $Channel_{n,i}$ als Eingangswerte für die nachfolgende Zeile von Operationsknoten bereitgestellt werden. Die Elemente, die nicht mit einem anderem verknüpft werden müssen, werden zu $v_{n,i}$ und die Ausgangswerte der Operationsknoten zu $u_{n,i}$ zusammengefaßt. Es gilt offensichtlich: $u_{n,i} + v_{n,i} = t_n$. Die Belegung dieser Variablen hängt dann von einer speziellen Realisierung der elementaren Operation ab. Diese Basisoperation, beschrieben durch die Netzvariable Op_1 kann aus elementaren Gattern oder aber auch aus komplexen Operationen aufgebaut werden. Abbildung 2.33 zeigt zwei verschiedene Realisierungen von Op_1, mit denen das Parallel–Präfix–Netz zur schnellen Berechnung von Überträgen während der binären Addition verwendet werden kann. Die Teilschaltung mit der Bezeichnung *Generate / Propagate* wird beispielsweise in [BK82] zum Bau eines schnellen Addierers eingesetzt. Mit der Realisierung von Op_1 läßt sich nun eine ganze Zeile von Operationsknoten Op_k

analog zu der in Abbildung 2.33 gezeigten Rekursion erzeugen.

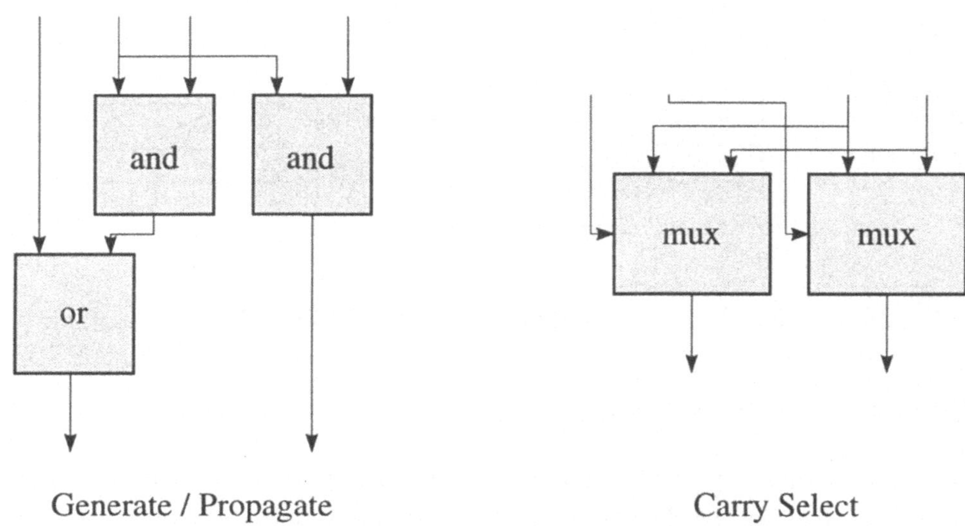

Abbildung 2.40: Basisoperationen für verschiedene Addierertypen

Abschließend geben wir noch die parametrisierte Beschreibung des Verdrahtungskanals $Channel_{n,i}$ an. Um ein kompaktes Layout zu erhalten, sollen nur die unbedingt notwendigen $H_i := \min\{2^i, n - 2^i\}$ horizontalen Spuren benutzt werden. Aufgrund der beliebigen Wahl des Parameters n (nicht notwendigerweise $n = 2^k$) sind dabei einige Fallunterscheidungen zu beachten. Generell läßt sich $Channel_{n,i}$ in einen linken, mittleren und rechten Abschnitt unterteilen. Diese Einteilung ist in Abbildung 2.41 für das Beispiel $Channel_{13,2}$ dargestellt. Der Kanal besteht in diesem Fall aus $H_2 = \min\{2^2, 13 - 2^2\} = 4$ horizontalen Spuren, wohingegen eine ungeschicktere Wahl der Verdrahtung eventuell 9 Spuren benötigen könnte. Die Wahl der Verdrahtungsstruktur spielt für die eigentliche Funktion des Entwurfs zwar keine Rolle, wir wählen aber hier die kompaktere Form des Verdrahtungskanals, um zu zeigen, daß die dabei auftretenden Fallunterscheidungen leicht beschrieben werden können.

Dabei besitzt der linke Teil *LChannel* die Eigenschaft, daß hier die Leitung in jeder Spalte mit einer Leitung, die von einer Spalte rechts von *LChannel* stammt, zusammengeführt wird. Auf Stufe S_i umfaßt dieser Teil genau die

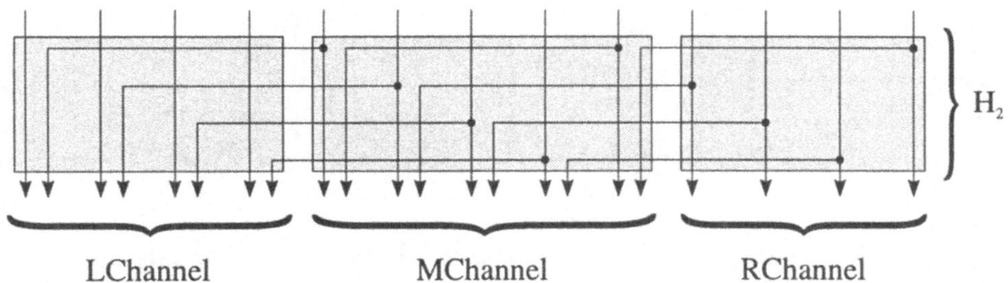

Abbildung 2.41: Unterteilung von $Channel_{13,2}$ in Abschnitte

ersten $H_i = \min\{n - 2^i, 2^i\}$ Spalten. In analoger Weise wird im rechten Teil *RChannel* in jeder Spalte die betreffende Leitung abgegriffen und einer Leitung in einer Spalte links von *RChannel* zugeführt. Insbesondere werden hier keine Leitungen zu Paaren zusammengefaßt, so daß nur Einzelleitungen die Ausgabe dieses Abschnittes bilden. Dieser Abschnitt umfaßt auf der i–ten Stufe ebenfalls H_i Leitungen. Der mittlere Teil *MChannel* besteht aus der Überlagerung der Verdrahtungsschemata in *LChannel* und *RChannel*. Er umfaßt die verbleibenden $n - 2 \cdot H_i$ Spalten. Eine besondere Behandlung erfordert dabei die Beschreibung der $\lceil \log n \rceil$–ten Stufe. In diesem Fall werden durch *MChannel* einfach die Leitungen vom rechten in den linken Abschnitt durchgeführt. Wir werden diesen Sonderfall bei der Beschreibung des Mittelteils durch ein entsprechendes Prädikat $i < \log n - 1$ berücksichtigen.

Der linke Teil des Verdrahtungskanals läßt sich durch ein einfaches rekursives Schema beschreiben, wie es in Abbildung 2.42 gezeigt ist. Der Parameter h in dieser Netzgleichung stellt die Zahl der Spalten in diesem Abschnitt, die auf Stufe i durch H_i gegeben ist.

Im rechten Teil des Verdrahtungskanals wird in jeder Spalte eine Leitung abgegriffen und nach links weitergeführt. Er umfaßt wie der linke Teil $H_i = \min\{n - 2^i, 2^i\}$ Spalten. Zu beachten ist, daß die Spalte, die als erste abgegriffen wird, von der Länge des mittleren Teils $n - 2 \cdot H_i$ abhängt. Wir beschreiben den rechten Verdrahtungsabschnitt durch die Netzvariable $RChannel_{h,r,p}$. Dabei repräsentiert der Parameter r die Spaltenposition, in der der rechte Teil beginnt, also $r = n - H_i$. h steht wieder für die Kanalhöhe. p ist ein Schalter, um

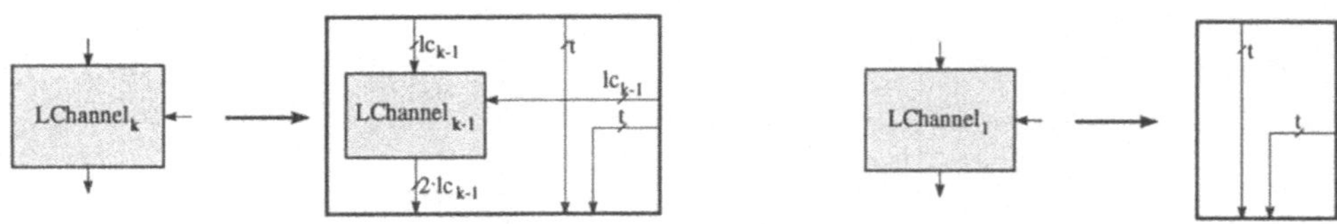

Abbildung 2.42: Rekursive Beschreibung von $LChannel_h$

die letzte Stufe in einem gesonderten Fall zu behandeln. Die graphische Eingabe für $RChannel_{h,r,p}$ läßt sich im Normalfall ($p = 1$) durch zwei verschränkte Westabzweigungen von $h - r \bmod h$ sowie $r \bmod h$ parallelen Leitungen des elementaren Typs t beschreiben. Für den Sonderfall der letzten Verdrahtungsstufe ($p = 0$) ist der Mittelteil so modifiziert, daß nur die im rechten Teil abgegriffenen Leitungen in den linken Teil durchgereicht werden. In diesem Fall besteht der rechte Teil einfach aus einer Westabzweigung der Breite H_i.

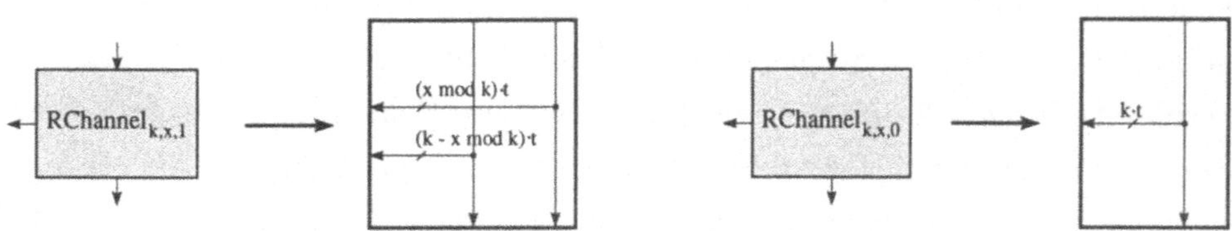

Abbildung 2.43: Rekursive Beschreibung von $RChannel_{h,r,p}$

Etwas komplizierter gestaltet sich die Beschreibung des Mittelteils, da hier die beiden Verdrahtungsmuster des linken und rechten Teils überlagert sind. Zusätzlich beschränken wir aus Gründen des Layouts die Zahl der parallelen horizontalen Spuren der Stufe S_i auf $\min\{n - 2^i, 2^i\}$. Dazu wird in jeder Spalte j des mittleren Teils die abgegriffene Leitung in die horizontale Spur gelegt, in der die von rechts in Spalte j geführte Leitung verlief (vgl. Abbildung 2.41). Dabei wird die auf der obersten Spur verlaufende Leitung als erste abgegriffen, in der nächsten Spalte wird die Leitung auf der zweiten Spur abgegriffen, ..., in der $H_i + 1$-ten folgenden Spalte wird wieder die oberste Leitung abgegriffen. Man erhält also eine periodische Struktur von Blöcken der Breite H_i. Wir

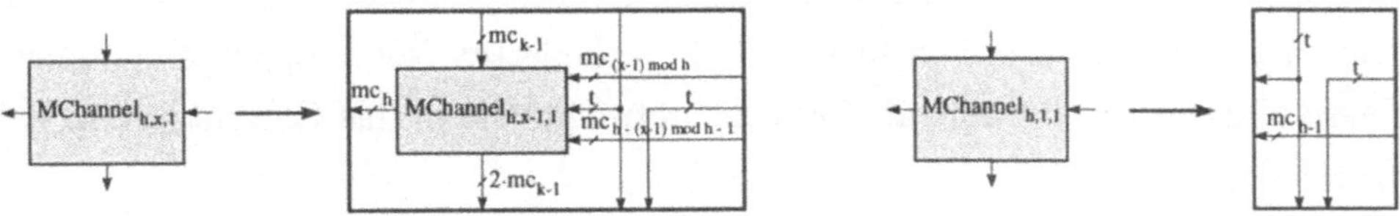

Abbildung 2.44: Rekursive Beschreibung von $MChannel_{h,x,1}$

beschreiben den Mittelteil durch die Netzvariable $MChannel_{h,x,p}$. Der Parameter x steht dabei für die Anzahl der Spalten, die der Mittelteil umfaßt, d.h. $x = n - 2 \cdot H_i$. h repräsentiert wieder die Höhe des Kanals und damit die Breite der Teilblöcke. Der dritte Parameter p ist ein Schalter zur Fallunterscheidung zwischen dem normalen Fall $i < \log n - 1$, der in Abbildung 2.44 dargestellt ist, und dem Sonderfall der letzten Stufe. Im Fall $p = 0$ wird der Mittelteil durch die Netzgleichung $MChannel_{h,x,0} \longrightarrow cross_{h,x}$ beschrieben.

Zur Vervollständigung der Beschreibung müssen nun noch die korrekten Instanzen der drei Teile zum eigentlichen Verdrahtungskanal $Channel_{n,i}$ der Stufe S_i zusammengesetzt werden. Dies wird durch folgende zwei Netzgleichungen beschrieben:

$$Channel_{n,i} \longrightarrow GChannel_{n,\min\{n-2^i,2^i\},i<(\log n-1)}$$

$$GChannel_{n,H,P} \longrightarrow LChannel_H \ominus MChannel_{H,n-2 \cdot H,P} \ominus RChannel_{H,n-H,P}$$

Zur einfacheren Darstellung führen wir die Hilfsvariable $GChannel_{n,H,P}$ ein, deren Parameter zur Substitution $H = \min\{n - 2^i, 2^i\}$ und $P = i < (\log n - 1)$ benutzt werden.

2.5 Zusammenfassung

In diesem Kapitel haben wir gezeigt, wie mit Hilfe des graphischen Editors parametrisierte Schaltkreisbeschreibungen durch rekursive Netzgleichungssysteme eingegeben werden können. Die Flexibilität des mathematischen Kalküls als zugrundeliegender Spezifikationsebene ermöglicht dabei eine Beschreibung von algorithmischen Teilstrukturen, die unabhängig von speziellen Realisierungen der Basisoperationen ist. Zur Darstellung der graphischen Eingabe wurde eine Datenstruktur in Form von hierarchisch gegliederten Netzgraphen eingeführt. Diese bildet auch die zentrale Datenstruktur für die in das Gesamtsystem integrierten Werkzeuge.

Während durch den graphischen Editor stets eine einzelne parametrisierte Netzgleichung bearbeitet wird, führen die einzelnen Werkzeuge ihre Berechnungen auf einem festen Vertreter einer solchen Schaltkreisfamilie aus. Bevor ein bestimmtes Werkzeug angewendet werden kann, muß daher zunächst die hierarchische Darstellung aus den Objekten der zentralen Datenstruktur für den gewählten Vertreter aufgebaut werden. Die Vorgehensweise entspricht hierbei der iterierten Anwendung des in Definition 2.6 beschriebenen Expansionsfunktors. Auf die einzelnen Schritte, die nach Belegung der Schaltkreisparameter während dieser Berechnung ausgeführt werden müssen, gehen wir im folgenden Kapitel 3 ein. Dabei wird auch gezeigt, wie die Belegung für die verwendeten Leitungsvariablen berechnet wird.

Kapitel 3

Effiziente hierarchische Schaltkreisdarstellung

Mit Hilfe des graphischen Editors kann der Entwerfer über einem beliebigen Grundzellenkatalog ganze Familien von Schaltkreisen beschreiben. Wie wir im vorangegangenen Kapitel gezeigt haben, ist dies durch die graphische Eingabe rekursiver Netzgleichungssysteme möglich, die von einer Menge von Schaltkreisparametern abhängen können. Die in der vorliegenden Arbeit vorgestellte graphische Arbeitsumgebung stellt dem Entwerfer neben diesem Editor eine ganze Palette von hierarchisch arbeitenden Werkzeugen zur Analyse und Synthese von Schaltkreisen zur Verfügung. Diese Verfahren arbeiten jeweils auf einem fest gewählten Vertreter einer Schaltkreisfamilie. Dazu wird, basierend auf der in Abbildung 2.17 gezeigten Grundstruktur, eine hierarchische Darstellung des gewählten Schaltkreises aufgebaut. Diese hierarchische Struktur bildet einerseits die Basis–Datenstruktur, auf der die integrierten Werkzeuge arbeiten. Andererseits wird sie benutzt, um die berechneten Ergebnisse zu visualisieren und eine systematische Inspektion über die Hierarchiegrenzen hinweg zu unterstützen. Dies gewährleistet eine übersichtliche graphische Zuordnung der berechneten Ergebnisse zur Eingabe des Entwerfers und damit eine komfortable Kontrolle während des Entwurfsvorganges, wie im folgenden Kapitel bei der Beschreibung der integrierten Werkzeuge deutlich wird.

Dieses Kapitel zeigt auf, wie die hierarchische Beschreibung eines festen Vertreters einer Schaltkreisfamilie aufgebaut wird. Die Einordnung des hierfür zuständigen Moduls in die graphische Oberfläche läßt sich an Abbildung 3.1 schematisch veranschaulichen. Die Eingaben dieses Moduls bestehen in den Bibliotheken für die Grundzellen und den mittels des graphischen Editors erstellten parametrisierten Entwürfen. Die eindeutige Auswahl eines festen Vertreters erfolgt unter Spezifikation der Netzvariablen und einer festen Belegung ihrer Parameter. Das Resultat der Berechnungen dieses Modul ist eine interne Datenstruktur, die die Hierarchie der ausgewählten Schaltung repräsentiert. Das Modul enthält Scanner und Parser, die die in Abschnitt 2.3.1 gezeigten syntaktischen Strukturen analysieren können. Ein Auswertungsalgorithmus berechnet anhand der Belegung der Parameter Werte für alle Ausdrücke, die von den Schaltkreisparametern abhängen.

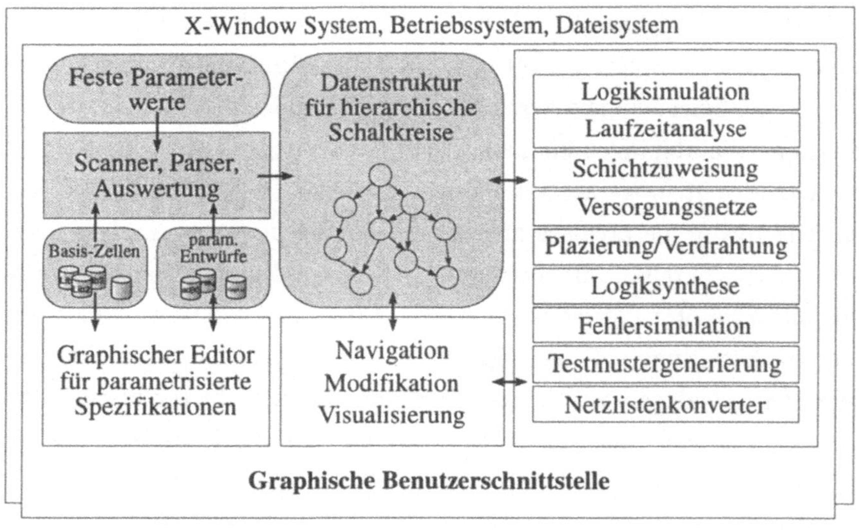

Abbildung 3.1: Komponenten zum Aufbau der Schaltungshierarchie

Entscheidend für die Effizienz der integrierten Werkzeuge ist, daß sie auf einer gerichteten azyklischen Struktur, auf einer sogenannten **dag**–Struktur (directed acyclic graph) arbeiten. Dabei wird jede vorkommende Teilschaltung S nur durch ein einziges Objekt in der Datenstruktur berücksichtigt. Jede Instantiierung von S in einer anderen Teilschaltung T wird durch einen Verweis $T \longrightarrow S$ realisiert. Eine einzelne Teilschaltung S wird dabei durch die in

Abbildung 2.17 gezeigte Struktur realisiert. Die Verweise von einer Hierarchieebene auf die nächst folgende werden in der Instanzliste einer Netzvariablen eingetragen, wie es in Abbildung 3.2 angedeutet ist.

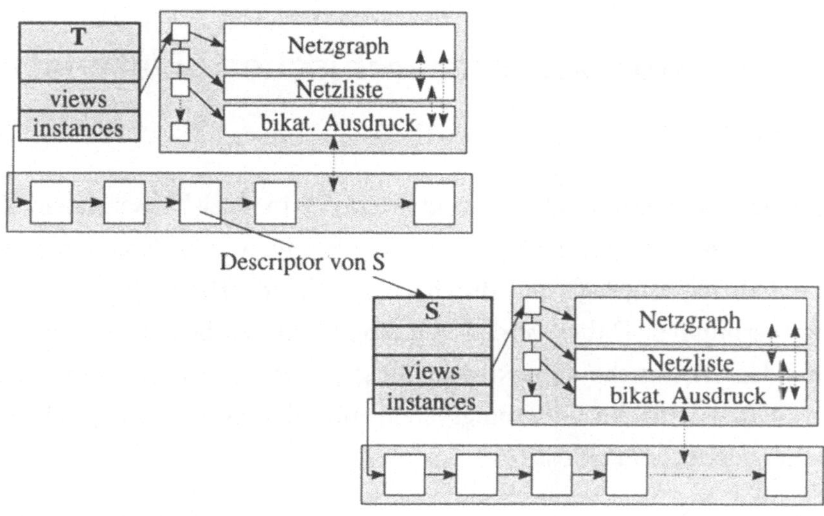

Abbildung 3.2: Hierarchieübergang $T \longrightarrow S$

Von jedem Objekt existieren Verweise auf Informationen für unterschiedliche Sichten. Die in Abschnitt 2.3.2 vorgestellte Sicht als Netzgraph beinhaltet die Darstellung einer Teilschaltung, wie sie durch den graphischen Editor erzeugt wird. Es können Verweise auf weitere Informationen zu den einzelnen Teilschaltungen eingetragen werden, falls ein Werkzeug diese benötigt. Ein Beispiel hierfür ist die Darstellung einer Schaltung als Netzliste, die aus der graphischen Darstellung berechnet wird. Wir werden auf verschiedene dieser Informationen bei der Beschreibung der integrierten Werkzeuge eingehen und dabei auch zeigen, wie Beziehungen zwischen einzelnen Sichten hergestellt und diese für die Visualisierung von Ergebnissen ausgenutzt werden können.

Unabhängig von einer bestimmten Sicht auf eine Schaltung ist die hierarchische Struktur ein festes Gerüst, das nach der Spezifikation der Parameterbelegung aufgebaut werden kann. Auf diesem Gerüst ist ein Durchmustern der gesamten

Schaltungshierarchie möglich, was in vielfältiger Weise für verschiedene Aufgaben ausgenutzt werden kann. Wir zeigen nun zunächst, wie die Extraktion einer Schaltung für eine feste Parameterbelegung und damit der Aufbau der Schaltungshierarchie durchgeführt wird.

3.1 Aufbau der hierarchischen Datenstruktur

Der Aufbau der hierarchischen Struktur erfolgt in zwei Teilschritten. Zuerst werden in einem top–down Prozeß die Objekte für die Teilkomponenten der Gesamtschaltung angelegt und durch entsprechende Hierarchieverweise miteinander verbunden. Dabei werden alle direkt von den Schaltkreisparametern abhängenden Ausdrücke anhand der gültigen Parameterwerte berechnet. Im zweiten Schritt wird ein Gleichungsystem über den verwendeten Leitungsvariablen hergeleitet und gelöst.

3.1.1 Erzeugung der Hierarchieebenen

Seien $X[q_1, \ldots, q_n]$ mit $q_i \in N_0 \cup P_X$ eine Netzvariable mit freien und konstanten Parametern und $\varphi : P_X \longrightarrow N_0$ eine Abbildung, die für die Parameter von X wie folgt definiert ist:

$$\varphi_X(q_i) := \begin{cases} q_i & \text{falls } q_i \in \mathbb{N}_0. \\ \delta_i \in \mathbb{N}_0 & \text{falls } q_i \in P_X. \end{cases}$$

Dann bezeichnet $(X, \varphi_X) = X[\varphi_X(q_1), \ldots, \varphi_X(q_n)]$ die Netzvariable X mit fester Belegung φ_X der Parameter. Der Aufbau der Hierarchie erfolgt nun top–down. Der Algorithmus startet mit einer Netzvariablen X mit zugehöriger Parameterbelegung φ_X, die beide auf einem Keller abgelegt werden. Die Abarbeitung eines Paares (X, φ_X) erfolgt in mehreren Teilschritten, die für jedes Paar auf dem Keller ausgeführt werden.

Zunächst wird die Variable mitsamt ihrer Parameterbelegung vom Keller gelesen. Da wir eine gefaltete Struktur erzeugen, wird für jedes Paar (X, φ_X) nur ein Objekt in der Datenstruktur erzeugt. Aus diesem Grund überprüfen wir zunächst, ob für die aktuelle Instantiierung der Variablen (X, φ_X) bereits ein Objekt angelegt wurde. Dies läßt sich über eine geeignete Suchstruktur, beispielsweise eine Hash–Tabelle, realisieren. Sei die aktuelle Teilschaltung (X, φ_X) noch nicht aufgetreten. Dann müssen wir aus der Menge der vorliegenden Netzvariablen inklusive der Grundzellen eine anwendbare Netzgleichung gemäß Definition 1.13 finden, die zur vorgegebenen Parameterbelegung paßt. Dies kann eine allgemeine Regel oder eine Schlußregel sein, wobei wir die Beschreibung der Grundzellen ebenfalls als Schlußregeln auffassen. Für die weitere Beschreibung des Algorithmus gehen wir zunächst davon aus, daß eine entsprechende Prozedur *MatchingNetvariable*, die zu einem Paar (X, φ_X) die anwendbare Netzgleichung ermittelt, gegeben ist. Wir werden auf ihre Realisierung weiter unten genauer eingehen. Es ergibt sich folgender Algorithmus, wobei X und φ_X zu Beginn durch Eingabe des Benutzers vorgegeben sein sollen:

```
proc GenerateHierarchy (X, φ_X)
begin
  Push (X, φ_X);
  while stack ≠ ∅ do
        (X, φ_X) := Pop ();
        if (X, φ_X) ∉ HashTable
          then X' := MatchingNetvariable (X, φ_X);
               if X' = undef then Stop; fi;
               G_X' := ReadNetgraph (X');
               EvaluateExpression (G_X', φ_X);
               ∀b ∈ B_X' Push (b, φ_b);
               HashTable := HashTable ∪ (X, φ_X);
        fi;
  od;
  ∀X ∈ HashTable
  do ∀b ∈ B_X do Descriptor (b) := HashTable (b); od;
  od;
end;
```

Falls zu der betrachteten Teilschaltung (X, φ_X) keine passende Netzgleichung gefunden wurde, bricht der Algorithmus mit einer entsprechenden Fehlermeldung ab. Andernfalls wird der zugehörige Netzgraph eingelesen. Anhand der Parameterbelegung werden die von den Netzparametern abhängigen parametrisierten Instanznamen und Leitungsbreiten berechnet. Es werden hier auch die Indizes von eventuell auftretenden Leitungsvariablen berechnet. Auf die Vorgehensweise bei der Auswertung der parametrisierten Ausdrücke gehen wir in Abschnitt 3.1.3 genauer ein.

Für den Aufbau der Schaltungshierarchie ist nur die Instanzliste B_X der gerade eingelesenen Netzvariablen X entscheidend. Wir betrachten daher alle $b \in B_X$ und legen auf dem Keller die Paare (b, φ_b) ab, die sich durch die Auswertung der Parameter der variablen Instanznamen ergeben. Die Behandlung der Teilschaltung (X, φ_X) wird abgeschlossen, indem wir das Paar (X, φ_X) in der Hash–Tabelle eintragen. Diese Schritte werden solange wiederholt, bis kein Element mehr auf dem Keller vorhanden ist.

Ist der Keller von der Prozedur *GenerateHierarchy* korrekt abgearbeitet worden, so sind sämtliche für die hierarchische Beschreibung der Schaltung notwendigen Objekte angelegt. Es fehlen an dieser Stelle noch die Verweise von einer Hierarchiestufe auf die nächstfolgende. Wir vervollständigen die Prozedur deshalb noch dahingehend, daß die Descriptor–Verweise (vgl. Abbildung 3.2) aus der Instanzliste einer Hierarchieebene auf die sie beschreibenden Netzvariablen der nächsten Ebene eingetragen werden. Man betrachtet dazu alle in der Hash–Tabelle abgelegten Objekte. Bei jedem Objekt wird die Instanzliste durchlaufen und zu jeder Teilschaltung der in der Tabelle abgelegte Verweis gesucht. Diesen trägt man an der betreffenden Instanz ein.

Beispiel 3.1. Wir verfolgen die Vorgehensweise der Prozedur zunächst am Beispiel des Vergleichs–Baumes aus Abbildung 2.8. Sei dazu der Parameter $k = 2$, d.h. beim Aufruf der Prozedur wird auf dem Keller das Paar $(T, k = 2)$ abgelegt. Wir lesen dieses Paar wiederum vom Keller und stellen fest, daß es noch nicht in der Tabelle eingetragen wurde. Der Aufruf der Funktion *MatchingNetvariable*, deren Arbeitsweise im nächsten Abschnitt erläutert wird, liefert die allgemeine Regel T_k. Es wird also der Netzgraph für T_k eingelesen und die in ihm enthaltenen parametrisierten Ausdrücke mit der Belegung

$k = 2$ ausgewertet. Da die Instanzliste von T_k zweimal die Subschaltung T_{k-1} und den Grundbaustein *or* enthält (vgl. rekursive Gleichung für T_k), werden auf dem Keller die Paare $(T, k = 1)$, $(T, k = 1)$ und $(or, \emptyset)$ abgelegt. $(T, k = 2)$ wird in der Hash–Tabelle eingetragen.

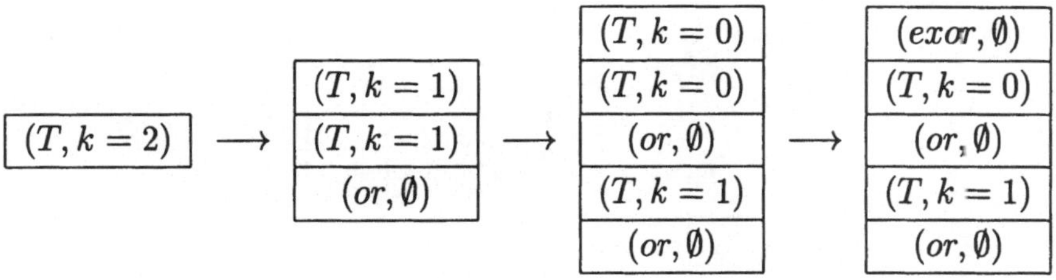

$$\boxed{(T, k = 2)} \longrightarrow \begin{array}{|c|} \hline (T, k = 1) \\ \hline (T, k = 1) \\ \hline (or, \emptyset) \\ \hline \end{array} \longrightarrow \begin{array}{|c|} \hline (T, k = 0) \\ \hline (T, k = 0) \\ \hline (or, \emptyset) \\ \hline (T, k = 1) \\ \hline (or, \emptyset) \\ \hline \end{array} \longrightarrow \begin{array}{|c|} \hline (exor, \emptyset) \\ \hline (T, k = 0) \\ \hline (or, \emptyset) \\ \hline (T, k = 1) \\ \hline (or, \emptyset) \\ \hline \end{array}$$

Abbildung 3.3: Der Keller während der Bearbeitung von T_2

Als nächstes wird das Paar $(T, k = 1)$ behandelt, das zu oberst auf dem Keller liegt. Die passende Regel ist auch hier die allgemeine Gleichung für T_k. Nach Auswertung des Netzgraphen mit der Belegung $k = 1$ erhalten wir die neuen Paare $(T, k = 0), (T, k = 0)$ und erneut $(or, \emptyset)$ auf dem Keller. Bei der nun folgenden Betrachtung des Paares $(T, k = 0)$ erhalten wir als passende Regel die Schlußgleichung T_0, die nur ein einfaches *exor*–Gatter enthält. Für das Element $(exor, \emptyset)$ liefert uns die Funktion *MatchingNetvariable* im nächsten Schritt die entsprechende Schlußregel, die aus dem Grundzellenkatalog stammt. Auf die gleiche Weise erhalten wir das Objekt für $(or, \emptyset)$, nachdem die übrigen Paare vom Keller gelöscht wurden, ohne dafür neue Objekte zu erzeugen. Wir erhalten damit nach Eintragung der Hierarchieverweise die in Abbildung 3.4 gezeigte Struktur und damit eine kompakte Darstellung eines Vergleichs–Baumes, dessen Größe logarithmisch in der Anzahl der Bausteine des Gesamtnetzes ist. $\diamond$

Beispiel 3.2. Wenden wir den Algorithmus nun auf das Gleichungssystem

$$V = \{Y\}, R = \{Y = \text{inv} \odot Y\}$$

an, das, wie wir gesehen haben, keine Lösung in *Net*(O, A) besitzt. Beim Aufruf der Netzvariablen Y werden hier auf dem Keller die Paare $(Y, \emptyset)$ und $(inv, \emptyset)$ abgelegt. Nachdem für Y ein Objekt in der Hierarchie angelegt wurde, wird

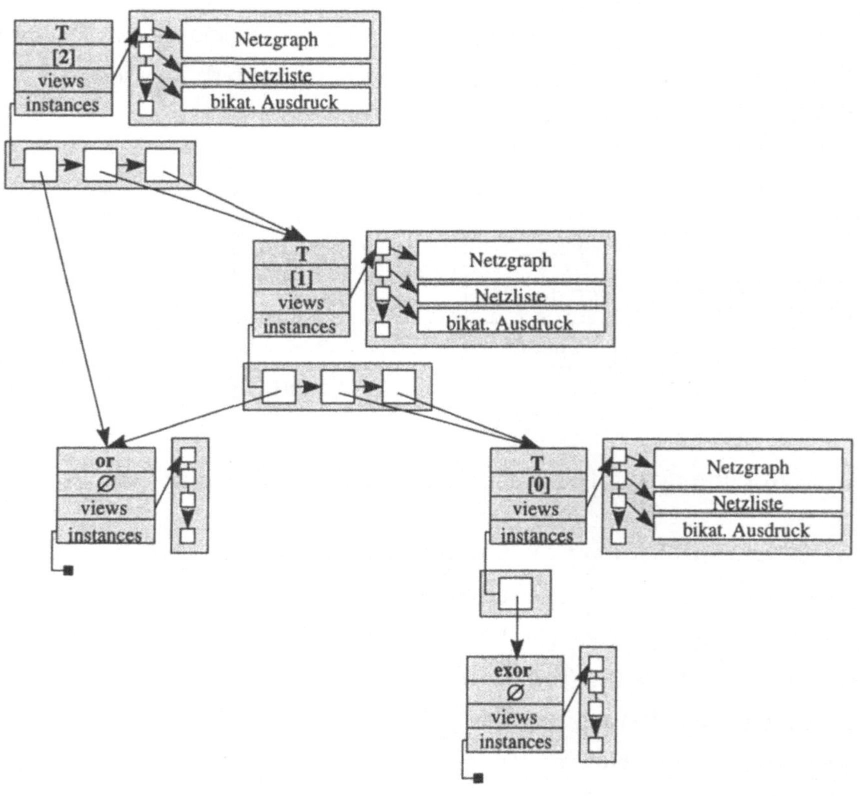

Abbildung 3.4: DAG–Struktur von T_2

der Inverter als oberstes Kellerelement abgearbeitet. Anschließend tritt noch einmal Y auf, für das diesmal kein neues Objekt erzeugt wird, da wir es bereits in die Hash–Tabelle aufgenommen haben. Nachdem der Keller vollständig abgearbeitet wurde, werden die Querverweise in der Hierarchie erzeugt. Dabei entsteht offensichtlich die in Abbildung 3.5 gezeigte Struktur. Der Algorithmus terminiert damit zwar für dieses Gleichungssystem, aber es entsteht keine korrekte DAG–Struktur. Dieser Fehlerfall wird durch eine auf den Aufbau der Datenstruktur folgende Überprüfung auf Zykelfreiheit erkannt.　　　　◇

Es stellt sich hier die Frage nach der Terminierung des Algorithmus im allgemeinen Fall. Man sieht direkt, daß das Verfahren für ein Gleichungssystem,

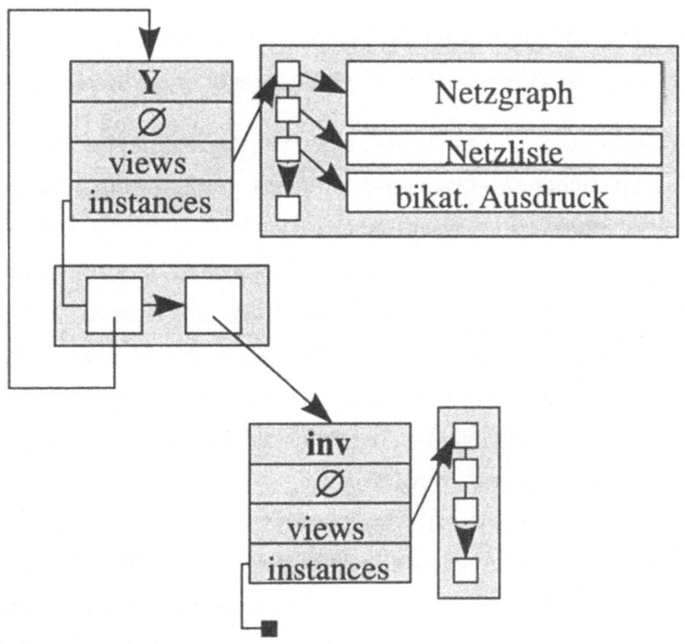

Abbildung 3.5: DAG–Struktur für Y

das eine Gleichung der Form $X_k = X_{k+1}$ enthält, nicht für alle Eingaben von k terminieren kann. Man muß für die Belegung von k nur einen Wert wählen, der groß genug ist, so daß keine Abschlußgleichung mehr existiert, die einen Abbruch der Rekursion bewirkt. Insbesondere läßt sich auch die Funktion

$$U_n = \begin{cases} U_{\frac{n}{2}} & \text{falls } n \text{ gerade.} \\ U_{3 \cdot n+1} & \text{falls } n \text{ ungerade und } n > 1. \\ U_1 & \text{falls } n = 1. \end{cases}$$

beschreiben. Bei dieser primitiv rekursiven Funktion, die in der Literatur als Ulam's Funktion bezeichnet wird, ist es ein offenes Problem, ob die Rekursion für jedes $n \in \mathbb{N}$ terminiert.

Im allgemeinen ist das Terminierungsproblem für rekursive Netzgleichungssysteme nicht entscheidbar ([Kol86]). Der Grund hierfür liegt darin, daß man jede primitiv rekursive Funktion als Gleichungssystem von Netzvariablen darstellen kann. Die Werte der Parameter sind dann die Argumente der primitiv rekursiven Funktion. Obiger Algorithmus wertet diese Funktion Schritt für Schritt aus. Die Terminierung des Algorithmus ist gleichbedeutend mit der Berechnung des Funktionswertes an der vorgegebenen Stelle.

Um wenigstens einen Abbruch des Algorithmus erzwingen zu können, führen wir einen zusätzlichen Mechanismus ein. Es genügt dabei nicht, einfach die Tiefe des Kellerspeichers zu begrenzen, da die Anzahl der Elemente auf dem Keller nicht unbedingt mit jeder neuen Hierarchiestufe zunehmen muß. Dies ist beispielsweise dann der Fall, wenn ein Netz nur eine einzige Teilschaltung enthält. Die Anzahl der Elemente auf dem Keller bleibt dann stets gleich. Den Abbruch des Verfahrens erreichen wir, indem wir eine maximale Hierarchietiefe für die Gesamtschaltung vorgeben, die nicht überschritten werden darf. Sobald eine Teilschaltung angelegt werden muß, die auf tieferer Ebene angesiedelt ist, bricht der Algorithmus mit einer entsprechenden Fehlermeldung ab. Die Einführung dieses Mechanismus erfordert eine leichte Modifikation der ersten Algorithmusversion. Wir legen die Hierarchietiefe einer Schaltung zusammen mit ihrem Namen und ihrer Parameterbelegung auf dem Kellerspeicher ab. Dies ergibt folgende Änderungen:

$$\vdots$$

$$Push\,(X, \varphi_X, 0);$$

$$\vdots$$

$$(X, \varphi_X, HT) := Pop\,();$$
$$\textbf{if } HT > MAXDEPTH \textbf{ then } Stop;\ \textbf{fi};$$

$$\vdots$$

$$\forall b \in B_{X'}\ Push\,(b, \varphi_b, HT + 1);$$

$$\vdots$$

Für die oberste Schaltung wird die Hierarchietiefe 0 auf dem Keller abgelegt. Bei jeder Teilschaltung, die vom Keller gelesen wird, testen wir auf Überschreitung der maximalen Hierarchietiefe und brechen den Algorithmus im Fehlerfall ab. Die in einer Schaltung X enthalten Subschaltungen $b \in B_X$ werden mit nächsthöherer Hierarchietiefe auf dem Keller abgelegt. Auf diese Weise können wir nur noch solche Schaltungen aufbauen, deren maximale Hierarchietiefe $< MAXDEPTH$ ist. Für die Implementierung des Algorithmus wird $MAXDEPTH$ auf einen akzeptablen Wert gesetzt, so daß alle relevanten Schaltungen weit unter dieser Schranke liegen.

3.1.2 Wahl der anwendbaren Netzvariable

Bei der Beschreibung der Funktion *GenerateHierarchy* im vorangegangenen Abschnitt haben wir die Existenz der Funktion *MatchingNetvariable* vorausgesetzt. Diese Funktion soll zu einer Netzvariablen X aus der Menge der Netzvariablen NV eines Gleichungssystems, die sowohl die allgemeinen Regeln als auch die Schlußregeln und insbesondere auch die Grundzellen umfaßt, anhand einer Parameterbelegung φ_X die anwendbare Gleichung $Y \in NV$ gemäß Definition 1.13 bestimmen.

Definition 3.3. Seien (X, φ_X) eine Netzvariable $X[q_1, \ldots, q_m]$ mit fester Belegung der Parameter und $Y[q_1', \ldots, q_m'] \in NV$ eine beliebige Netzvariable mit $q_i' \in \mathbb{N}_0 \cup P_Y, 1 \leq i \leq m$. Wir definieren:

$$\gamma_i^Y := \begin{cases} 1 & \text{falls } q_i' \in \mathbb{N}_0 \wedge q_i' = \varphi(q_i). \\ 0 & \text{sonst.} \end{cases} \qquad \text{und} \qquad \varepsilon_i^Y := \begin{cases} 1 & \text{falls } q_i' \in P_Y. \\ 0 & \text{sonst.} \end{cases}$$

Außerdem setzen wir $M_Y^\gamma := \sum_{i=1}^m \gamma_i^Y$ und $M_Y^\varepsilon := \sum_{i=1}^m \varepsilon_i^Y$.

Mit diesen Bezeichnungen heißt dann $Y \in NV$ mit $M_Y^\gamma + M_Y^\varepsilon = m$ und $\forall Y' \in V$ mit $M_{Y'}^\gamma + M_{Y'}^\varepsilon = m$ gilt $M_{Y'}^\gamma < M_Y^\gamma$ *anwendbare Netzvariable* zu $X[\varphi(q_1), \ldots, \varphi(q_m)]$.

Aus NV wird also die Netzvariable ausgewählt, bei der die meisten konstanten Parameter mit den Werten der Belegung übereinstimmen, ohne daß für einen Parameter $q_i \in \mathbb{N}_0$ gilt: $q_i \neq \varphi_X(q_i)$. Unter der Voraussetzung, daß X genau m Parameter besitzt, wird dies durch die Bedingung $M_X^\gamma + M_X^\varepsilon = m$ gewährleistet.

Beispiel 3.4. Sei $NV = \{X[p_1, p_2, p_3], X[p_1, p_2, 0], X[0, 0, 1], X[0, p_2, 0], X[0, 1, p_4]\}$ die Menge der definierten Netzvariablen und $(X, \varphi_X) = X[2, 0, 0]$.

Dann ergeben sich folgende Werte

$$M^\gamma_{X[p_1,p_2,p_3]} = 0 \qquad\qquad M^\varepsilon_{X[p_1,p_2,p_3]} = 3$$

$$M^\gamma_{X[p_1,p_2,0]} = 1 \qquad\qquad M^\varepsilon_{X[p_1,p_2,0]} = 2$$

$$M^\gamma_{X[0,0,1]} = 1 \qquad\qquad M^\varepsilon_{X[0,0,1]} = 0$$

$$M^\gamma_{X[0,p_2,0]} = 1 \qquad\qquad M^\varepsilon_{X[0,p_2,0]} = 1$$

$$M^\gamma_{X[0,1,p_4]} = 0 \qquad\qquad M^\varepsilon_{X[0,1,p_4]} = 1$$

Von den Variablen $X[p_1,p_2,p_3]$ und $X[p_1,p_2,0]$, die das Kriterium $M^\gamma_X + M^\varepsilon_X = m$ erfüllen, wird $X[p_1,p_2,0]$ als anwendbare Variable bestimmt, da $M^\gamma_{X[p_1,p_2,p_3]} < M^\gamma_{X[p_1,p_2,0]}$ gilt.   ◇

Die Funktion *MatchingNetvariable* läßt sich direkt anhand von Definition 3.1 formulieren. Sie berechnet für alle Netzvariablen $Y' \in NV$, deren Name mit der vorgegebenen Variablen X übereinstimmt, die Werte $M^\gamma_{Y'}$ und $M^\varepsilon_{Y'}$. Falls die Zahl der passenden Werte ($M^\gamma_{Y'} + M^\varepsilon_{Y'} = m$) mit der Zahl der Parameter von X übereinstimmt wird überprüft, ob die Anzahl der übereinstimmenden konstanten Parameter $M^\gamma_{Y'}$ der gerade betrachteten Netzvariablen Y' größer ist als die der bisher gefundenen besten Variablen Y. Falls die betrachtete Regel mehr Übereinstimmungen aufweist, dann wird $Y = Y'$ neue anwendbare Regel und die Zahl der Übereinstimmungen wird in M^γ_Y abgelegt. Nachdem alle $Y' \in NV$ betrachtet wurden, ist Y die anwendbare Regel, falls eine solche überhaupt existiert. Falls in NV keine anwendbare Regel gefunden wurde, so enthält Y den Initialwert *undef*.

3.1.3   Auswertung der parametrisierten Ausdrücke

Nach dem Einlesen des Netzgraphen für eine passende Netzvariable müssen alle enthaltenen Ausdrücke über den Parametern der Netzvariablen ausgewertet werden. Die Auswertung muß die jeweils aktuelle Belegung der Netzparameter verwenden. Die Auswertung erfolgt unter Benutzung einer Kellermaschine, weshalb wir jeden Ausdruck vor seiner Auswertung zunächst in Postfixnotation umwandeln. Die Umwandlung wird von einem Parser durchgeführt, der die in Abschnitt 2.3.1 vorgestellten Konstrukte analysiert. Während der Analyse wird die Postfixnotation erzeugt (vgl. Abbildung 3.6).

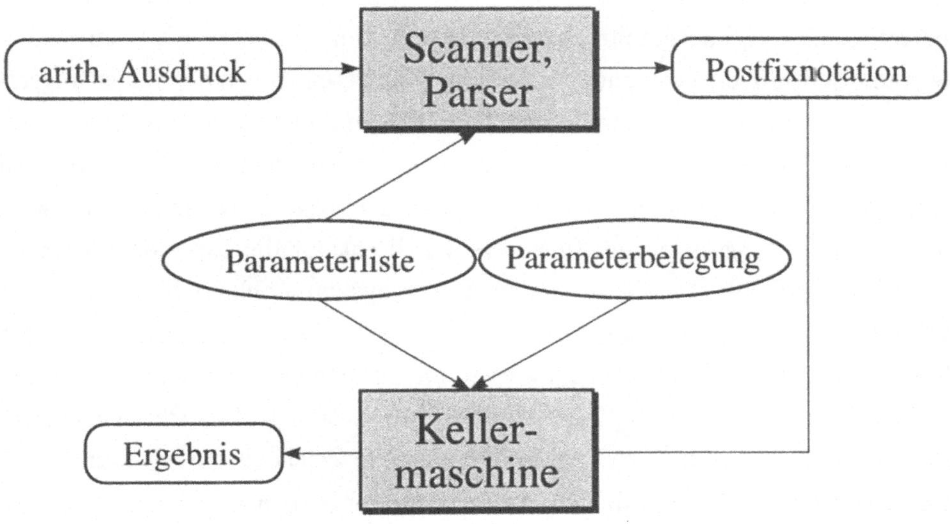

Abbildung 3.6: Schema für die Analyse und Auswertung von parametrisierten Ausdrücken

Eine Grammatik für die verwendeten Konstrukte wie Bausteinnamen oder Leitungsvariablen läßt sich direkt aus den in Abschnitt 2.3.1 gezeigten Syntaxdiagrammen herleiten. An die Ableitungsregeln der Grammatik sind Aktionen gebunden, die während der Analyse ausgeführt werden, falls eine Regel zutrifft. Sie bewirken die Umformung eines arithmetischen Ausdrucks in Postfixnotation. Aus der Spezifikation der Grammatik wird der zugehörige Parser mit Hilfe des Programms *yacc* [LMB92] generiert. *Yacc* akzeptiert LALR(1)–Grammatiken als Eingabe und erzeugt daraus eine Parsing–Funktion. Der Eingabestrom wird dabei durch eine ebenfalls automatisch erzeugte Prozedur in einen Tokenstrom umgewandelt. Diese lexikalische Analyseprozedur wird aus einer Menge von regulären Ausdrücken durch das Programm *lex* [LMB92] generiert. Die aus den Syntaxdiagrammen der Abbildungen 2.11 bis 2.14 zur Beschreibung von arithmetischen Ausdrücken gegebene Grammatik enthält Ableitungsregeln der Form:

$$\text{expression} \quad \longrightarrow \quad \text{expression} + \text{term}$$
$$L.value := (R_1.value, R_3.value)+$$

An den Ableitungsregeln notieren wir die Aktionen, die bei Anwendung der betreffenden Regel ausgeführt werden. Diese Aktionen können Werte zurückliefern und selbst Werte von anderen Aktionen benutzen. Die in den Ableitungsregeln verwendeten Nichterminal– und Terminalsymbole erhalten ein Attribut in Form eines Wertes *value*. Der Wert der linken Seite in einer Regel ist durch den Ausdruck $L.value$ gegeben. Das i–te Symbol der rechten Ableitungsseite wird über $R_i.value$ angesprochen. In unserem Fall enthält die Komponente *value* stets eine Zeichenkette, die durch den Ableitungsbaum Schritt für Schritt aufgebaut wird. In obiger Regel wird somit dem Wert des Nichtterminals auf der linken Seite die Zeichenkette zugewiesen, die aus den eingeklammerten Werten auf Position 1 und Position 3 der rechten Seite bestehen. Das Pluszeichen auf Position 2 der rechten Seite wird an die erzeugte Zeichenkette angehängt.

Unter der Voraussetzung, daß ein auszuwertender Audruck in Postfixnotation vorliegt, läßt sich ein einfacher Auswertungsalgorithmus auf Basis einer Kellermaschine angeben, wobei der Zugriff auf die Parameterwerte der Netzvariablen über eine entsprechende Tabelle ermöglicht wird.

3.2   Berechnung der Leitungsvariablen

Die wichtigste Eigenschaft der Spezifikationsebene des graphischen Editors besteht darin, ganze Familien von Schaltkreisen durch eine Menge von Eingaben zu beschreiben. Dies wird durch die Verwendung parametrisierbarer Teilschaltungen und Leitungsbreiten ermöglicht. Die Beschreibung einer Leitungsbreite kann dabei auf zwei Arten erfolgen:

- Durch Angabe eines arithmetischen Ausdrucks über der Menge der Schaltkreisparameter.

- Durch Wahl einer formalen Leitungsvariable, die selbst wieder parametrisierbar ist.

Eine Beschränkung auf die Verwendung arithmetischer Ausdrücke hätte den Nachteil, daß der Benutzer eventuell sehr komplizierte Ausdrücke aus einer rekursiven Beschreibung ableiten muß, wobei leicht Fehler unterlaufen können. Die Verwendung von Leitungsvariablen hat demgegenüber entscheidende Vorteile:

- Der Benutzer wählt einen formalen Variablennamen für ein Leitungsbündel und überläßt es dem System, anhand der Werte für die Schaltkreisparameter, die Belegung der Leitungsvariablen aus der rekursiven Beschreibung zu berechnen.

- Mit Leitungsvariablen lassen sich algorithmische Strukturen, die bestimmten Schaltkreisen zugrundeliegen, unabhängig von festen Basisoperationen definieren. Wir haben dies in Abschnitt 2.4 anhand zweier konfigurierbarer Netzwerke verdeutlicht. Im Beispiel des Sortiernetzwerkes wurde die Spezifikation des Algorithmus nach dem Odd–Even–Mergesort–Verfahren unabhängig vom Typ t der zu sortierenden Elemente angegeben. Der Typ der Elemente (z.B. boolean, integer, float, ...) wird durch die Wahl eines entsprechenden Basisvergleichselementes berücksichtigt. Man hat damit zwei Freiheitsgrade in der Beschreibung: die Anzahl n der Elemente und die Kodierung des Elementtyps t.

- Die Leitungsvariablen haben den Charakter globaler Variablen. Dies läßt sich ausnutzen, um Beziehungen zwischen Leitungsbreiten in unterschiedlichen Netzgleichungen auszudrücken. Es können dabei sogar Leitungsbreiten implizit von den Parametern einer anderen Netzvariablen abhängig gemacht werden. Ein Beispiel, in dem wir diese Tatsache ausnutzen, wird bei der Spezifikation mehrdimensionaler Netzwerkstrukturen in Abschnitt 5.2 angegeben.

Mit der im vorangegangenen Abschnitt beschriebenen Prozedur *GenerateHierarchy* wird die hierarchische Struktur für einen festen Vertreter einer Schaltkreisfamilie aufgebaut. Alle Ausdrücke, die direkt von den Netzparametern abhängen, werden anhand der jeweils gültigen Parameterbelegung ausgewertet. Auf der erzeugten hierarchischen Datenstruktur wird nun die Belegung der Leitungsvariablen berechnet. Dies geschieht, wie in Abbildung 3.7 gezeigt ist, in vier Teilschritten.

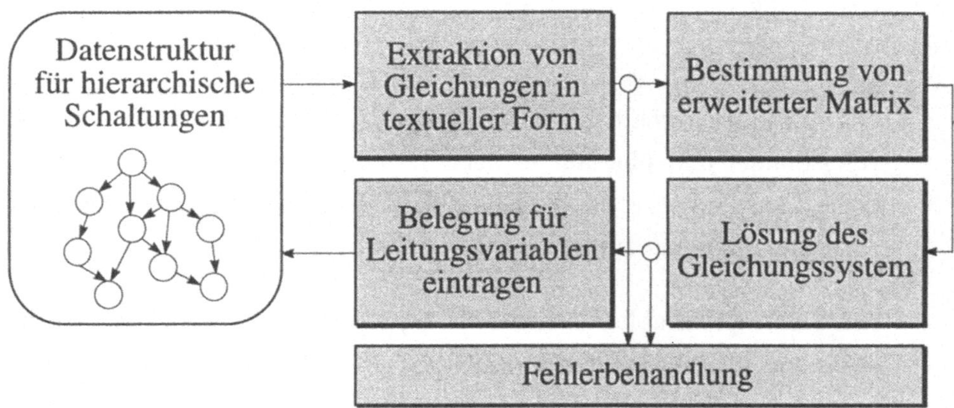

Abbildung 3.7: Komponenten zur Berechnung von Leitungsvariablen

Im ersten Schritt wird aus der Hierarchie ein Gleichungssystem über den benutzten Leitungsvariablen hergeleitet. Aus diesen zunächst in textueller Form vorliegenden Gleichungen werden anschließend die Koeffizienten der Variablen extrahiert und in eine Darstellung der Form

$$
\begin{pmatrix} c_{11} & \cdots & c_{1n} \\ \vdots & \ddots & \vdots \\ c_{m1} & \cdots & c_{mn} \end{pmatrix} \cdot \begin{pmatrix} v_1 \\ \vdots \\ v_n \end{pmatrix} = \begin{pmatrix} b_1 \\ \vdots \\ b_m \end{pmatrix}
$$

mit $b_i \in \mathbf{Z}, c_{ij} \in \mathbf{Z}$ umgeformt. Vor der Umformung werden triviale Gleichungen der Form $a = a$ und mehrfach auftretende Gleichungen herausgefiltert, wobei aber lineare Abhängigkeiten zwischen den Gleichungen zunächst nicht berücksichtigt werden. Im dritten Teilschritt wird der Lösungsvektor $\vec{v} = C^{-1} \cdot \vec{b}$ ermittelt, wobei $v_i \in \mathbf{IN}_0$ gelten muß, da durch die Werte der v_i Leitungsbreiten beschrieben werden. Insbesondere erlauben wir hier auch, daß einer Variablen der Wert 0 zugewiesen werden darf. Dies bedeutet, daß diese Leitung aus der Spezifikation entfernt wird. Damit vereinfachen sich viele rekursive Beschreibungen von Schaltungen, weil der allgemeine Fall und eventuelle Spezialfälle nicht unterschiedlich behandelt werden müssen. Falls eine Lösung des Gleichungssystems existiert, werden die berechneten Werte der Leitungsvariablen im letzten Teilschritt in den Netzgraphen eingetragen. Auf die Fehlerbehandlung der Fälle, daß keine (legale) Lösung oder keine eindeutige Lösung bestimmt werden konnte, gehen wir im Abschnitt 3.2.4 ein.

3.2.1 Herleitung der Gleichungen

Aussagen in Form von Gleichungen über den Leitungsvariablen liefern uns die Übergänge von einer Hierarchiestufe zur nächsten. Eine notwendige Bedingung für eine syntaktisch korrekte Beschreibung ist, daß auf jeder der vier Seiten einer Teilschaltung die Summen der Leitungsbreiten auf der "Innen–" und "Außenseite" gleich groß sind. Betrachten wir dazu den Hierarchieübergang $T \longrightarrow S$ in Abbildung 3.8. In einem Netz T wird eine Subschaltung S verwendet. Auf den vier Seiten dieser Instanz von S sind Leitungsbündel angeschlossen, deren Breiten durch die Variablen $v_1^N, \ldots, v_k^N$ (beziehungsweise $v_1^E, \ldots, v_l^E$, $v_1^S, \ldots, v_m^S, v_1^W, \ldots, v_n^W$) beschrieben werden. Zusätzlich können hier auch Leitungen auftreten, die nicht durch Leitungsvariablen beschrieben sind. Diese haben aber nach Anwendung des Auswertungsalgorithmus aus Abschnitt 3.1.3 bereits einen konstanten ganzzahligen Wert erhalten. Die korrespondierenden Leitungen im "Inneren" von S sind durch den Rand der Spezifikation zu S gegeben. Die Breiten seien hier durch die Variablen $u_1^N, \ldots, u_{k'}^N$ (beziehungsweise $u_1^E, \ldots, u_{l'}^E, u_1^S, \ldots, u_{m'}^S, u_1^W, \ldots, u_{n'}^W$) beschrieben, wobei auch hier wieder konstante Leitungsbreiten auftreten können. Der Vergleich der entsprechenden Ränder dieser Instanz von S liefert die Gleichungen

$$\sum_{j=1}^{k} v_j^N + c_a^N - (\sum_{j=1}^{k'} u_j^N + c_i^N) = 0, \qquad \sum_{j=1}^{l} v_j^E + c_a^E - (\sum_{j=1}^{l'} u_j^E + c_i^E) = 0$$

$$\sum_{j=1}^{m} v_j^S + c_a^S - (\sum_{j=1}^{m'} u_j^S + c_i^S) = 0, \qquad \sum_{j=1}^{n} v_j^W + c_a^W - (\sum_{j=1}^{n'} u_j^W + c_i^W) = 0$$

Die Leitungen mit konstanten Breiten auf den jeweiligen Seiten der betrachteten Instanz sind dabei in $c_a^N, c_a^E, c_a^S, c_a^W, c_i^N, c_i^E, c_i^S, c_i^W \in \mathbf{Z}$ zusammengefaßt. Wir beschreiben zunächst eine Prozedur, die eine einzelne Teilschaltung betrachtet und je eine Gleichung für die vier Seiten einer Instanz ermittelt. Sie

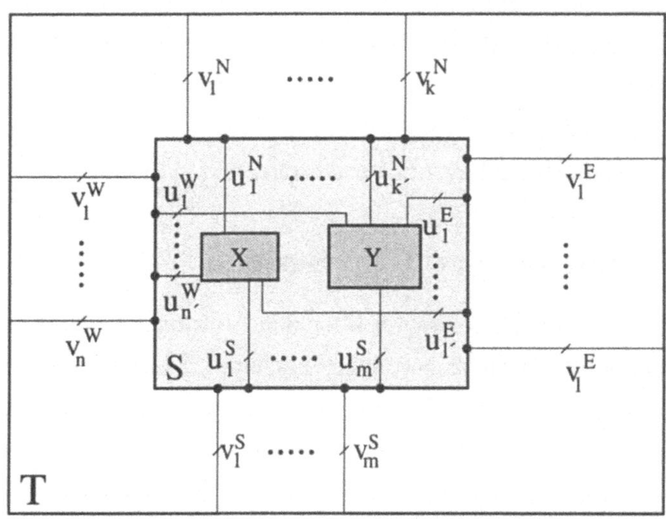

Abbildung 3.8: Hierarchieübergänge an einer Instanz S

läßt sich mit Hilfe der in Abschnitt 2.3.2 eingeführten Iteratoren *ForallPins* und *ForallPads* beschreiben und ist ähnlich strukturiert wie die Berechnung der Pin- und Padnamen. Sowohl an *ForallPins* als auch an *ForallPads* wird dabei folgende Prozedur übergeben, die die Summe der Leitungsbreiten auf jeder Bausteinseite berechnet.

proc *SumOfWires* (b, v)
begin
  if *IsAPin* (v) **then** $side := PinSide\,(b, v))$;
$$S_a^{side} := strcat\,(S_a^{side}, " + ", buswidth\,(Edge\,(v, side)))$$;
  fi;
  if *IsAPad* (v) **then** $side := PadSide\,(b, v))$;
$$S_i^{side} := strcat\,(S_i^{side}, " + ", buswidth\,(Edge\,(v, side)))$$;
  fi;
end;

Die Prozedur *SumOfWires* betrachtet also jeweils einen Pinknoten des aktuellen Bausteins oder einen Padknoten eines Netzes. Zum Ausdruck für die betreffende Seite des Bausteins (beziehungsweise des Netzes), die von der Funktion *PinSide* (beziehungsweise *PadSide*) geliefert wird, wird die Breite der angeschlossenen Leitung konkateniert. *SumOfWires* wird in einer umgebenden Prozedur für alle Bausteine $b \in B_T$ eines Netzes T und die b definierenden Netze, die durch *Descriptor*(b) gegeben sind, aufgerufen.

proc *GenerateEquations* (T)
begin
  $\forall b \in B_T$ **do** $S_a^N := S_a^E := S_a^S := S_a^W := \varepsilon;$
                   $S_i^N := S_i^E := S_i^S := S_i^W := \varepsilon;$
                   ForallPins $(b, SumOfWires);$
                   ForallPads $(Desciptor\,(b), SumOfWires);$
                   InsertEquations $(S_a^N = S_i^N, S_a^E = S_i^E, S_a^S = S_i^S, S_a^W = S_i^W);$
  od;
  end;

Während eines Aufrufs der Prozedur *GenerateEquations* werden also alle Hierarchieübergänge in einem Netz T betrachtet, die durch die Menge seiner Instanzen $b \in B_T$ definiert werden. Durch die Prozedur *InsertEquations* werden die zu einer Instanz gehörenden Gleichungen in eine Tabelle aufgenommen, aus der im nächsten Teilschritt die Matrix für das Gleichungssystem aufgebaut wird, wobei von *InsertEquations* die trivialen und mehrfach auftretenden Gleichungen ausgefiltert werden. Da die Prozedur *GenerateEquations* jeweils ein Netz T bearbeitet, benötigen wir noch einen Mechanismus, der diese Funktion für jedes Netz in der Schaltungshierarchie mit Ausnahme der Basiszellen aufruft. Um alle Gleichungen über den Leitungsvariablen zu erhalten, muß *GenerateEquations* für jedes Netz der Hierarchie nur einmal aufgerufen zu werden. Wir können also direkt auf der gefalteten Struktur arbeiten.

Wir beschreiben dazu eine Funktion, die die einzelnen Netze einer hierarchischen Beschreibung durchmustert und an jedem Knoten eine Aktion ausführt, die in Form einer Funktion übergeben wird. Dabei handelt es sich um das gleiche Prinzip, das wir bereits bei der Beschreibung von Iteratoren zur Bearbeitung des Netzgraphen (vgl. die Funktionen *ForallPins* und *ForallPads*) eingeführt haben. Damit erhalten wir einen Grundmechanismus, der für viele Zwecke wiederverwendet werden kann, indem man ihn mit geeigneten Aktionen aufruft.

```
proc DagDFS (T, netfunction)
begin
  call netfunction (T);
  Mark (T);
  ∀b ∈ B_T do S := Descriptor (b);
            if IsNotMarked (S) then  call DagDFS (S, netfunction);  fi;
  od;
end
```

Zunächst wird die Funktion *netfunction* für das aktuelle Netz T aufgerufen. Anschließend wird die Liste der Instanzen von T durchlaufen und ein rekursiver Aufruf mit den Descriptoren der Instanzen, die selbst wieder Netze sind, durchgeführt. Auf diese Weise erhält man eine Durchmusterung der Hierarchie nach dem DepthFirstSearch–Schema. Der Test, ob ein Netz S bereits bearbeitet wurde ($IsNotMarked(S)$), führt dazu, daß auf der gefalteten Struktur gearbeitet wird, d.h. ein Gesamtlauf von $DagDFS$ benötigt Zeit $O(N{\cdot}D(netfunction))$, falls N die Anzahl der Knoten in der Hierarchie und $D(netfunction)$ die Ausführungszeit eines Aufrufs der Funktion *netfunction* ist.

Zusammen mit *DagDFS* läßt sich der erste Teilschritt zur Berechnung der Leitungsvariablen, d.h. die Aufstellung der Gleichungen in textueller Form, nun durch einen Aufruf der Form

$$DagDFS\,(\mathrm{R},\ GenerateEquations)$$

ausführen, wobei R die Wurzel der Schaltungshierarchie bezeichnet.

Da *DagDFS* unabhängig von der jeweils betrachteten Sicht auf ein Netz arbeitet und nur von der hierarchischen Struktur einer Schaltung abhängt, läßt sich diese Prozedur in vielfältiger Weise nutzen. So lassen sich die meisten Werkzeuge des Systems, da sie auf hierarchischen Verfahren beruhen, auf einfache Weise mit Hilfe von *DagDFS* steuern.

3.2.2 Lösung des Gleichungssystems

Der Aufruf *InsertEquations* innerhalb der Prozedur *GenerateEquations* fügt für jede Instanz $b \in B_T$ des gerade betrachteten Netzes T die Gleichungen in eine globale Tabelle ein. Im zweiten Schritt werden die Koeffizienten der einzelnen Variablen extrahiert und in einer entsprechenden Matrix eingetragen. Jede Gleichung entspricht dabei einer Zeile der Matrix. Je zwei verschiedene Variablen entsprechen verschiedenen Spalten der Matrix. Nachdem das letzte Netz abgearbeitet ist, sind die Dimensionen der Matrix bekannt. Die Elemente können aus der Tabelle abgelesen und an der richtigen Position eingetragen werden. Nach der Durchmusterung der Tabelle von Gleichungen ist also die erweiterte Matrix des Gleichungssystems

$$\left(\begin{array}{ccc|c} c_{11} & \cdots & c_{1n} & b_1 \\ \vdots & \ddots & \vdots & \vdots \\ c_{m1} & \cdots & c_{mn} & b_m \end{array} \right) = (C, b)$$

mit $b_i \in \mathbf{Z}, c_{ij} \in \mathbf{Z}$ erstellt worden. Die Lösung des Gleichungsystems wird mit Hilfe des Gaußschen Algorithmus bestimmt, nach dessen regulärer Beendigung man eine erweiterte Matrix der Form

$$\left(\begin{array}{cccc|c} 1 & 0 & \cdots & 0 & b_1^* \\ 0 & 1 & \cdots & 0 & b_2^* \\ \vdots & & \ddots & \vdots & \vdots \\ 0 & 0 & \cdots & 1 & b_r^* \\ 0 & 0 & \cdots & 0 & b_{r+1}^* \\ \vdots & & \ddots & \vdots & \vdots \\ 0 & 0 & \cdots & 0 & b_m^* \end{array} \right) = (C^*, b^*)$$

erhält. Es gilt nun: Ist ein lineares Gleichungssystem durch den Gaußschen Algorithmus auf die Form (C^*, b^*) gebracht worden und r wie oben bestimmt, so ist das System genau dann lösbar, wenn

$$b_i^* = 0 \quad \text{für } r < i \leq m.$$

Ist das System lösbar, so ergibt sich der Lösungsvektor direkt durch die b_i^* $(1 \leq i \leq r)$. Damit können die Leitungsbreiten, in denen Variablen benutzt werden, im letzten Teilschritt ausgewertet und in den Netzgraphen eingetragen werden.

Bevor wir auf die Fehlerbehandlung bei der Lösung des Gleichungsystems eingehen, erläutern wir die Vorgehensweise kurz an einem Beispiel.

3.2.3 Beispiel

Betrachten wir das in Abschnitt 2.4.1 beschriebene konfigurierbare Sortiernetzwerk $Sort_n$. Wir legen hier den Parameter $n = 4$ fest, um das entstehende Gleichungssystem nicht zu groß werden zu lassen. Als Elementtyp t verwenden wir zunächst boolesche Werte, d.h. eine Verdrahtungskante vom Typ t repräsentiert eine einzelne binäre Leitung. Die Hierarchieübergänge liefern folgende Gleichungen:

Hierarchieübergang	Gleichungen
$Sort_4 \rightarrow Sort_2$	$s_4 = 2 \cdot s_2,\ s_4 = t_2$
$Sort_2 \rightarrow Sort_1$	$s_2 = t$
$Sort_2 \rightarrow Merge_2$	$2 \cdot s_2 = 2 \cdot t,\ t_2 = 2 \cdot t$
$Merge_4 \rightarrow OddEven_4$	$2 \cdot s_4 = 4 \cdot t,\ 4 \cdot u_4 = 4 \cdot t$
$Merge_4 \rightarrow Merge_2$	$2 \cdot u_4 = 2 \cdot t,\ 2 \cdot t = s_4$
$Merge_4 \rightarrow Shuffle_4$	$2 \cdot s_4 = 4 \cdot t,\ t_4 = 4 \cdot t$
$Merge_4 \rightarrow Compare_4$	$t_4 = v_4 + v_4$
$Merge_2 \rightarrow CMP$	$2 \cdot t = 2$ $(*)$

In dieser Tabelle sind nur die nichttrivialen Gleichungen aufgelistet, wobei diese allerdings nicht unbedingt linear unabhängig voneinander sein müssen. Es ergibt sich folgendes eindeutig lösbares Gleichungssystem

$$
\left(
\begin{array}{ccccccc|c}
s_4 & s_2 & t_2 & t_4 & v_4 & u_4 & t & \\
\hline
1 & -2 & 0 & 0 & 0 & 0 & 0 & 0 \\
1 & 0 & -1 & 0 & 0 & 0 & 0 & 0 \\
0 & 0 & 0 & 1 & -2 & 0 & 0 & 0 \\
0 & 0 & 0 & 0 & 0 & 2 & -2 & 0 \\
1 & 0 & 0 & 0 & 0 & 0 & -2 & 0 \\
2 & 0 & 0 & 0 & 0 & 0 & -4 & 0 \\
0 & 0 & 0 & 1 & 0 & 0 & -4 & 0 \\
0 & 0 & 0 & 0 & 0 & 4 & -4 & 0 \\
0 & 0 & 0 & 0 & 1 & 0 & -2 & 0 \\
0 & 0 & 0 & 0 & 0 & 0 & 2 & 2\ (*) \\
0 & 2 & 0 & 0 & 0 & 0 & -2 & 0 \\
0 & 0 & 1 & 0 & 0 & 0 & -2 & 0 \\
0 & 1 & 0 & 0 & 0 & 0 & -1 & 0
\end{array}
\right)
\longrightarrow
\left(
\begin{array}{ccccccc|c}
s_4 & s_2 & t_2 & t_4 & v_4 & u_4 & t & \\
\hline
1 & 0 & 0 & 0 & 0 & 0 & 0 & 2 \\
0 & 1 & 0 & 0 & 0 & 0 & 0 & 1 \\
0 & 0 & 1 & 0 & 0 & 0 & 0 & 2 \\
0 & 0 & 0 & 1 & 0 & 0 & 0 & 4 \\
0 & 0 & 0 & 0 & 1 & 0 & 0 & 2 \\
0 & 0 & 0 & 0 & 0 & 1 & 0 & 1 \\
0 & 0 & 0 & 0 & 0 & 0 & 1 & 1 \\
0 & 0 & 0 & 0 & 0 & 0 & 0 & 0 \\
0 & 0 & 0 & 0 & 0 & 0 & 0 & 0 \\
0 & 0 & 0 & 0 & 0 & 0 & 0 & 0 \\
0 & 0 & 0 & 0 & 0 & 0 & 0 & 0 \\
0 & 0 & 0 & 0 & 0 & 0 & 0 & 0 \\
0 & 0 & 0 & 0 & 0 & 0 & 0 & 0
\end{array}
\right)
$$

Die mit $(*)$ markierte Gleichung ergibt sich aus dem Hierarchieübergang innerhalb des Basisvergleichselementes *CMP*. Im Fall, daß t für boolsche Werte steht, gilt die Gleichung $2 \cdot t = 2$. Wird das Basisvergleichselement *CMP* in der Schaltung ersetzt, so ändert sich im gesamten Gleichungssystem nur die mit $(*)$ markierte Gleichung und der Lösungsvektor dementsprechend. Daran sieht man, daß die Spezifikation des eigentlichen Sortieralgorithmus unabhängig vom Typ der zu sortierenden Elemente erfolgen kann.

3.2.4 Fehlerbehandlung

Es können folgende Situationen auftreten, in denen keine (eindeutige) oder keine legale Lösung für ein Gleichungssystem über Leitungsvariablen existiert:

1. Da eine legale Belegung für alle Leitungsvariablen aus $\mathbb{N}_0$ sein muß, liegt eine fehlerhafte Spezifikation vor, falls eine Lösung des Gleichungssystems existiert, bei der mindestens einer Variablen ein negativer oder nicht ganzzahliger Wert zugewiesen wird.

2. Das Gleichungssystem ist unterbestimmt. Das bedeutet, daß mindestens einer Variablen keine eindeutige Belegung zugewiesen werden kann.

3. Das Gleichungssystem hat keine Lösung.

Die Behandlung der verschiedenen Fehlerfälle geschieht nun innerhalb des Systems wie folgt:

Fall 1: Der Wert mindestens einer Variablen erhält einen negativen oder nicht ganzzahligen Wert. Abbildung 3.9 zeigt eine einfache Situation, in der dieser Fall auftritt. Betrachtet man die Hierarchieübergänge an der gezeigten Instanz S, so liefern sie offensichtlich das Gleichungssystem

$$\begin{pmatrix} 2 & -1 & 0 \\ 0 & -1 & 1 \\ 0 & 0 & 1 \end{pmatrix} \cdot \begin{pmatrix} v_1 \\ v_2 \\ v_3 \end{pmatrix} = \begin{pmatrix} 0 \\ -2 \\ 1 \end{pmatrix}.$$

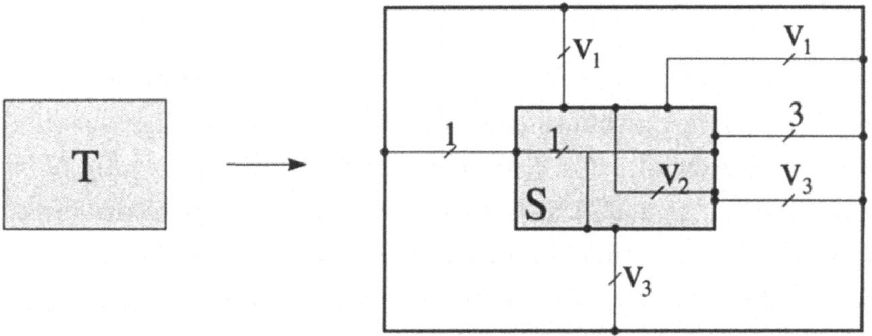

Abbildung 3.9: Variablen mit nichtlegaler Belegung

Dieses besitzt in **IR** zwar die eindeutige Lösung $\vec{v}^T = (1.5, 3, 1)$, doch stellt dies für uns keine legale Lösung dar, da $v_1 \notin$ **IN** ist. Als Reaktion des Systems erhält der Benutzer eine Liste der betreffenden Variablen und zusätzlich die Information über die Netze, in denen die Variablen verwendet werden. Er kann dann in Interaktion mit dem graphischen Editor die Spezifikation der Schaltung korrigieren.

Fall 2: Der Wert mindestens einer Variablen ist unbestimmbar, d.h. es existieren weniger Gleichungen als Variablen. Ein einfaches Beispiel für diese Situation zeigt Abbildung 3.10. In diesem Beispiel erhalten wir offensichtlich Gleichungen der Form

$$v_k + u_k = v_{k-1}, \quad s_k = u_{k-1} + s_{k-1}$$

aus der allgemeinen Netzgleichung für T_k, sowie die beiden Gleichungen

$$v_1 + u_1 = 10, \quad s_1 = 0$$

aus der Anwendung der Rekusionsbasis T_0. Wir führen die Analyse hier unabhängig von der Belegung des Parameters k durch. Bei der Berechnung des Gleichungssystems hat dieser natürlich einen festen Wert.

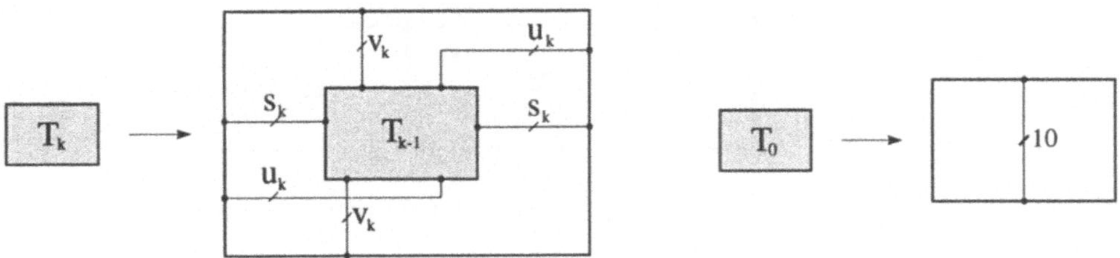

Abbildung 3.10: Unterbestimmtes Gleichungssystem

Da in der Beschreibung von T_k einmal die Subschaltung T_{k-1} verwendet wird, erhält man offensichtlich $2 \cdot (k - 1) + 2$ Gleichungen im Gleichungssystem für T_k. Die Anzahl der Variablen beträgt pro Hierarchieebene genau drei, d.h. das Gleichungssystem für T_k besitzt $3 \cdot k$ Unbekannte. Insgesamt haben wir also

$$3 \cdot k - 2 \cdot (k - 1) - 2 = k$$

Unbekannte mehr als Gleichungen. Da alle Gleichungen linear unabhängig sind, hat die Matrix dieses Gleichungssystems also den Rang $2 \cdot k$. Da die Belegung dieser Variablen somit keinen Einfluß auf die Lösbarkeit des Gleichungssystems haben, werden sie vom Auswertungsalgorithmus auf den Wert 0 gesetzt. Gleichzeitig werden diese Variablen angezeigt, damit der Entwerfer auf die vorliegende Situation reagieren kann. Er kann das Gleichungssystem durch beliebige Zusatzgleichungen über den Variablen erweitern. Insbesondere darf er auch Gleichungen über Variablen aus anderen Netzgleichungen eingeben. Die verwendeten Variablen dürfen dabei allerdings nur mit Ausdrücken über den Parametern der Netzgleichung versehen werden, die die Gleichung enthält. Ein Beispiel, in dem solche Zusatzgleichungen verwendet werden, geben wir in Abschnitt 5.2 bei der Beschreibung mehrdimensionaler Netzstrukturen an.

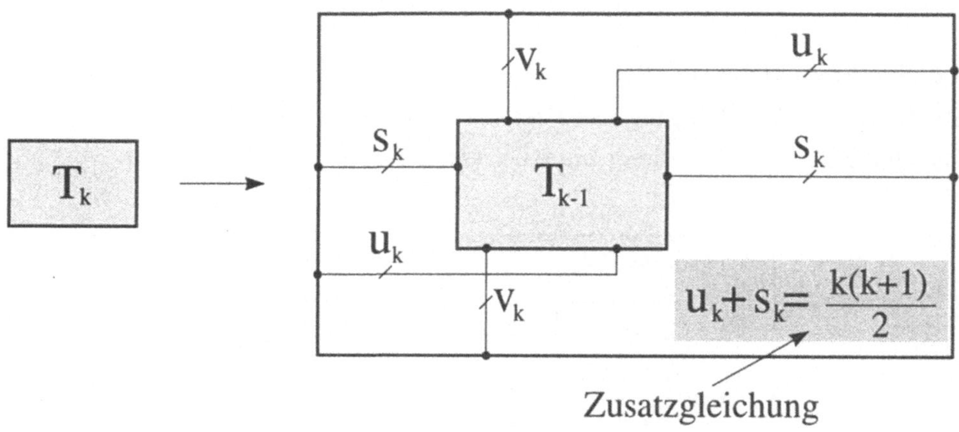

Abbildung 3.11: Eingabe von Zusatzgleichungen bei unterbestimmten Gleichungssystemen

In Abbildung 3.11 fügen wir in T_k die Zusatzgleichung $u_k + s_k = \frac{k(k+1)}{2}$ ein. Diese liefert uns insgesamt k weitere Gleichungen im Gleichungssystem für T_k, die von den übrigen Gleichungen linear unabhängig sind. Durch diese Erweiterung wird das Gleichungssystem eindeutig lösbar.

Fall 3: Das Gleichungssystem besitzt keine Lösung. In diesem Fall erhält der Benutzer eine entsprechende Fehlermeldung des Auswertungsalgorithmus. Um die kritischen Stellen der Spezifikation zu entdecken, kann er den Algorithmus auf Teile des Gleichungssystems anwenden, indem er einzelne Komponenten der Schaltung aufbaut und auf ihre syntaktische Korrektheit hin untersucht.

Zusammenfassung In diesem Kapitel haben wir gezeigt, wie aus der parametrisierten Beschreibung einer Schaltkreisfamilie anhand einer Parameterbelegung ein fester Vertreter ausgewählt wird. Für diesen wird eine hierarchische Darstellung in Form eines gerichteten azyklischen Graphen aufgebaut. Die während der Spezifikation verwendeten Leitungsvariablen werden anschließend durch Lösung eines linearen Gleichungssystem berechnet. Die so erhaltene Schaltkreisdarstellung in Form eines hierarchisch gegliederten Graphen bildet die Basisdatenstruktur für die in das System integrierten Werkzeuge. Sie dient der Visualisierung von berechneten Ergebnissen und unterstützt die systematische Inspektion über die gesamte Schaltungshierarchie. Im folgenden Kapitel 4 wird die graphische Oberfläche des Systems vorgestellt. Dabei wird gezeigt, wie ein Werkzeug in die Oberfläche integriert werden kann. Anhand der wichtigsten Werkzeuge werden die Möglichkeiten zur Visualisierung und Navigation dargestellt.

Kapitel 4

Integration von Werkzeugen

Die wesentlichste Eigenschaft der graphischen Oberfläche des Systems ist ihre Flexibilität. Sie läßt sich den jeweiligen Bedürfnissen eines Entwerfers anpassen, indem wie in einer Art Werkbank eine Palette der unterschiedlichsten Werkzeuge zur Verfügung gestellt werden kann. Diese Palette kann je nach den Zielen des Entwerfers aus einer Menge von vorgegebenen Modulen zusammengesetzt werden. Ein Beispiel wäre die Benutzung des graphischen Editors zur Spezifikation von Schaltungen in Zusammenarbeit mit einem Simulator, um ständig die Funktionen der eingegebenen Teilschaltungen zu überprüfen. Dies ist vergleichbar mit einer Programmierumgebung zur Entwicklung von Software, wo man dem Programmierer sowohl die Eingabe, das Übersetzen in ein ausführbares Modul als auch das Debuggen des Programmes aus einer graphischen Oberfläche heraus gestattet. Die typische Arbeitsweise besteht dabei in einer iterierten Anwendung einzelner Werkzeuge. Ein Programmierer wird in der Regel einen Abschnitt eines Programmes eingeben und ihn dann auf seine Funktionsweise hin überprüfen. Falls Fehler lokalisiert wurden, wird erneut der Editor benutzt, um diese zu korrigieren. Im fehlerfreien Fall wird ein neuer Abschnitt des Programms editiert, usw. Um hier eine effektive Arbeitsweise zu gewährleisten, muß ein einfacher Wechsel zwischen den verschiedenen Werkzeugen möglich sein.

Beim Entwurf integrierter Schaltkreise kommen wesentlich mehr Werkzeuge zur Anwendung als bei der Entwicklung von Software. Dies liegt daran, daß die Aktivitäten beim Entwurf einer Schaltung auf unterschiedlichen Ebenen angesiedelt sind. Sie reichen von der algorithmischen und funktionalen Beschreibung auf einer sehr abstrakten Ebene bis hin zur geometrischen und physikalischen Darstellung des endgültigen Layouts auf einer realen Ebene. Man hat es während des Entwurfes mit unterschiedlichen Werkzeugen zu tun, die sich innerhalb einer Ebene des Entwurfsvorganges bewegen oder einen Übergang von einer Entwurfsebene zur nächsten darstellen können. Eine Abfolge von Aktivitäten während des Entwurfsvorganges bezeichnet man dabei als Entwurfsmethode. Die Wahl einer Entwurfsmethode hängt sehr stark von den Zielen des Entwerfers ab. Falls der Entwerfer innerhalb eines Teams beispielsweise die Aufgabe hat, nur eine Teilschaltung eines größeren Entwurfs anzufertigen, so benötigt er im allgemeinen neben einer Eingabemöglichkeit noch Werkzeuge zur Simulation und zur Analyse des Zeitverhaltens der Schaltung. Die geometrische Synthese der Schaltung wird nicht von ihm durchgeführt. Ein anderer Entwerfer hat vielleicht die Aufgabe, die Schaltung hinsichtlich Gesichtspunkten des Prüfens und Testens zu untersuchen. Er benötigt hierzu eine völlig andere Konstellation von Werkzeugen. Hinzu kommt, daß den Entwerfern neu entwickelte Algorithmen stets schnell zur Verfügung gestellt werden sollen. Denkbar ist hier auch, daß man verschiedene Algorithmen für denselben Arbeitsschritt miteinander vergleichen will, beispielsweise heuristische mit exakten Verfahren. Dieser Gesichtspunkt betrifft damit die Programmierung und Integration von neuen Werkzeugen in die graphische Oberfläche. Die Aufnahme von Werkzeugen in die Oberfläche sollte dabei durch einen einfachen Mechanismus möglich sein, wobei allerdings die Struktur der graphischen Oberfläche bei der Integration berücksichtigt werden muß. Deshalb gehen wir zunächst auf deren Grundstruktur ein. In den folgenden Abschnitten dieses Kapitels beschreiben wir dann die in das System integrierten Werkzeuge.

4.1 Die graphische Oberfläche

4.1.1 Funktionale Gliederung der Oberfläche

Die für alle Werkzeuge vorgegebene Grundstruktur der graphischen Oberfläche läßt sich funktional in die in Abbildung 4.1 dargestellten Abschnitte gliedern. Es handelt sich dabei lediglich um die Grundstruktur der Oberfläche. Die integrierten Werkzeuge können diese Struktur durch eigene Komponenten erweitern, die ein– beziehungsweise ausgeblendet werden können. Die Grundstruktur der Oberfläche gliedert sich in folgende fünf Komponenten:

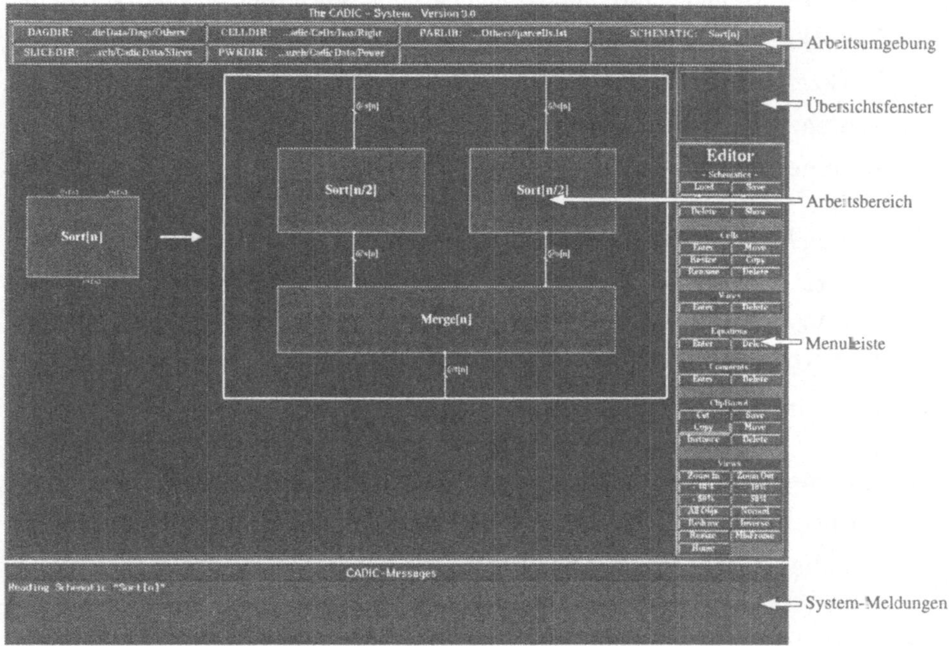

Abbildung 4.1: Grundstruktur der graphischen Oberfläche

- *Arbeitsbereich:*

  Hier erfolgt die Darstellung des aktuell geladenen Schaltkreises. Die Art der Darstellung hängt dabei vom zum jeweiligen Zeitpunkt aktiven Werkzeug ab. Während einer Editorsitzung wird beispielsweise der Netzgraph angezeigt. Diese Form wird auch bei vielen anderen Werkzeugen benutzt, um einen direkten Bezug zwischen den berechneten Ergebnissen und der graphischen Eingabe herstellen zu können. Eine andere Darstellungsart ergibt sich bei der Berechnung des geometrischen Layouts. Da hier den Leitungen physikalische Breiten zu geordnet werden, wird eine Darstellung durch Polygone benutzt. Bei einem Schaltkreis, der aus mehreren

Hierarchiestufen besteht, wird zunächst die oberste Ebene angezeigt.

- *Arbeitsumgebung:* Hier werden Angaben über lokale und globale Einstellungen des Systems angezeigt. Dies sind Informationen über den benutzten Grundzellen– und Makrozellenkatalog sowie den aktuell geladenen Schaltkreis. Weiterhin sind hier Verzeichnisse aufgelistet, die von den Werkzeugen zur Abspeicherung von berechneten Ergebnissen verwendet werden. Die Einstellung der Umgebung erfolgt vor dem Start des Programmes und kann später verändert werden.

- *Übersichtsfenster:* Hier wird der aktuell im Arbeitsbereich sichtbare Ausschnitt im Verhältnis zum gesamten Schaltkreis angezeigt. Vergrößern und Verkleinern der graphischen Darstellung haben einen Einfluß auf die Übersichtsdarstellung. Die Navigation auf einer Hierarchieebene ist direkt innerhalb dieses Fensters möglich.

- *System–Meldungen:* Kontrollausgaben und Fehlermeldungen des Systems werden hier angezeigt. Jedes Werkzeug gibt hier temporäre Informationen über seinen Arbeitsablauf aus.

- *Menu–Leiste:* Die Menu–Leiste ist hierarchisch gegliedert. Auf der obersten Ebene findet sich eine Auflistung der integrierten Werkzeuge, die zu einzelnen Gruppen zusammengefaßt sind (beispielsweise Werkzeuge zur Analyse im Gegensatz zu solchen zur Synthese der Schaltung). Diese Liste kann je nach Konfiguration des Systems unterschiedlich aussehen. Die Konfiguration wird über Beschreibungsdateien vorgenommen, so daß Werkzeuge ein– beziehungsweise ausgeblendet werden können. Zu jedem Werkzeug existieren ein oder mehrere Untermenus für seine spezifischen Funktionen. Neben den speziellen Funktionen, die das jeweilige Werkzeug charakterisieren, existieren auch Operationen, die bei vielen Werkzeugen Anwendung finden (beispielsweise die graphische Navigation durch Hierarchieebenen). Diese können zusätzlich in die betreffenden Menus integriert werden. Dies ist leicht möglich, da die Beschreibung der Menus auf höherer Ebene durch eine Beschreibungssprache erfolgt. Aus dieser Beschreibung werden durch einen Compiler automatisch die zur graphischen Darstellung des Menus, zur Auswahl der Punkte und zur Aktivierung der zugehörigen Aktionen benötigten Funktionsaufrufe auf Basis des eingesetzten Graphikpaketes generiert.

4.1.2 Graphische Grundfunktionen

Zur graphischen Oberfläche des Systems gehört eine Bibliothek von Grundfunktionen, die elementare graphische Operationen auf den Objekten einer Schaltung zur Verfügung stellt. Diese Operationen erfüllen verschiedene Aufgaben, insbesondere

- *Darstellung:* Zu jedem einzelnen Objekt, wie Bausteinen, Leitungen, Netzgleichungen, existieren gesonderte Funktionen zur graphischen Darstellung. Diese finden im wesentlichen Anwendung im Arbeitsbereich der Oberfläche, können allerdings auch in speziellen Bereichen von einzelnen Werkzeugen zur Visualisierung von Zusatzinformationen benutzt werden.

- *Auswahl:* Die Bibliothek enthält eine Reihe von Funktionen, um verschiedene Objekte unter bestimmten Gesichtspunkten graphisch auszuwählen, beispielsweise die Auswahl von Eingangs– und Ausgangspins von Bausteinen. Diese Auswahlfunktionen können von den einzelnen Werkzeugen benutzt werden, um bestimmte Operationen daran zu koppeln, beispielsweise das Verschieben eines Bausteins innerhalb des Editors.

- *Information:* In der graphischen Bibliothek werden eine Reihe von Funktionen zur Verfügung gestellt, um spezielle Informationen an den einzelnen Objekten anzuzeigen, beispielsweise die Verzögerungszeiten von einem ausgewählten Eingangs– zu einem Ausgangspin eines Teilschaltkreises. Diese Funktionen arbeiten zusammen mit den Auswahlfunktionen. Ein Parameter dieser Funktionen ist ein Verweis auf eine vom jeweiligen Werkzeug abhängige Funktion, von der die eigentliche Darstellung der Information übernommen wird. Neben der Visualisierung von Informationen gehören hierzu auch Funktionen, die den interaktiven Eingriff des Benutzers gestatten. Er kann an einzelnen Objekten spezifische Daten für die verschiedenen Algorithmen eingeben, um diese direkt von der graphischen Oberfläche aus steuern zu können.

- *Skalierung:* Unter diesem Gesichtspunkt sind Funktionen zu verstehen, die das Vergrößern und Verkleinern der Schaltungsdarstellung, sowie das Verschieben des aktuellen Ausschnittes erlauben. Diese Funktionen haben einen direkten Einfluß auf die Funktionen zur Darstellung und Auswahl von Objekten, da der jeweils sichtbare Bereich einer Schaltung verändert wird.

- *Tracing:* Hierzu gehören Funktionen, die die graphische Navigation entlang der Hierarchieverweise einer Schaltung erlauben. Diese arbeiten mit den Funktionen für Auswahl, Darstellung und Skalierung der Objekte zusammen. Der Benutzer kann einen beliebigen Teilschaltkreis auswählen und einen Abstieg in die zugehörige Beschreibung ausführen, sofern es sich nicht um einen Grundbaustein handelt. Die inverse Funktion dazu bewirkt einen Rücksprung in die aufrufende Teilschaltung, sofern man sich nicht in der obersten Hierarchieebene befindet.

Die in der graphischen Grundbibliothek enthaltenen Funktionen arbeiten im wesentlichen auf der hierarchischen Darstellung einer Schaltung durch die gefaltete Struktur von Netzgraphen. Die Funktionen verwenden die Zugriffsprozeduren aus der elementaren Bibliothek zur Verwaltung der Basisdatenstruktur sowie Bibliotheken des X–Window–Systems zur graphischen Ausgabe. Alle Aktionen beziehen sich zunächst auf die Fenster der graphischen Oberfläche, können aber durch Übergabe von entsprechenden Parametern umgelenkt werden, beispielsweise die Darstellung eines Netzgraphen in einem zusätzlichen Informationsfenster.

Stellvertretend beschreiben wir im folgenden Abschnitt zwei grundlegende Funktionen zur graphischen Darstellung der Hierarchie, die in vielen Werkzeugen einsetzbar sind. Auf die Anwendung weiterer graphischer Grundfunktionen werden wir anschließend bei der Beschreibung der integrierten Werkzeuge eingehen.

4.1.3 Visualisierung der Hierarchiestruktur

Wir beschreiben zunächst eine konfigurierbare Funktion zur graphischen Darstellung der hierarchischen Struktur einer Schaltung. Diese Funktion erfüllt im wesentlichen folgende zwei Aufgaben:

- Sie ermöglicht die übersichtliche Darstellung von Informationen für jeden einzelnen Hierarchieknoten. Beispielsweise läßt sich das Verhältnis zwischen der tatsächlichen Schaltungsgröße und der internen Beschreibungsgröße verdeutlichen, indem jedem Hierarchieknoten die Zahl der enthaltenen Grundbausteine zugeordnet wird.

- Es wird eine komfortable Möglichkeit zur direkten Navigation durch die Schaltung gegeben. Dazu kann der Benutzer einen beliebigen Hierarchieknoten mit Ausnahme der Grundzellen selektieren. Die zu dem ausgewählten Knoten gehörende graphische Eingabe wird daraufhin im Arbeitsfenster angezeigt.

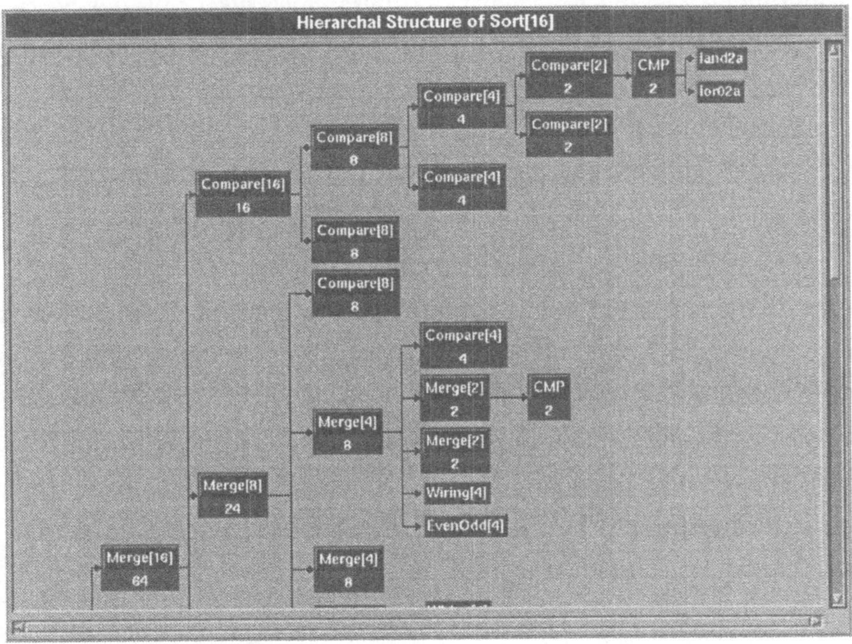

Abbildung 4.2: Graphische Darstellung der Hierarchiestruktur

In der graphischen Darstellung wird die gefaltete Struktur aus Übersichts-
gründen aufgebrochen und eine Darstellung als Baum gewählt. Um die Beschreibung weiterhin kurz zu halten, werden mehrfach auftretende Teilschaltungen allerdings nur einmal verfeinert. Die übrigen Vorkommen werden nur
durch einen einzelnen Hierarchieknoten repräsentiert. Um die eindeutige Wahl
eines Weges durch die Hierarchie zu ermöglichen, kann die Darstellung durch
verschiedene Operationen geändert werden. Es können Hierarchieknoten expandiert werden, so daß in der neuen Darstellung deren Nachfolger ebenfalls
angezeigt werden. Die Expansion kann dabei für jeden Teilknoten auch bis zur
untersten Ebene durchgeführt werden. Die zur Expansion gehörende Umkehr-
funktion erlaubt die Reduktion von Teilbäumen, von denen dann nur noch
der Wurzelknoten angezeigt wird. Damit läßt sich die hierarchische Darstellung auf einfache Weise in eine geeignete Anzeige abändern, so daß nur die
aktuell notwendigen Informationen gezeigt werden. Damit wird eine unnötige
Überladung der gesamten Darstellung vermieden.

In Abbildung 4.2 ist ein Ausschnitt der Hierarchiestruktur für das Sortiernetzwerk aus Abschnitt 2.4.1 dargestellt, wobei für den Netzparameter $n = 16$ und
für die Basiselemente der Typ $t = boolean$ ausgewählt wurde. Gezeigt ist dabei
die Anfangsdarstellung, ohne daß Knoten expandiert oder reduziert wurden.
Aufgrund der Auftrennung der gefalteten Darstellung wird beispielsweise der
Knoten $Compare_4$ mehrfach angezeigt. Er wird aber zunächst nur an einer
Stelle weiter verfeinert.

An den Hierachieknoten können Informationen über die Teilschaltungen angezeigt werden. In Abbildung 4.2 ist zu jedem Knoten die Anzahl der Grundbausteine dargestellt, die im zugehörigen expandierten Unterbaum enthalten
sind. Dies ist in erster Linie für die oberste Hierarchieebene von Interesse, da
die dort angegebene Anzahl an Grundbausteinen für die gesamte Schaltung als
untere Schranke für den Flächenbedarf der Schaltung angesehen werden kann
(ohne Verdrahtung zwischen den Zellen).

Die Darstellungsform aus Abbildung 4.2 bietet eine globale Sicht über die Gesamtschaltung und verdeutlicht damit die Verteilung von berechneten Ergebnissen auf die einzelnen Teilmodule. Im Gegensatz dazu wird eine lokale Sicht
auf den aktuellen Abstiegspfad durch die Hierarchie von einer anderen graphi-

schen Grundfunktion ermöglicht. Die von dieser Funktion erzeugte Darstellung ist in Abbildung 4.3 gezeigt. Dort ist ein Abstiegspfad durch die Schaltung $Sort_{16}$ angezeigt. Auf jeder Ebene ist der gewählte Nachfolger farblich hervorgehoben. Dessen zugehöriger Netzgraph wird als nächste Ebene angezeigt. In Abbildung 4.3 wurde der Pfad $Sort_{16} \longrightarrow Sort_8 \longrightarrow Merge_8 \longrightarrow Merge_4 \longrightarrow Merge_2 \longrightarrow CMP$ ausgewählt. Der Vorteil dieser Darstellung besteht darin, daß einzelne Hierarchieübergänge einander gegenüber gestellt werden können. Für viele der hierarchisch arbeitenden Werkzeuge stellen diese Übergänge kritische Stellen dar, so daß durch die Gegenüberstellung der korrespondierenden Ränder von Baustein und zugehörigem Netz das Auffinden solcher Stellen erleichtert wird.

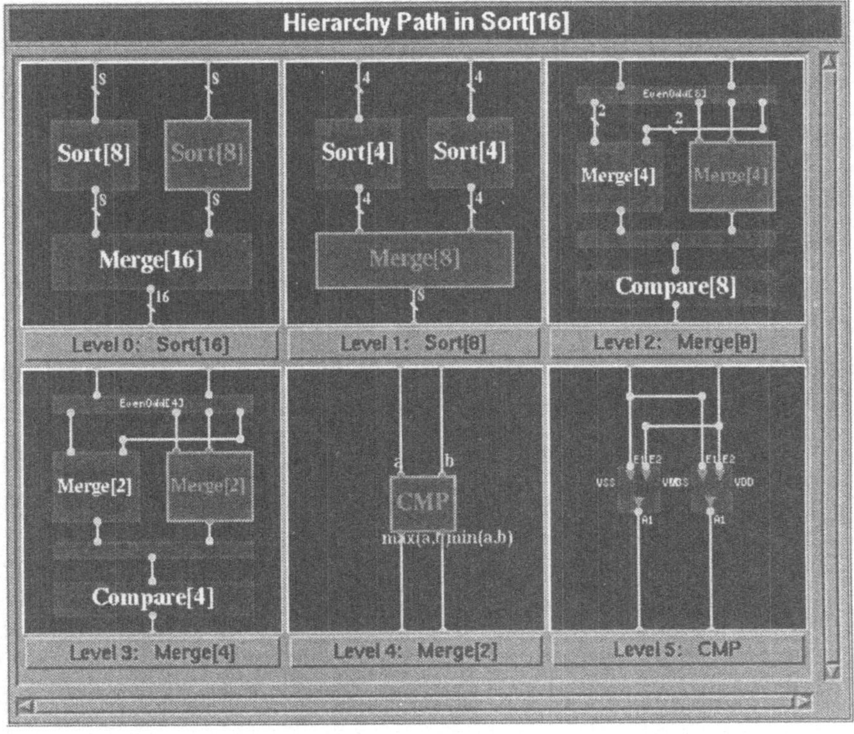

Abbildung 4.3: Graphische Darstellung eines Abstiegspfades

Bei beiden Darstellungsmethoden ist die Vergrößerung und Verkleinerung sowie das Verschieben des aktuell sichtbaren Ausschnittes möglich, um auch
bei großen Schaltungen die Übersichtlichkeit der Darstellung zu gewährleisten.
Beide Fenster können zu einem beliebigen Zeitpunkt ein– beziehungsweise ausgeblendet werden und bilden damit eine optimale Orientierungshilfe während
der graphischen Navigation.

4.1.4   Schema der Integration

Die Integration eines Werkzeuges in die graphische Oberfläche kann auf unterschiedliche Art und Weise erfolgen, je nachdem wie stark die Bindung an die
vorgegebenen Datenstrukturen ausgeprägt ist.

- Wenn das Werkzeug direkt auf der Basisdatenstruktur arbeitet und sämtliche Ergebnisse, die von ihm berechnet werden, in dieser Datenstruktur
  eingetragen werden, handelt es sich um die stärkste Form der Anbindung. In diesem Fall kann die Visualisierung der Ergebnisse direkt durch
  die Funktionen der graphischen Grundbibliothek erledigt werden.

- Das Werkzeug verwendet private Datenstrukturen zur Berechnung seiner Resultate. Es erfolgt allerdings eine interne Bindung zwischen der
  Basisdatenstruktur und den privaten Strukturen, so daß stets der Bezug zu der graphischen Eingabe der Schaltung nachvollziehbar ist. Zum
  Umfang des Werkzeuges gehören im allgemeinen eine Reihe von graphischen Operationen, um die berechneten Ergebnisse zu visualisieren. Diese
  Operationen arbeiten mit den oben beschriebenen graphischen Grundfunktionen der Oberfläche zusammen, um eine vollständige Inspektion
  über die gesamte Schaltung zu ermöglichen.

- Liegt ein Werkzeug nur als sogenannte "Black Box" vor, d.h. als ein eigenständiges Modul, dessen "Inneres" völlig unbekannt ist, so ist eine
  Anbindung (weniger eine Integration) an die graphische Oberfläche nur
  über externe Bezüge möglich. Die Anbindung erfolgt in der Regel durch
  die Verwendung von Dateien zum Austausch der betreffenden Daten.
  Auf Seite der Oberfläche existiert eine Schnittstelle, die einerseits aus

der graphischen Eingabe das benötigte Austauschformat generiert und andererseits aus den vom Werkzeug erhaltenen Daten den Bezug zur internen Darstellung der Schaltung in der Basisdatenstruktur herstellt. Diese Transformationen können beispielsweise darin bestehen, aus der hierarchischen Beschreibung der Schaltung eine flache Repräsentation zu berechnen. Um dabei später die berechneten Resultate wieder richtig den einzelnen Teilkomponenten zuzuordnen, muß man zu den Bausteinen in der flachen Darstellung ihre Abstiegspfade in der Hierarchie abspeichern. Mit dieser Art von Bindung ist es vor allem möglich, kommerzielle Systeme an die Oberfläche anzuschließen und deren Resultate auf der graphischen Eingabe anzuzeigen.

Bei den meisten in das Gesamtsystem integrierten Werkzeuge handelt es sich um solche, die mit internen Bindungen zwischen privaten Datenstrukturen und der Basisdatenstruktur arbeiten. Wir wollen deshalb auf dieses Schema der Integration genauer eingehen. Daneben werden allerdings auch kommerzielle Systeme über entsprechende Austauschformate angesteuert, auf die wir in Abschnitt 4.6.1 zurückkommen.

Abbildung 4.4 zeigt schematisch die Bibliotheken, die bei der Integration eines Werkzeuges in die Oberfläche beteiligt sind. Wir unterscheiden dabei drei verschiedene Gruppen von Bibliotheken:

- *Elementare Bibliotheken:* Diese beinhalten Funktionen, die sich durch das zugrundeliegende Betriebssystem und Grafikpaket sowie die verwendeten Compiler ergeben. Daneben benutzen wir die LEDA–Bibliothek ([MN89]), die eine Menge von elementaren Datentypen zusammen mit einfachen Algorithmen zur Verfügung stellt.

- *Basisbibliotheken der graphischen Oberfläche:* Hierin befinden sich elementare Zugriffsfunktionen auf die Komponenten der zentralen Datenstruktur sowie grundlegende Algorithmen, die eine systematische Durchmusterung der hierarchischen Struktur ermöglichen. Dazu gehören beispielsweise Funktionen wie *ForallPins* oder *DagDFS*, die wir bereits in den beiden vorangangenen Kapiteln benutzt haben. Die zweite Bibliothek dieser Gruppe wird aus den graphischen Grundfunktionen der Oberfläche. Diese Funktionen werden, wie wir in Abschnitt 4.1.2 gesehen

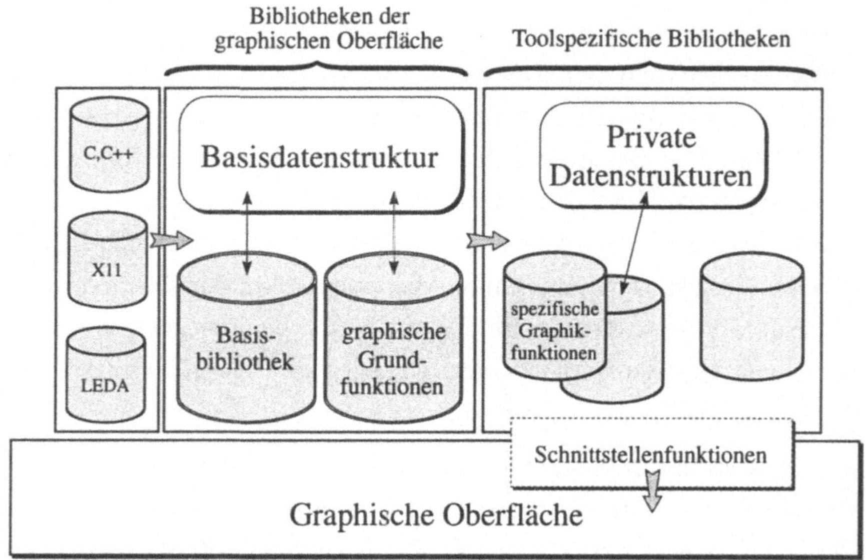

Abbildung 4.4: Schema für die Integration eines Werkzeuges

haben, zur graphischen Darstellung und Auswahl sowie zur Naviagtion durch die hierarchische Struktur benutzt.

- *Toolspezifische Bibliotheken:* Diese Bibliotheken hängen von der jeweiligen Implementierung eines Werkzeuges ab. Besteht ein Teil eines Werkzeuges beispielsweise aus grundlegenden Algorithmen, so bietet es sich an, diese in einer separaten Bibliothek zu verwalten, so daß sie auch von anderen Werkzeugen verwendet werden können. Die Implementierung eines Werkzeuges sollte daher modular strukturiert werden, so daß die Integration durch Einbinden der betreffenden Bibliotheken erfolgt.

In Abbildung 4.4 sind die Beziehungen zwischen den einzelnen Bibliotheken angegeben. Das Werkzeug enthält beispielsweise eine Bibliothek mit speziellen Graphikfunktionen, die zum Teil auf den graphischen Grundfunktionen der Oberfläche basieren. Das gezeigte Werkzeug verwendet private Datenstrukturen zur Berechnung seiner Ergebnisse. Soll die hierarchische Basisdatenstruktur des Systems für die Visualisierung und Navigation durch die Ergebnisse verwendet werden, so muß ein Bezug zwischen den Datenstrukturen hergestellt werden. Eine einfache Möglichkeit dieser Zuordnung wird beispielsweise durch vorgegebene Verweise aus der Basisdatenstruktur möglich. Dazu besitzt jedes Objekt der Basisdatenstruktur einen freien Zeiger, der auf ein beliebiges Datenobjekt verweisen kann. Desweiteren kann an die elementaren Graphikfunktionen zur Darstellung von Bausteinen oder Leitungen eine toolspezifische Funktion als Parameter übergeben werden. Nach der eigentlichen Darstellung des Objektes wird diese Funktion zusätzlich aufgerufen, so daß entsprechende Informationen zu diesem Objekt visualisiert werden können. Diese Funktion kann vom Entwickler des Werkzeuges unter Einhaltung einer vorgegebenen Schnittstelle beliebig konfiguriert werden. Anwendungen solcher Funktionen zeigen wir bei der Beschreibung der verschiedenen in das System integrierten Werkzeuge.

Neben den Bibliotheken, die den Kern des Werkzeuges bilden, ist in Abbildung 4.4 die Menge der Schnittstellenfunktionen dargestellt. Diese bilden sozusagen die "oberste Ebene" von Funktionen, die in der graphischen Oberfläche aus einem entsprechenden Menu aktiviert werden können. Die Schnittstellenfunktionen werden dabei vom Entwickler des Werkzeuges in einer Menubeschreibung zusammengefaßt. Die Konfigurierung des Menus erfolgt dabei einer Beschreibungssprache, die eigens für das System definiert wurde. Jedes Werkzeug wird durch eine eigene Hierarchie von Menubeschreibungen bereitgestellt und ist damit unabhängig von anderen Werkzeugen konfigurierbar. Mit Hilfe dieser einzelnen Beschreibungen können in beliebiger Weise Werkzeuge zum Gesamtsystem zusammengestellt werden. Durch eine Veränderung der Menubeschreibung ist darüberhinaus auch der Funktionsumfang eines Werkzeuges auf einfache Weise erweiterbar.

Ein entsprechender Compiler erzeugt aus den Menubeschreibungen ein C–Modul, welches die notwendigen Aufrufe des zugrundeliegenden Graphikpaketes enthält. Das Menu eines Werkzeuges wird in der Menu–Leiste der Oberfläche angezeigt. Die graphische Anordnung und Darstellung der Einträge eines Menus (im folgenden auch als Items bezeichnet) kann dabei für jedes Werkzeug verschieden gestaltet werden. Ein Menu besteht dabei aus folgenden Komponenten:

- *Name:* Die Angabe eines Namens für ein Menu ist optional. Falls kein expliziter Name angegeben wird, wird vom Compiler ein Bezeichner automatisch vergeben. Der Name muß allerdings angegeben werden, wenn das Menu als Folgemenu eines anderen Menus aktiviert werden soll.

- *Typ:* Auch diese Komponente ist optional. Falls kein Typ spezifiziert wird, ist die Anordnung der Items beliebig konfigurierbar (der Nachteil dabei ist aber, daß Position und Ausdehnung des umschließenden Rechtecks der Items angegeben werden muß). Falls eine regelmäßige Struktur zugrundeliegt, kann als Typ der Wert Matrix angegeben werden. Damit wird eine Gitterstruktur unter Angabe der Spalten und Zeilen sowie der Abstände der Einträge (waagerecht und senkrecht) definiert.

- *Item:* Der Inhalt des Menus wird in Form einer Liste von Items definiert. Die Spezifikation eines Items setzt sich zusammen aus

  - *Position:* Für das umschließende Rechteck des Items werden hier Position und Ausdehnung angegeben. Falls es sich um eine beliebige Menustruktur handelt, werden hier absolute Koordinaten der Menu–Leiste benutzt. Handelt es sich um eine Matrixstruktur, so werden die Spalten und Zeilen angegeben, die von diesem Item umfaßt werden. Die absoluten Koordinaten des Items werden dann unter Berücksichtigung der Matrixstruktur automatisch berechnet.

  - *Darstellung:* Für jedes Item kann hier eine Beschreibung seiner graphischen Darstellung angegeben werden. Dabei kann zwischen verschiedenen Modi unterschieden werden (normaler Modus, hervorgehobener Modus bei Auswahl mit der Maus oder gesperrter Modus, falls Menupunkt zur Zeit nicht aktivierbar). Zur Darstellung können elementare graphische Objekte verwendet werden (Rechteck, gefülltes Rechteck, Kreis, Linie, Text, Polygon oder Bitmap), die in beliebiger Weise kombiniert werden dürfen. Jedem dieser Objekte können weiterhin verschiedene Attribute (Farbe, Linienstärke, usw.) zugeordnet werden.

  - *Aktion:* Hier wird beschrieben, welche Reaktion erfolgt, wenn das betreffende Item durch Mausklick aktiviert wird. Es kann hier einerseits der Name eines anderen Menus angegeben werden, welches dann in der Menu–Leiste angezeigt wird. Anderseits können hier beliebige Funktionsaufrufe angekoppelt werden.

- *Initialisierung/ Terminierung:* An jedes Menu können Funktionen übergeben werden, die bei seinem Aufruf beziehungsweise bei seiner Beendigung aktiviert werden. Die einzelnen Werkzeuge können hier Initialisierungsprozeduren ankoppeln, die dann automatisch beim Aufruf des Werkzeuges gestartet werden. Ebenso können Prozeduren beim Verlassen eines Werkzeuges aktiviert werden, um beispielsweise nicht mehr benötigte Datenstrukturen freizugeben.

Zur Vereinfachung der Beschreibung können Teile wie beispielsweise die Beschreibung der graphischen Darstellung eines Items zu einem neuen Konstrukt zusammengefaßt werden (unter Verwendung eines **#define**-Kommandos, wie es von der Programmiersprache C bekannt ist).

Beispiel 4.1. Definition eines PushButtons auf Position (xpos,ypos) mit Dimension (width,height) und Text (text). Beim Klick auf den Button wird die Funktion (fctn) aufgerufen.

```
#define PushButton (xpos, ypos, width, height, text, fctn)
  Item{/ * Position und Ausdehnung in der Matrixstruktur * /
     Mposition xpos ypos Horizontal width Vertical height
     Mode{
        / * Graphische Darstellung im inaktiven Modus * /
        Type Normal
        Descript{
           FRect{UpLeft LowRight skyblue}
           Rect{LowRight LowRight blue}
           Text{Center C time12 text white}
        }
     }
  }
```

◇

Unter Verwendung solcher **#define**-Konstrukte läßt sich eine ganze Bibliothek von wiederverwendbaren Objekten definieren. Damit vereinfacht sich die Beschreibung von Menus ganz entscheidend.

Beispiel 4.2. Ausschnitt der Menubeschreibung des graphischen Editors

Das folgende Listing enthält einen Auschnitt aus der Definition des Menus für den graphischen Editor:

```
#include pushbutton.mag
#include label.mag
 Menu{
     Name EditorMenu
     MatrixMenu (21, 6)
     Label (0, 0, 6, 2, "Editor")
     Label (2, 0, 6, 1, "Schematics")
     PushButton (3, 0, 3, 1, "Load", load_circuit (ROOTONLY))
     PushButton (3, 3, 3, 1, "Save", save_schem (loaded_sc))
     PushButton (4, 0, 3, 1, "Save as", saveas_schematic (loaded_sc))
     PushButton (4, 3, 3, 1, "Delete", erase_schematic (loaded_sc)))
     Label (6, 0, 6, 1, "Cells")
     PushButton (7, 0, 3, 1, "Enter", enter_cell (loaded_sc)))
     PushButton (7, 3, 3, 1, "Move", move_cell (loaded_sc)))
     PushButton (9, 0, 3, 1, "Resize", deforme_cell (loaded_sc)))
     PushButton (9, 3, 3, 1, "Copy", copy_cell (loaded_sc)))
     PushButton (10, 0, 3, 1, "Rename", rename_cell (loaded_sc)))
     PushButton (10, 3, 3, 1, "Delete", erase_cell (loaded_sc)))
 }
```

◇

In dieser Menubeschreibung werden über **#include**-Anweisungen die vordefinierten Konstrukte *PushButton* und *Label* eingebunden, wobei der Inhalt der

Datei *pushbutton.mag* durch das vorhergehende Beispiel gegeben ist. Ein *Label* ist ein Bereich des Menu, an den keine Aktion gebunden ist. Er dient der Untergliederung des Menus in funktionale Einheiten. Mit Hilfe von `#include`–Anweisungen läßt sich nun aus der Menge der Menubeschreibungen der einzelnen Werkzeuge ein Hauptmenu für das Gesamtsystem zusammenstellen, indem einzelne Werkzeuge eingeblendet werden können.

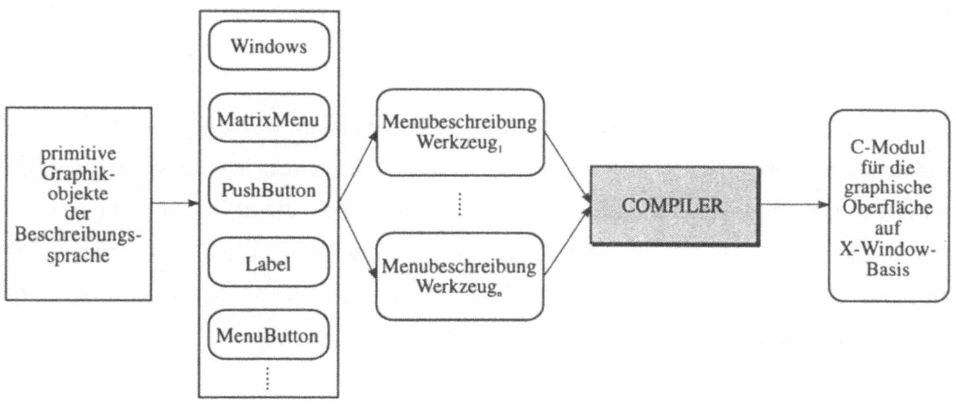

Abbildung 4.5: Automatische Generierung eines C–Moduls zur Menusteuerung

Abbildung 4.5 zeigt, wie aus den Dateien zur Menubeschreibungen ein C–Modul erzeugt wird, das die Funktionen zur graphischen Darstellung der Menus, zur Auswahl der Menupunkte und zur Aktivierung der daran gekoppelten Aktionen beinhaltet. Vom Compiler werden zunächst in einer Preprocessing–Phase alle `#include`– und `#define`-Konstrukte aufgelöst. Dadurch entsteht ein Zwischenfile, das nur noch Anweisungen in der zugrundeliegenden Beschreibungsprache enthält. In der anschließenden Parsing–Phase wird dieses Zwischenfile auf syntaktische Korrektheit untersucht. Gleichzeitig werden die enthaltenen graphischen Anweisungen in interne Listen eingeordnet. Auf die Parsing–Phase folgt die Codeerzeugung, in der das C–Modul mit den Anweisungen der X–Window–Bibliothek erzeugt wird.

Diese Art der Menubeschreibung hat den entscheidenden Vorteil, daß die Bereitstellung eines Werkzeuges ohne tiefgreifende Einblicke in das zugrundeliegende Graphikpaket erfolgen kann. Falls ein Werkzeug eigene graphische

Funktionen zur Visualisierung seiner Ergebnisse verwendet, werden natürlich gewisse Kenntnisse dieses Graphikpaketes benötigt. Allerdings ist eine Erweiterung des Funktionsumfangs eines Werkzeug durch einfache Änderung seiner Menubeschreibung möglich. Die Tatsache, daß das erzeugte C–Modul nur Funktionen aus der elementaren X–Window–Bibliothek verwendet, erleichtert die Portierbarkeit des Gesamtsystems auf verschiedene Plattformen. Es wurde aber auch ein Codeerzeuger für das kommerzielle Graphikpaket *OSF/Motif* ([HF94]) implementiert, welches einen internationalen Standard zur Programmierung graphischer Benutzeroberflächen darstellt.

In den folgenden Abschnitten dieses Kapitel werden wir auf die in das Gesamtsystem integrierten Werkzeuge eingehen. Dabei soll jeweils auch kurz die Aufgabe des Werkzeuges erläutert werden. Im Vordergrund steht aber die Art der Integration, d.h. die verwendeten privaten Datenstrukturen und deren Bezug zur Basisdatenstruktur. Außerdem werden die graphischen Operationen zur Visualisierung der berechneten Ergebnisse erläutert.

4.2 Analyse–Werkzeuge

Nach der Spezifikation eines Schaltkreises stellt sich das Problem, diesen Entwurf zu verifizieren, d.h. nachzuprüfen, ob er alle an ihn gestellten Anforderungen erfüllt. Dies kann nicht durch Anfertigung eines Prototyps geschehen, dessen Verhalten dann entsprechend gemessen wird, denn einerseits ist die Herstellung eines Protoyps relativ teuer, andererseits ist das Messen von internen Signalen, d.h. eines Signals, das nicht direkt mit einem äußeren Anschluß verbunden ist, bei der heutigen Integrationsdichte nicht durchführbar. Wird die Schaltung nicht automatisch aus der Spezifikation erzeugt (Korrektheit durch Konstruktion), so verwendet man rechnergestützte Analyse–Methoden. Dem Entwerfer werden dabei durch Analyseprogramme Möglichkeiten geboten, seinen Entwurf auf bestimmte Entwurfsfehler und Leistungsmerkmale, wie beispielsweise Zeitbedarf, zu überprüfen. Die Effizienz, mit der solche Werkzeuge eingesetzt werden können, hängt sehr davon ab, wie schnell der Entwerfer ermittelte Fehler in seinem Entwurf lokalisieren kann. Wir stellen im folgenden Werkzeuge zur Analyse des Zeitverhaltens und zur Logiksimulation vor.

Ihre Integration in die graphische Oberfläche gewährleistet einen direkten Bezug zwischen den berechneten Ergebnissen und der graphischen Eingabe der Schaltung, so daß leicht kritische Stellen einer Spezifikation erkannt werden können.

4.2.1 Logiksimulation

Das Simulationswerkzeug, das wir hier beschreiben, arbeitet auf der Gatterebene einer Schaltung. Dabei wird jeder Zelle ein zeitliches und logisches Verhalten zugeordnet. Dies stellt eine Abstraktion vom physikalischen Verhalten in dem Sinne dar, daß man den Schaltkreis als über einer Menge von Grundbausteinen mit wohldefiniertem Verhalten wie Gattern oder Flipflops aufgebaut betrachtet. Die Bausteine werden an ihren äußeren Anschlüssen über Signalnetze miteinander verbunden. Ausgehend vom Verhalten der Basiszellen kann man unter Berücksichtigung der Netzlistenstruktur auf das Verhalten des gesamten Schaltkreises schließen. Dabei werden neben der logischen Funktion der Schaltung auch Verzögerungszeiten durch Bausteine berücksichtigt. Verzögerungszeiten durch die Leitungen der Schaltungen bleiben in diesem Modell unbeachtet. Dies hat seinen Grund darin, daß der genaue Verlauf und damit die Länge der Leitungen erst nach Berechnung des geometrischen Layouts bekannt ist. Dieses Werkzeug soll damit als eine grundlegende Möglichkeit angesehen werden, die logische Funktionsweise einer Schaltungsspezifikation zu überprüfen und gleichzeitig Hinweise über die zeitlichen Signalverläufe zu erhalten.

Die Simulation basiert in unserem Fall auf der Beschreibung des logischen und zeitlichen Verhaltens der Basiszellen. Dazu wird für jeden Baustein aus der Grundzellenbibliothek eine C–Funktion vorgegeben, die aus einer Beschreibung der Bausteinsemantik auf höherer Ebene generiert wird. Das zeitliche Verhalten wird dabei durch interne Zähler berücksichtigt, die das Setzen der Ausgangssignale eines Bausteins in Abhängigkeit seiner Eingangssignale verzögern. Das Verhalten eines And–Gatters wird beispielsweise durch zwei Zeiten t_{set1} und t_{set0} beschrieben, die das Gatter benötigt, um seinen Ausgangswert infolge einer Änderung der Eingangswerte auf den logischen Wert 1 beziehungsweise 0 zu setzen. Weitere Charakteristika sind die Zeiten t_{hold1} und t_{hold0}, die angeben, wie lange das Gatter einen einmal angenommenen Wert 1 beziehungsweise 0 hält. Abbildung 4.6 zeigt ein mögliches Zeitdiagramm für ein And–Gatter. Es gilt dabei sinnvollerweise, daß $t_{hold1} < t_{set1}$ und $t_{hold0} < t_{set0}$ ist. Die in Abbildung 4.6 schraffierten Signalbereiche bedeuten, daß das Signal hier jeden beliebigen Wert zwischen 0 und 1 annehmen darf. Wir bezeichnen ein Signal innerhalb eines solchen Zeitabschnittes als *undefiniert*. Je nach Komplexität eines Bausteins müssen weitere Zeitzähler eingeführt werden.

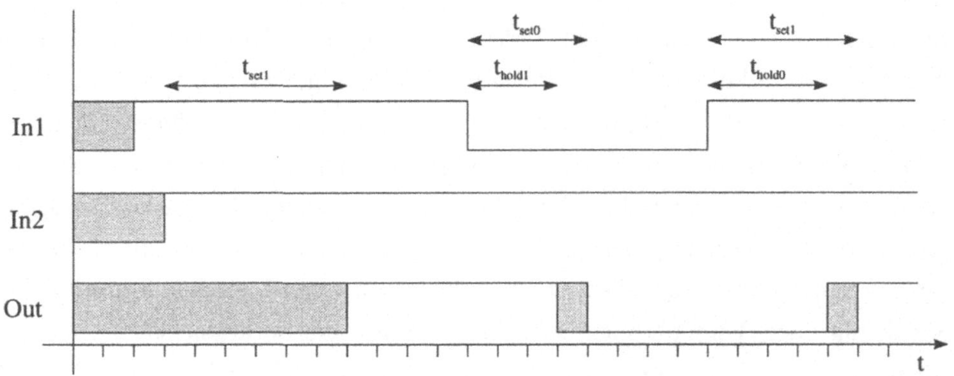

Abbildung 4.6: Zeitdiagramm für das Verhalten eines And–Gatters

Ausgehend von der Beschreibung der Basisbausteine kann man nun die Analyse einer Schaltung durchführen. Die Simulation erfolgt in unserem Fall direkt auf der Schaltungsdarstellung unter Verwendung einer Netzlistenstruktur, die aus der graphischen Eingabe berechnet wird. Ein Simulationsschritt besteht darin, daß alle Basisbausteine "parallel" für einen Zeitschritt ihr Verhalten simulieren. Parallelität in der Ausführung eines Simulationsschrittes erreicht man dadurch, daß der Zustand der Schaltung, der durch die Werte aller Signalnetze gegeben ist, in zwei getrennten Tabellen T_0 und T_1 abgespeichert wird. In einem globalen Simulationschritt wird dann unter Verwendung der Tabelle T_i der Folgezustand berechnet und in $T_{(i+1)\bmod 2}$ abgelegt. T_i repräsentiert dabei die flache Darstellung der Signalnetze der Gesamtschaltung. Der Bezug zur hierarchischen Darstellung, die weiterhin für die Visualisierung der Simulationsergebnisse benutzt wird, erfolgt durch eindeutige Zuordnung der Signalnetze über Instanzselektoren in der Hierarchie. Wir wollen die Korrespondenz zwischen der gefalteten Schaltungshierarchie und der flachen Abspeicherung der Signalnetze am Beispiel eines Volladdierers verdeutlichen. In Abbildung 4.7 ist die Schaltung eines Volladdierers abgebildet mit der zugehörigen gefalteten Hierarchie. Die bezeichneten Signalnetze s und s' befinden sich beide innerhalb der Teilschaltung für den Halbaddierer. In der hierarchischen Datenstruktur kommen beide Signalnetze nur einmal vor, nämlich in der Netzliste von HA. Für die Simulation müssen wir zwischen beiden Signalnetzen unterscheiden können. Deshalb werden s und s' in der Signaltabelle durch die Instanzselektoren der beiden Halbaddierer eindeutig gekennzeichnet. Der Selektor ergibt sich dabei durch Hintereinanderreihung der Instanzindizes auf jeder durchlaufenen Hierarchiestufe bis zur Teilschaltung, die das betreffende Signal enthält. Für s ergibt sich der Selektor $sel_s = 0/0$, für s' entsprechend $sel_{s'} = 0/1$. Dabei wird der Selektor stets mit dem Wert 0 für die Wurzel der Hierarchie initialisiert.

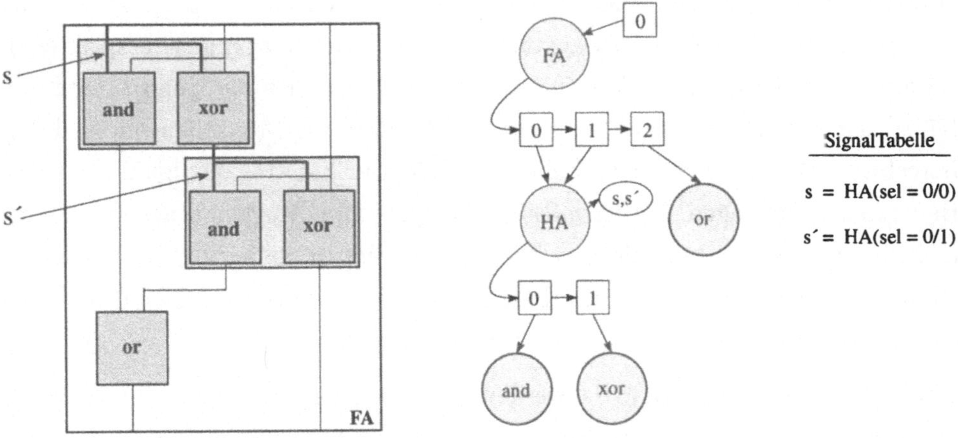

Abbildung 4.7: Bezug zwischen Schaltungshierarchie und Signaltabelle

Der schematische Aufbau der Simulationsprozeduren für die Basisbausteine ist dann folgendermaßen festgelegt:

$BasicCell\ (Selector,\ TabSwitch)$
begin

$\vdots$

$In_1 := LookupSignalTable\ (Selector,\ TabSwitch,\ SignalNr = 1);$

$\vdots$

$In_n := LookupSignalTable\ (Selector,\ TabSwitch,\ SignalNr = n);$

$\vdots$

if $TimeConditions$ **then** $Out := In_1 \circ \ldots \circ In_n;$ **fi**;
$WriteToSignalTable\ (Selector,\ (TabSwitch + 1)\ \text{mod}\ 2,\ SignalNr = n + 1);$

$\vdots$

end

Über den Aufruf der Funktion *LookupSignalTable* werden anhand des Selektors aus der aktuellen Tabelle, die durch *TabSwitch* adressiert wird, die Werte der Eingangssignale gelesen. Falls die Zeitbedingungen für die Berechnung der Gatterfunktion erfüllt sind, wird aus den Eingangswerten der Ausgangswert ermittelt. In obiger Beschreibung haben wir dabei nur einen Ausgangswert betrachtet. Dieser Teil wird für Bausteine mit mehreren Ausgängen entsprechend erweitert. Die Bedingung *TimeConditions* soll dabei auch die Überprüfung auf Gültigkeit der anliegenden Eingangswerte durchführen. Abschließend wird der berechnete Wert in der Folgetabelle ($TabSwitch + 1$) mod 2 als Signal $n + 1$ des Bausteins eingetragen. Dabei müssen die Ein- und Ausgänge des Bausteins nicht in geordneter Reihenfolge vorliegen, wie dies in obiger Funktion eventuell den Anschein haben mag. Die Indizierung der Signale ergibt sich direkt aus der Beschreibung des Bausteins im Grundzellenkatalog.

Bevor die Simulation gestartet werden kann, werden in einer Vorbereitungsphase der Signalfluß, die Netzlistenstruktur der Schaltung und die Zuordnung der Signale zwischen der hierarchischen und der flachen Darstellung berechnet. Anschließend werden die Prozeduren für die in der aktuellen Schaltung vorkommenden Basisbausteine in das laufende Programm nachgeladen. Nun ist die Steuerung der Simulation über die graphische Oberfläche möglich. Dazu hat der Benutzer zunächst zwei Möglichkeiten, um Eingaben an die Schaltung anzulegen:

- *Single Pattern:* Mit dieser Funktion kann ein einzelnes Eingabemuster an die Schaltung angelegt werden. Dazu werden durch die graphische Oberfläche nacheinander die primären Eingänge der Schaltung, die sich alle auf der obersten Hierarchiestufe befinden, angezeigt. Der Benutzer kann für jeden Eingang ein binäres Eingabemuster anlegen, dessen Länge von der Breite des anliegenden Busses abhängt.

- *Pattern File:* Während die Funktion *Single Pattern* dazu dient, ganz spezielle Eingabemuster zu untersuchen, kann mit Hilfe dieser zweiten Eingabemöglichkeit die Schaltung mit einer ganzen Reihe von Eingaben simuliert werden.

Jedes einzelne Eingabemuster wird an das Simulationsprogramm weitergereicht. Die berechneten Ergebnisse werden direkt auf der graphischen Darstellung der Schaltung angezeigt. Es kann dabei entweder der aktuelle Zustand oder der zeitliche Verlauf der Werte einer beliebigen Signalleitung angezeigt werden. Die Ergebnisse werden an den Ein- und Ausgängen der Teilschaltungen angezeigt. Der Benutzer kann den Ablauf der Simulation über verschiedene Funktionen steuern.

- *Single Step*: Es wird ein einziger Zeitschritt ausgeführt. Diese Funktion erlaubt die genaueste Inspektion des Verhaltens in einer begrenzten Umgebung und eignet sich zur Untersuchung einzelner Teilschaltungen.

- *Run/Stop/Cont*: Diese Funktionen dienen dazu, die Simulation eine beliebige Anzahl von Schritten durchzuführen und wieder zu unterbrechen.

- *BreakPoint*: Mit Hilfe dieser Funktion läßt sich die Simulation in bestimmten Situationen anhalten. Es können beispielsweise Signale selektiert werden, so daß sie Simulation stoppt, wenn diese Signale die vorgegebenen Werte annehmen.

- *Next/Prev*: Es wird vom *Pattern File* das nächste/letzte Eingabemuster an die Schaltung angelegt. Für jedes neue Muster werden die inneren Zustände der Schaltung wieder mit dem Wert *undefiniert* initialisiert.

Wurde der Simulationsablauf unterbrochen, so kann der Benutzer mit Hilfe der elementaren Funktionen *TraceDown* und *TraceUp* eine beliebige Teilschaltung selektieren und einen Abstieg dorthin ausführen. Es wird das zugehörige Eingabebild angezeigt, wobei die Simulationsergebnisse auf dieser Stufe der Schaltungshierarchie weiterverfolgt werden können. Auf diese Weise ist ein iterierter Abstieg in einzelne Teilschaltungen bis auf unterste Gatterebene durchführbar, wodurch die gezielte Verfolgung von Entwurfsfehlern möglich ist. An jedem Ein– oder Ausgang können Informationsfenster geöffnet werden, in denen entweder der aktuelle Zustand der betreffenden Leitung oder der zeitliche Verlauf der Signalwerte beobachtet werden können. Bei der Fortsetzung der Simulation werden die Werte an den aktiven Beobachtungspunkten bei jedem Zeitschritt aktualisiert.

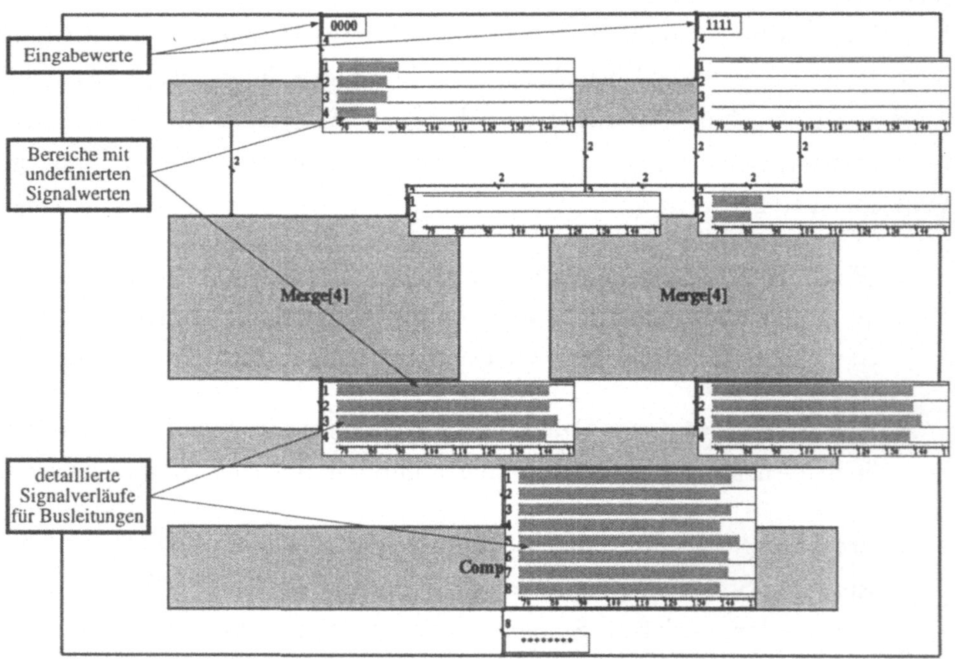

Abbildung 4.8: Visualisierung von Simulationsergebnissen

In Abbildung 4.8 ist das zeitliche Verhalten der Teilschaltung *Merge*$_8$ dargestellt. Dazu sind an verschiedenen Ein– und Ausgängen von Instanzen Beobachtungsfenster geöffnet. Betrachtet man beispielsweise das Fenster am Ausgang des rechten $Merge_4$–Bausteins, so sind hier die Einzelsignale des angeschlossenen 4–Bit breiten Leitungsbündels angezeigt. Die auf der waagerechten Achse aufgetragene Zeitskala ist dabei in 0.1ns–Abschnitte eingeteilt. Die schraffierten Bereiche bedeuten, daß ein Signal dort undefiniert ist. Das Signal auf der dritten Einzelleitung ist also zunächst 14.2ns undefiniert, bevor es auf logisch 0 gesetzt wird. Neben dem zeitlichen Verlauf von Signalen über bestimmte Zeitintervalle ist es auch möglich, nur den aktuellen Zustand anzuzeigen. In obigem Beispiel ist dieser Anzeigemodus für die Ein– und Ausgänge von $Merge_8$ gewählt worden, wobei undefinierte Signale hier mit $*$ gekennzeichnet sind. Mit diesem Modus läßt sich leicht das logische Verhalten einer Schaltung überprüfen, da man auf einfache Weise den Zusammenhang zwischen Ein– und Ausgangswerten von Teilschaltungen beobachten kann.

4.2.2 Signallaufzeitanalyse

Die Aufgabe eines Werkzeuges zur Signallaufzeitanalyse besteht in der Berechnung zeitkritischer Pfade durch eine Schaltung. Wir wenden hier einen auf einem graphentheoretischen Ansatz basierenden Algorithmus an, der hierarchisch auf der DAG–Struktur der Schaltung arbeitet ([Sch92a]). Die Arbeitsweise ist dabei bottom–up, d.h. ausgehend von den Verzögerungszeiten für die Grundbausteine (entnommen aus der betreffenden Bibliothek) werden die Ergebnisse für die Teilschaltkreise berechnet. Dazu verwendet der Algorithmus intern eine Datenstruktur, die im folgenden als Signalgraph bezeichnet wird. Der Signalgraph wird zunächst für alle Netzgraphen der Schaltung konstruiert. Er enthält im wesentlichen Informationen der Form: "Das Signal s von Eingang e nach Ausgang a hat eine Laufzeit von t Nanosekunden".

In Abbildung 4.9 ist eine Teilschaltung mit ihrem zugehörigen Signalgraphen gezeigt. Die Knoten des Signalgraphen werden dabei durch die Signale des Netzgraphen gebildet, die Kanten stellen die Bausteine dar, über den je zwei Signalnetze miteinander verbunden sind. Beim Aufbau des Signalgraphen werden gleichzeitig sogenannte "Nullkanten" entfernt, die aus Durchläufern durch eine Teilschaltung resultieren. Die Elimination bewirkt, daß Knoten des Signalgraphen identifiziert und miteinander vereinigt werden müssen. Weiterhin wird jeder Kante des Signalgraphen ein Gewicht zugeordet, das der internen Verzögerungszeit des zugehörigen Bausteins entspricht. Dabei werden Buskanten durch entsprechend viele Knoten im Signalgraph berücksichtigt, die ihrerseits alle auf dieselbe Menge von Netzgraphkanten zeigen. Diese Datenstruktur für Signalgraphen wird als private Datenstruktur des Werkzeuges in einer eigenen Klassenbibliothek realisiert mit entsprechenden Querverweisen zur DAG–Struktur von Netzgraphen. Auf der Datenstruktur werden im wesentlichen folgende beiden Berechnungen durchgeführt:

- *Längster Pfad:* Es wird zu jeweils einem Ausgang a der Pfad mit der höchsten Verzögerungszeit berechnet. Dieser Pfad entspricht in den Signalgraphen dem längsten Pfad von a zu einem Eingangsknoten.

- *Untere Schranke:* Es wird eine untere Zeitschranke vorgegeben. Das Werkzeug berechnet diejenigen Pfade, deren Verzögerungszeiten über dieser Zeitschranke liegen. Im Signalgraphen bedeutet dies, daß auch Pfade bestimmt werden, deren Verzögerungszeit um $\varepsilon > 0$ unter der des längsten Pfades liegt.

Nach der Analyse werden die berechneten Pfade graphisch hervorgehoben. In Abbildung 4.10 ist ein berechneter Pfad durch $Sort_{16}$ angezeigt. Das Basisvergleichselement wurde in diesem Fall so gewählt, daß 2–Bit–Werte sortiert werden können (Busbreite 32 am Ausgang der Schaltung, da 16 2–Bit–Werte sortiert werden). Nach der Berechnung wird zunächst der erste gefundene Pfad durch die Schaltung hervorgehoben, der die vorgegebenen Kriterien erfüllt. Der Benutzer hat nun die Möglichkeit, sich detaillierte Informationen über die berechneten Verzögerungszeiten anzuschauen. Dazu kann er einen beliebigen Ein– oder Ausgang einer Teilschaltung beziehungsweise der gesamten Schaltung auswählen, an dem dann ein Informationsfenster geöffnet wird. In textueller Form ist hier der Signalverlauf mit den Verzögerungszeiten abzulesen. In der ersten Zeile wird über das Zeitverhalten beim Durchlauf des Pfades informiert, wenn eine UP–Flanke $(0 \rightarrow 1)$ am entsprechenden Eingang ankommt. In Abbildung 4.10 bedeutet die obere Zeile im Fenster unterhalb von $Sort_8$, daß eine UP–Flanke bis zu diesem Punkt eine Zeit von 48.38 ns benötigt hat und nun zu einer DOWN–Flanke geworden ist ("~" steht für "Signal ist invertiert

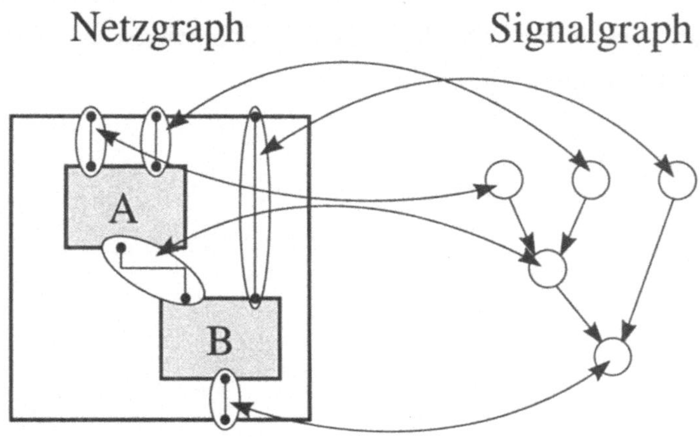

Abbildung 4.9: Aufbau von Signalgraphen über den Netzgraphen

worden"). Die in Klammern folgende Angabe gibt bei Buskanten an, auf welcher Einzelleitung des Busses der aktuell angezeigte Pfad verläuft. In obigem Beispiel läuft der kritische Pfad von der ersten Leitung des linken Eingangsbusses zur zweiten Leitung des Ausgangsbusses. Die untere Zeile informiert entsprechend über das Verhalten einer DOWN–Flanke (1 → 0). In obigem Beispiel bedeutet dies: das Signal hat bis zu diesem Ausgang die Zeit 47.20 ns gebraucht und ist weiterhin eine DOWN–Flanke, was durch das Zeichen "=" (für "Signal bleibt erhalten") ausgedrückt wird.

Mit Hilfe der Funktionen zur graphischen Navigation durch die Hierarchie (*TraceDown* und *TraceUp*) kann der Verlauf des aktuell angezeigten Pfades über die gesamte Schaltung verfolgt werden. Dazu kann eine beliebige Teilschaltung auf dem Pfad ausgewählt werden. Nach der Auswahl wird die graphische Eingabe dieser Teilschaltung mit dem Verlauf des Pfades angezeigt. An Ein– und Ausgang, zwischen denen der aktuelle Pfad verläuft, werden gleichzeitig Informationsfenster mit den Angaben über das Zeitverhalten der Signale geöffnet. Der Benutzer kann nun einen weiteren Abstieg in eine Teilschaltung durchführen oder aber zunächst Zwischenergebnisse an anderen Ein–

und Ausgängen einblenden lassen. In Abbildung 4.10 ist rechts ein *TraceDown* in den Baustein *Merge*$_{16}$ durchgeführt worden. Man erkennt in diesem Teilbild den weiteren Verlauf des kritischen Pfades, wobei wieder einzelne Meßpunkte in dieser Teilschaltung ausgewählt wurden.

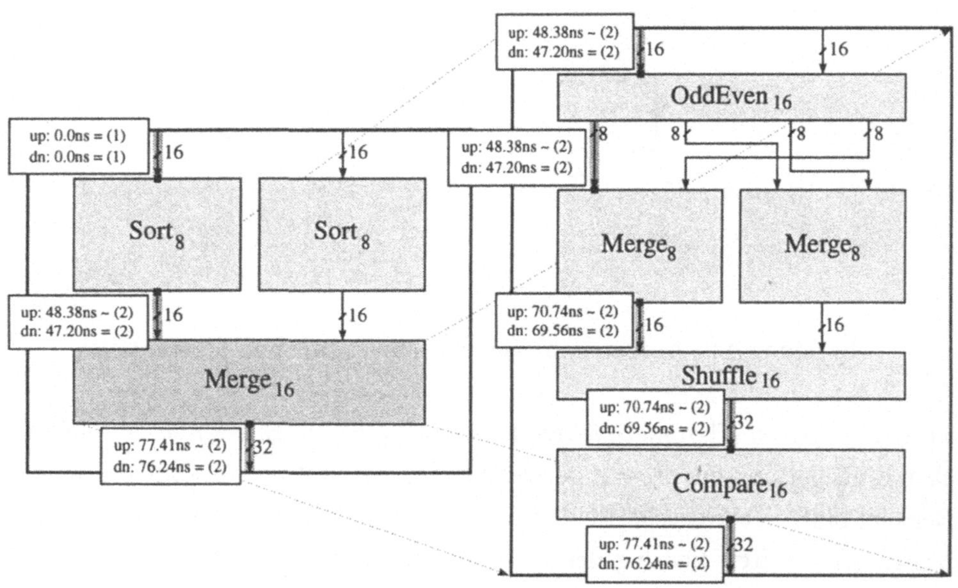

Abbildung 4.10: Hierarchische Visualisierung von Signallaufzeiten

Bei einem Rücksprung mittels *TraceUp* werden alle geöffneten Informationsfenster geschlossen und die übergeordnete Teilschaltung angezeigt. Auch hier ist wieder der aktuelle Pfad mit den Verzögerungszeiten am Ein- und Ausgang des Netzes hervorgehoben. Falls durch das vorgegebene Auswahlkriterium mehr als ein kritischer Pfad berechnet wurde, so kann jederzeit die Inspektion des aktuellen Pfades abgebrochen und zum nächsten Pfad gewechselt werden. Zusätzlich zur graphischen Anzeige kann auch ein Protokoll in Form einer Textdatei über die kritischen Pfade angefertigt werden.

4.3 Synthese–Werkzeuge

Bei der graphischen Eingabe beschränken wir uns auf die Beschreibung der Topologie einer Schaltung. Entscheidend sind dort die relative Lage der Bausteine zueinander sowie der Verlauf der Signalleitungen. Dagegen abstrahieren wir von exakten geometrischen Informationen wie Bausteingrößen, Leitungsbreiten und Schichten, um eine einfache Schaltkreisspezifikation zu ermöglichen. Durch Synthese–Werkzeuge wird diese exakte geometrische Information erzeugt. Wir beschreiben im folgenden die in das System integrierten Synthese–Werkzeuge zur Berechnung einer Schichtzuweisung in zwei Schichten, zur Generierung und Dimensionierung der Versorgungsnetze und zur Erstellung des geometrischen Layouts.

4.3.1 Schichtzuweisung

Während der Spezifikation einer Schaltung abstrahiert man zunächst von Verdrahtungsschichten, in denen die Signalnetze geführt werden, um eine einfache Benutzereingabe zu ermöglichen. Aufgabe eines Werkzeuges ist die anschließende Zuweisung der Signalnetze an vorgegebene Verdrahtungsschichten (*layer assignment problem*). Leitungsabschnitte, die sich überkreuzen und nicht zum gleichen Signalnetz gehören, müssen dabei auf verschiedenen Ebenen (Schichten) im Layout des Chips verlegt werden. Leitungsstücke in verschiedenen Schichten, die zum gleichen Signalnetz gehören, müssen über einen Kontakt (Schichtwechsel) miteinander verbunden werden. Abbildung 4.11 zeigt beispielsweise einen Schaltkreis, dessen Signalnetze in zwei Schichten verdrahtet sind. Die gezeigte gültige Schichtzuweisung kommt dabei mit 3 eingefügten Schichtwechseln aus.

Ein wichtiger Aspekt bei Algorithmen zur automatischen Berechnung einer Schichtzuweisung besteht in der Minimierung der Zahl der benötigten Kontakte. Dies hat seine Ursache darin, daß Schichtwechsel einerseits die Laufzeiten von Signalen aufgrund relativ hoher ohmscher Lasten beeinträchtigen und daß sie andererseits eine zusätzliche Fehlerquelle in heutigen Fertigungsprozessen darstellen. Dieses Optimierungsproblem bezeichnet man als *constrained via minimization problem* (CVM), wobei man im allgemeinen Fall von n

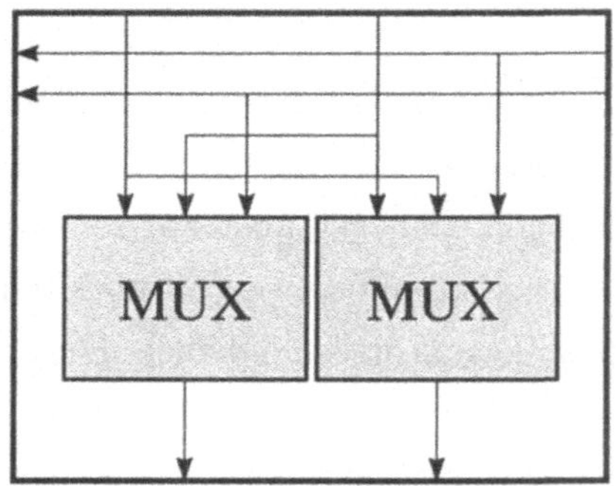 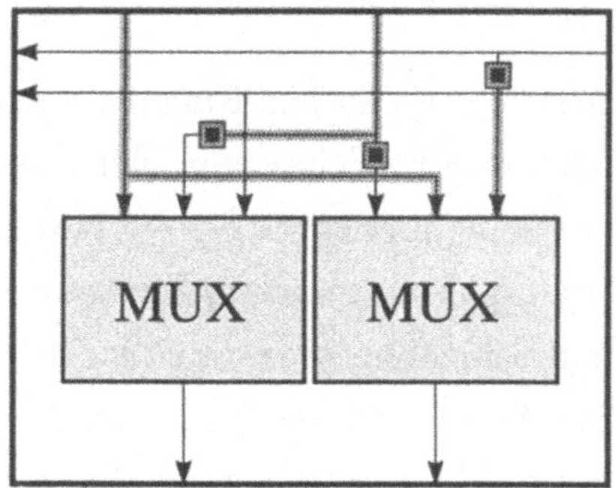

Abbildung 4.11: Schaltkreis mit einer Verdrahtung der Signalnetze in zwei Schichten

möglichen Schichten ausgeht (CVM_n). Beim Stand der heutigen Technik beschränkt man sich allerdings auf die Benutzung von zwei separaten Schichten für die Signalnetze (in der Regel wird eine zusätzliche Schicht für die Versorgungsnetze zur Verfügung gestellt). Bei der Zuweisung der Signalnetze an die gegebenen Schichten können weitere Nebenbedingungen in die Berechnung einbezogen werden. Hat man beispielsweise Schichten mit unterschiedlich hohen Leitfähigkeiten, so ist ein Ziel, eine möglichst gute Ausnutzung dieser Schichten unter Benutzung einer Minimalzahl an Schichtwechseln zu gewährleisten (*layer assignment problem with layer preference*). Eine weitere Einschränkung kann durch die benutzten Grundbausteine auftreten, falls deren Anschlüsse nur einen Abgriff in einer bestimmten Schicht erlauben (*layer assignment problem with pin preassignment*). Wir wollen an dieser Stelle nicht näher auf die zugrundeliegende Theorie der Schichtzuweisung eingehen. Eine Zusammenfassung der wichtigsten Ergebnisse zu den verschiedenen Optimierungsproblemen, die im allgemeinen sehr schwer lösbar sind, findet sich in [Mol87], [CNR87].

Wir beschränken uns im folgenden auf einen Algorithmus, der das CVM_2-Problem löst. Eine wichtige Einschränkung dabei ist, daß Kontakte nur auf Leitungen und nicht auf Verdrahtungsknoten plaziert werden dürfen. In [KCS88] wird gezeigt, daß für dieses eingeschränkte Problem ein polynomieller Algorithmus angegeben werden kann.

Die Berechnung der Schichtzuweisung einer Schaltung erfolgt durch einen hierarchischen Algorithmus auf der vorgegebenen DAG–Struktur, d.h. das eigentliche Verfahren wird auf jeden Knoten der Schaltungshierarchie einmal angewendet. Die Vorgehensweise ist bottom–up, d.h. eine Teilschaltung wird berechnet, wenn die Ergebnisse für alle in ihr enthaltenen Bausteine ermittelt sind. Für die Grundbausteine werden die Schichten, in denen die einzelnen Pins abgegriffen werden können, aus der entsprechenden Bibliothek entnommen. Betrachtet man eine Hierarchieebene, so hat man das Problem der Schichtzuweisung unter der Bedingung von Vorfärbungen der Teilbausteine an den Hierarchiegrenzen (*layer assignment problem with pin preassignment*) zu bearbeiten. Eine optimale Lösung dieses Problemes mit Vorfärbung ist bis heute unbekannt ([KMO89]).

Eine naive Vorgehensweise wäre, den Algorithmus zunächst auf die Teilschaltung ohne Vorfärbung der Bausteine anzuwenden und anschließend eine Angleichung der Schichten durch Einfügen von Kontakten an den Hierarchiegrenzen durchzuführen. Es ist offensichtlich, daß dadurch übermäßig viele Kontakte eingefügt werden. Man betrachtet daher die Variante, daß man für jeden Teilschaltkreis zwei mögliche Ausprägungen verwenden kann. Diese beiden Ausprägungen sind dabei "dual" zueinander, d.h. man hat einerseits die durch Anwendung des Algorithmus berechnete Schichtzuweisung und andererseits diejenige, in der Schicht 1 und Schicht 2 miteinander vertauscht wurden. Es wird dann jeweils diejenige Variante ausgewählt, bei der die Minimalzahl an Kontakten zur Angleichung an die Umgebung benötigt wird.

Bei dem integrierten Verfahren ([Gra92]) handelt es sich um den in [Mol93] beschriebenen Algorithmus. Der Algorithmus bearbeitet als Eingabe den Netzgraphen einer Teilschaltung, für den zunächst der zugehörige duale Graph berechnet wird. Dieser wird als private Datenstruktur abgelegt. Die Gebiete des Netzgraphen, die durch die Knoten des dualen Graphen repräsentiert werden, werden in "gerade" und "ungerade" Gebiete unterteilt. Die Klassifikation als gerade oder ungerade ergibt sich direkt aus einer Klassifikation für die Verdrahtungsknoten auf dem Rand eines Gebietes. Dazu werden in dem Netzgraphen die einzelnen Gebiete im Uhrzeigersinn abgelaufen und gleichzeitig ihre Parität bestimmt. Für jedes gefundene Gebiet wird ein Knoten mit entsprechendem

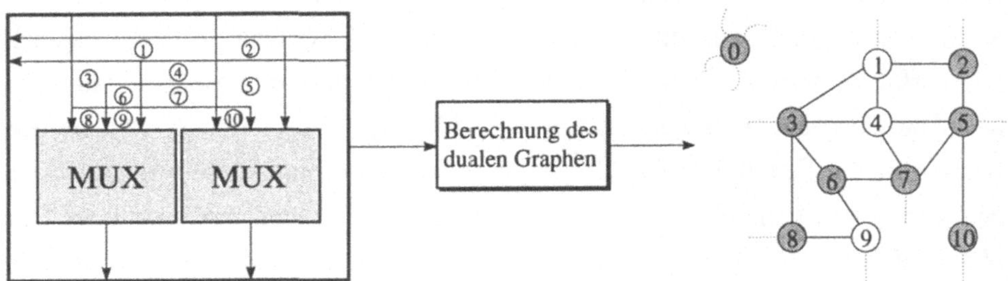

Abbildung 4.12: Netzgraph mit zugehörigem dualem Graph

Attribut im dualen Graphen angelegt. In Abbildung 4.12 sind ungerade Gebiete dunkel gekennzeichnet. Die Kanten des dualen Graphen repräsentieren die Nachbarschaft zweier Gebiete, d.h. es gibt im Netzgraph eine Kante, die als gemeinsame Randkante dieser beiden Gebiete fungiert. Die gestrichelten Kanten sollen die Nachbarschaft eines Gebietes zum Außengebiet kennzeichnen, welches durch den Knoten 0 dargestellt wird. In [Mol93] wird gezeigt, daß genau dann eine gültige Schichtzuweisung existiert, wenn je zwei ungerade Gebiete über Kanten des dualen Graphen miteinander verbunden werden können. Die dazu benutzen Kanten des dualen Graphen implizieren direkt die Kanten im Netzgraphen, auf denen Schichtwechsel eingefügt werden müssen. Dort wird auch gezeigt, daß diese "Heirat" zweier ungerader Gebiete stets möglich ist, d.h. daß stets eine gerade Anzahl von ungeraden Gebieten existiert. Eine Minimierung der Kontaktanzahl ist dann gleichbedeutend mit der Suche nach kürzesten Wegen zur Verbindung von ungeraden Gebieten.

Bei der Berechnung des dualen Graphen wurde bisher nur der Verlauf der Kanten des Netzgraphen berücksichtigt. Da den Verdrahtungskanten aber eine Breiteninformation zugeordnet ist, die angibt, wieviele parallele Leitungen durch diese Kante repäsentiert werden, müssen wir die Behandlung von Bussen in die Betrachtung miteinbeziehen. Die Verwendung von Bussen birgt eine Schwierigkeit für den Schichtzuweisungsalgorithmus, die sich durch Verdrahtungsknoten von Busleitungen ergibt. Diese stellen zwar im Netzgraphen einen einzigen Knoten dar, müssen aber für die Schichtzuweisung in geeigneter Weise interpretiert werden (vgl. auch Seite 69).

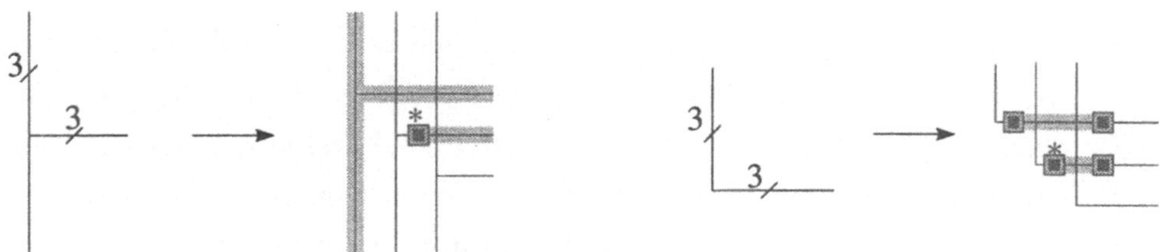

Abbildung 4.13: Mehrfachverdrahtungsknoten mit Schichtzuweisung

Abbildung 4.13 zeigt zwei Verdrahtungsknoten mit einer Breite > 1. Es ist offensichtlich, daß die Verfeinerung solcher Knoten nicht ohne Einfügen von Kontakten auskommt, da man beispielsweise im linken Fall durch die Überkreuzungen ein ungerades Gebiet erhält (mit * gekennzeichnet). In Abbildung 4.13 ist eine mögliche Plazierung der Kontakte gezeigt. Um nicht übermäßig viele Kontakte einfügen zu müssen, sind auch Busleitungen erlaubt, die nicht uniform gefärbt sein müssen, d.h. die Einzelleitungen dürfen in verschiedenen Schichten verlegt werden. Desweiteren beziehen sich Kontakte, die auf Buskanten gesetzt werden eventuell nur auf einzelne Leitungen des gesamten Busses.

Wir wollen nun auf die Visualisierung der berechneten Ergebnisse des Schichtzuweisungsalgorithmus eingehen und zeigen, welche Möglichkeiten der graphischen Anzeige zur Verfügung stehen. Die Ergebnisse werden in den Netzgraphen jeder Teilschaltung eingetragen. Die Schicht, in der eine Signalkante verlegt werden soll, wird als Attribut an der Netzgraphkante eingetragen. Die eingefügten Kontakte werden durch entsprechende Knoten im Netzgraphen repräsentiert.

In Abbildung 4.14 ist das Netz $Sort_{16}$ mit berechneter Schichtzuweisung gezeigt. Die Schichten, in denen die Signalnetze verlegt werden, werden in der Benutzeroberfläche farblich gekennzeichnet (Schicht 1 wird rot, Schicht 2 grün dargestellt). In Zusammenarbeit mit den graphischen Grundfunktionen der Oberfläche ist eine beliebige Inspektion der berechneten Ergebnisse möglich. Für jede Teilschaltung kann ein Informationsfenster geöffnet werden, in welchem folgende Angaben abzulesen sind:

- *Kontakte:* Hier wird die Anzahl der in dieser Teilschaltung enthaltenen Schichtwechsel angezeigt. Dabei handelt es sich um die Gesamtzahl
  der Kontakte, die in dem zugehörigen Abschnitt der Schaltungshierarchie, eingefügt wurden. Mit Hilfe dieser Angabe lassen sich Teilschaltungen klassifizieren nach Anzahl der benötigten Kontakte, um eventuelle
  Veränderungen mit dem graphischen Editor vorzunehmen.

- *Modus:* Diese Information gibt Auskunft über die Ausprägung der betreffenden Teilschaltung. Wie oben erwähnt kann die für eine Teilschaltung
  berechnete Schichtzuweisung in zwei Varianten (Normal oder Dual) verwendet werden.

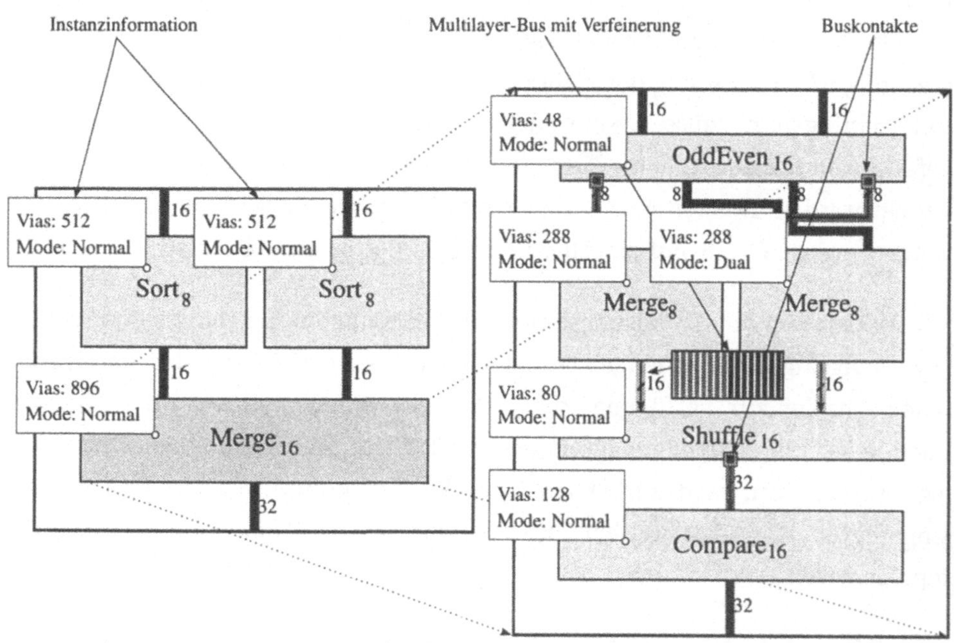

Abbildung 4.14: Visualisierung der Ergebnisse der Schichtzuweisung

Neben den Angaben über Teilschaltungen können auch Informationen über die
Einfärbung von Bussen angezeigt werden. Im Netzgraph sind Busse durch eine
gefärbte Kante dargestellt. Die Färbung gibt dabei eine erste Auskunft über

die Schichten der Einzelleitungen: Rot (grün) bedeutet, daß der gesamte Bus in Schicht 1 (Schicht 2) verlegt ist. Grau bedeutet, daß der Bus nicht vollständig in einer Schicht verlegt wurde. Genauere Informationen über die Busleitungen ist durch Öffnen eines weiteren Fensters möglich, in welchem die Verfeinerung des Busses in Einzelleitungen mit den zugehörigen Schichten angezeigt wird. Dabei ist auch abzulesen, auf welchen Einzelleitungen ein Schichtwechsel eingefügt wurde.

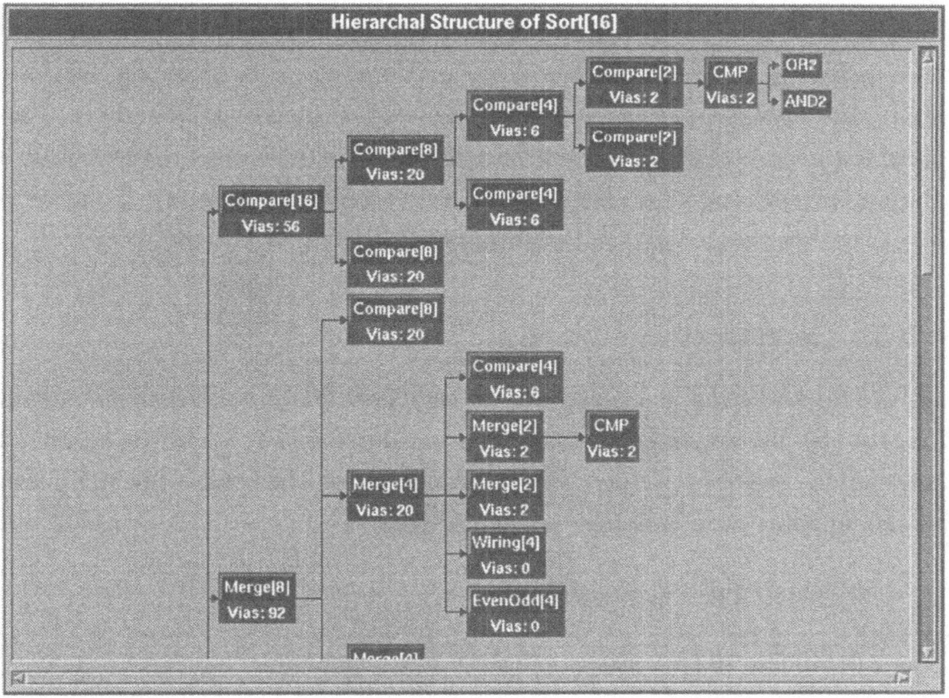

Abbildung 4.15: Hierarchische Visualisierung von Schichtwechsel Informationen

Die Inspektion der Ergebnisse der Schichtzuweisung kann in Zusammenarbeit mit den Funktionen zur graphischen Hierarchienavigation erfolgen. Es ist jederzeit der Abstieg in eine beliebige Teilschaltung möglich, um detailliertere Informationen über ihre Komponenten zu erhalten. Bei einem *TraceDown* und der folgenden graphischen Anzeige der betreffenden Teilschaltung wird gleichzeitig der Modus der ausgewählten Teilschaltung berücksichtigt. Falls der absolute Modus, der sich durch Multiplikation aller Modi auf dem aktuellen Pfad durch die Hierarchie ergibt, den dualen Wert liefert, so wird die farbliche Darstellung der Schichten (rot ↔ grün) vertauscht. Bei einem *TraceUp* werden die geöffneten Informationsfenster geschlossen und die übergeordnete Teilschaltung im entsprechenden Modus angezeigt.

Eine weitere Methode zur Inspektion der berechneten Ergebnisse bietet die in Abbildung 4.2 gezeigte graphische Darstellung der Schaltungshierarchie. Der Benutzer hat die Möglichkeit, an jedem einzelnen Hierarchieknoten ein Informationsfenster zu öffnen, in dem die Anzahl der erzeugten Kontakte und der Modus der betreffenden Teilschaltung angezeigt werden (vgl. Abbildung 4.15). Diese Art der Darstellung hat den Vorteil, daß man direkt einen Überblick über die gesamte Schaltung hat. Damit kann leichter die Verteilung der Schichtwechsel auf die einzelnen Teilschaltungen untersucht werden.

4.3.2   Versorgungsnetze

Bei der Spezifikation von Schaltungen verzichtet man im allgemeinen auf die Eingabe der Versorgungsnetze. Diese sollen durch einen Verarbeitungsschritt automatisch generiert werden. Ein Werkzeug für diesen Schritt ([Sch92b]) hat im wesentlichen zwei Teilaufgaben zu erfüllen:

- Berechnung der Topologie und

- anschließende Dimensionierung der Leitungsbreiten.

Bei der Berechnung der Topologie muß für alle Bausteine, die eine Stromversorgung benötigen (aktive Bausteine), eine Verbindung ihrer Versorgungs– und Bezugsanschlüsse mit den entsprechenden Anschlüssen ("VDD" und "VSS") auf dem Chiprand hergestellt werden. In heutigen Fertigungsprozessen werden beide Netze in derselben Metallschicht verdrahtet, da diese einen geringeren Spannungsabfall pro Längeneinheit haben als die beiden Schichten, die für die Verdrahtung der Signalnetze benutzt werden. Werden beide Versorgungsnetze in derselben Schicht verlegt, so muß ein überkreuzungsfreier Verlauf gewährleistet werden. In unserem Fall erreichen wir dies durch eine baumartige Verdrahtungsstruktur, die automatisch aus der Topologie der Schaltung berechnet werden kann.

Neben der Erstellung der Verdrahtungsnetze müssen die einzelnen Leiterbahnbreiten dimensioniert werden. Die Dimensionierung muß dabei gewährleisten, daß die Spannungsverluste von den Anschlüssen auf dem Rand des Chips bis zu den Anschlüssen an den Bausteinen nicht zu groß werden. Gleichzeitig sollen aber keine überdimensionierte Leitungen erzeugt werden, um die Chipfläche nicht unnötig zu vergrößern. Außerdem bergen Metalleitungen die Gefahr der Metallwanderung, die bei hohen Stromdichten zu einer Verjüngung der Leitungen in Richtung des Elektronenflusses führt, bis die Leitung schließlich aufreißen kann. Um diesem Effekt entgegen zu wirken, wird eine Mindestbreite der Leitungen in Abhängigkeit von der Stromdichte eingehalten. Man hat es hier mit gegenläufigen Effekten zu tun, die sich gegenseitig beeinflussen. Die Wahl einer bestimmten Leitungsführung hat Einfluß auf die Längen der Leitungen und damit natürlich auf die Leitungsbreiten, um einen beschränkten Spannungsabfall zu gewährleisten. Die Wahl von bestimmten Leitungsbreiten hat ihrerseits aber wegen geometrischer Regeln einen rückwirkenden Einfluß auf die Leitungsführung.

Es soll nun unter Einhaltung dieser physikalischen und fertigungstechnischen Gesichtspunkte eine Auslegung der Stromversorgung bestimmt werden. Das Werkzeug, das wir hier beschreiben, trennt dabei die beiden Teilaufgaben voneinander, indem zunächst die Topologie der Versorgungsnetze berechnet wird. Anschließend werden, basierend auf Schätzungen für die Leitungslängen, die Ströme in den einzelnen Zweigen abgeleitet. Mit diesen Informationen werden die Leitungsbreiten so bestimmt, daß die Verdrahtungsfläche für die Versorgungsnetze unter Berücksichtigung obiger Anforderungen möglichst klein wird.

Generierung der Topologie

Der Algorithmus zur Generierung der Topologie der Versorgungsnetze arbeitet hierarchisch bottom-up auf der DAG–Struktur einer Schaltung, d.h. es wird die Regularität einer Schaltung ausgenutzt, indem jede Teilschaltung nur einmal betrachtet und das Ergebnis an den einzelnen Vorkommen eingesetzt wird. Für die Basiszellen wird davon ausgegangen, daß sie neben den Signalanschlüssen auch Versorgungspins aufweisen. Für eine Teilschaltung bedeutet dies, daß für alle in ihr enthaltenen Bausteine bereits die Stromversorgungsnetze generiert wurden. Dies äußert sich darin, daß die Teilschaltungen nun entsprechende Versorgungspins neben den ursprünglichen Signalpins aufweisen.

Das zugrundeliegende Verfahren aus [Kol86] zur Generierung der Topologie der Versorgungsnetze basiert auf einer Darstellung der Netze durch einen bikategoriellen Ausdruck gemäß den in Abschnitt 2.2.1 beschriebenen Grundlagen. Dazu wird vor der Generierung der Versorgungsnetze zu jedem Netzgraphen der Schaltung eine Darstellung durch einen bikategoriellen Ausdruck berechnet ([Fet95]). Der Ausdruck wird durch einen sogenannten "Syntaxbaum" repräsentiert, der über jedem Netzgraphen aufgebaut wird (vgl. Abbildung 4.16). Die Berechnung eines Syntaxbaumes zu einem Netzgraphen wird von einem Modul ausgeführt, welches den Graphen gemäß seiner Topographie sukzessive in Teilkomponenten zerschneidet (*Slicing*). Der Syntaxbaum wird durch eine eigene Datenstruktur realisiert, auf die mittels der Funktionen aus einer entsprechenden Bibliothek zugegriffen werden kann. Bikategorielle Ausdrücke können also, falls ein Werkzeug auf dieser Darstellung arbeitet, als private Datenstruktur eingebunden werden. Die berechneten Ausdrücke werden als Dateien abgespeichert und können bei Bedarf eingelesen werden. Anhand des Zeitpunktes der letzten Modifikation eines Netzgraphen wird entschieden, ob ein Syntaxbaum von Datei gelesen werden kann oder ob er neu generiert werden muß. Eine weitere Anwendung der Darstellung durch Syntaxbäume werden wir bei dem Werkzeug zur Plazierung und Verdrahtung finden.

Die Blätter eines Syntaxbaumes werden durch Knoten und Kanten des Netzgraphen gebildet, die auch Bezüge zu den Bausteinen darstellen. Die inneren Knoten des Baumes werden durch die beiden Operationen $\ominus$ und $\oplus$ gebildet (vgl. Abschnitt 2.2.1). Anhand des Syntaxbaumes werden die Stromversorgungsnetze gemäß dem in [Kol86] beschriebenen Verfahren automatisch generiert. Für jede Teilschaltung wird der zugehörige Syntaxbaum bottom-up durchlaufen und anhand der Operation zwischen zwei Schaltelementen lokal über die Topologie der Versorgungsnetze entschieden. Dazu geht man davon aus, daß jede Teilschaltung nur einen VDD– und einen VSS–Pin besitzt. Um eine möglichst einfache Leitungsführung zu erzeugen, sollen sich VDD–

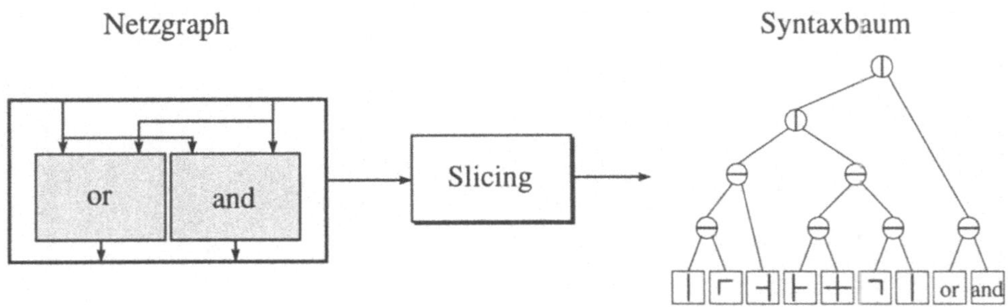

Abbildung 4.16: Generierung eines Syntaxbaumes zu einem Netzgraphen

Anschlüsse nur auf der nördlichen oder östlichen (VSS–Anschlüsse auf der südlichen oder westlichen) Seite einer Teilschaltung befinden. Aus je zwei Teilstrukturen, die bereits Stromversorgungsleitungen besitzen, wird anhand des sie verbindenden Operationsknoten und der Lage ihrer Versorgungsanschlüsse entschieden, wie die Leitungsführung zu wählen ist.

Da dieser Algorithmus auf der topologischen Darstellung eines Netzes durch seinen Syntaxbaum arbeitet, für die Integration in die graphische Oberfläche aber ein topographischer Vertreter benötigt wird, werden die berechneten Leitungsverläufe in einen Netzgraphen eingetragen. Dazu wird für jede Teilschaltung, mit Ausnahme von Schaltungen, die keine Versorgungsnetze benötigen (reine Verdrahtungsnetze ohne aktive Bausteine), ein eigener Netzgraph für die Versorgungsnetze erzeugt. Dieser kann in den Netzgraphen der eigentlichen Schaltung eingefügt werden. Dabei dürfen natürlich keine Überschneidungen mit Knoten und Kanten der Schaltungsbeschreibung auftreten. Dies wird dadurch gewährleistet, daß anhand des Syntaxbaumes, in dem die Verweise auf die Knoten des Netzgraphen enthalten sind, umschließende Rechtecke für die einzelnen Objekte berechnet und beim Verlegen der Versorgungsnetze berücksichtigt werden.

Abbildung 4.17 zeigt den Netzgraph der Teilschaltung $Sort_{16}$ mit dem zugehörigen Netzgraphen für die generierten Versorgungsnetze. Das Abspeichern als getrennter Netzgraph hat den Vorteil, daß einmal berechnete Versorgungsnetze in eine Schaltung nachgeladen werden können. Man kann also für eine

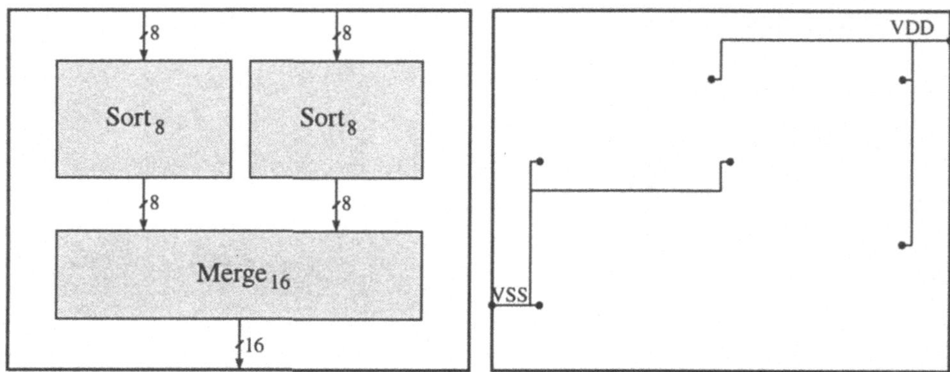

Abbildung 4.17: Automatisch generierte Topologie der Versorgungsnetze

Schaltung die Versorgungsnetze generieren und weiterhin die Schaltung auch ohne diese Netze betrachten, da sie bei der Anwendung anderer Werkzeuge überflüssige Information darstellen. Beim Nachladen in den Netzgraphen wird ein Konsistenztest durchgeführt, so daß ein Versorgungsnetz nur gültig ist, solange sich die Teilnetze einer Schaltung nicht verändert haben. Falls eine Teilschaltung geändert wurde, müssen die Versorgungsnetze neu berechnet werden. Ein weiterer Vorteil besteht darin, daß die generierten Netze auch nachträglich mit dem graphischen Editor bearbeitet werden können. Nach einem solchen Schritt ist allerdings im allgemeinen eine Neuberechnung der Dimensionierung nötig. Die Ursache hierfür ist, daß die Dimensionierung auf der erzeugten Topologie der Versorgungsnetze aufsetzt.

Dimensionierung der Versorgungsnetze

In einem ebenfalls hierarchischen Verfahren werden die Leitungsbreiten berechneten Versorgungsnetze ermittelt. Die Beschreibung der zugrundeliegenden Algorithmen, die im wesentlichen auf Heuristiken beruhen, findet sich in [Kol88]. Wir wollen hier nicht näher auf die Eigenschaften dieser Verfahren eingehen. Für die Integration des Werkzeuges in die graphische Oberfläche ist entscheidend, wie auf die berechneten Ergebnisse zugegriffen werden kann. Die Dimensionierungsangaben werden als Attribut an den Kanten des Versorgungsnetzgraphen einzutragen.

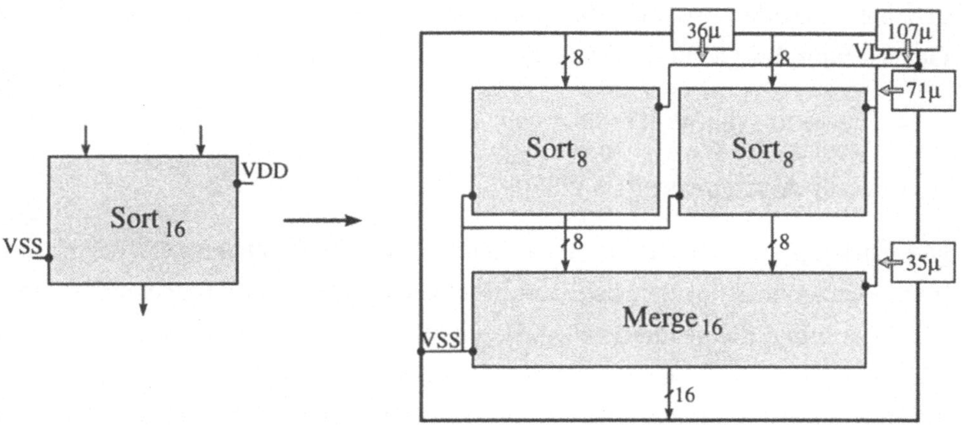

Abbildung 4.18: Visualisierung der Versorgungsnetze mit Dimensionierungs-angaben

In Abbildung 4.18 sind neben dem Verlauf der Versorgungsnetze auch Angaben über die berechnete Dimensionierung zu sehen. Dazu kann der Benutzer an einer beliebigen Kante eines Versorgungsnetzes ein Informationsfenster öffnen, in welchem die der betreffenden Leitung zugeordnete Breiteninformation angezeigt wird. An obigem Beispiel läßt sich erkennen, daß an einem Verzweigungsknoten die Summe der Breiten der beiden ausgehenden Leitungen gleich der Breite der eingehenden Leitung ist (vgl. $107\mu = 36\mu + 71\mu$ am rechten oberen Verzweigungsknoten). Dies hat seine Ursache darin, daß bei dem hier angewandten Verfahren zur Dimensionierung die Kirchhoffsche Regel über den Stromfluß in einem Knoten berücksichtigt wird. Die berechnete Dimensionierung läßt sich auch bei diesem Werkzeug mit Hilfe der graphischen Hierarchienavigation über die gesamte Schaltung verfolgen.

4.3.3 Geometrisches Layout

Die Erstellung eines geometrischen Layouts erfolgt wie die automatische Generierung der Versorgungsnetze auf der Darstellung einer Schaltung durch bikategorielle Ausdrücke. Dazu wird auch hier das Modul zum Zerschneiden der

Netzgraphen benutzt. Wurde durch einen vorhergehenden Arbeitsschritt, wie beispielsweise Schichtzuweisung oder Stromversorgung, die Topologie der Netzgraphen verändert, so wird der Ausdruck an dieser Stelle neu berechnet. Die Generierung des geometrischen Layouts gliedert sich dann in die Teilschritte:

- Plazierungsphase ([Fet95]) und

- Verdrahtungsphase ([Wan95])

Die Entkopplung der beiden Teilaufgaben hat ihre Hauptursache darin, daß beim Plazieren in lokalen Schritten der Schaltkreis immer wieder deformiert wird. Da dabei die geometrischen Daten ständig manipuliert werden, wäre es sehr teuer, direkt auf geometrischen Enddaten zu rechnen. Stattdessen stellt die Plazierungsphase eine Berechnungsphase dar, nach deren Ablauf die Lage und Größe aller Komponenten der Schaltung festgelegt sind. Der Syntaxbaum wird dabei bottom–up abgearbeitet. Die Elemente an den Blättern werden durch geometrische Grundobjekte beschrieben. An den inneren Knoten wird aus den zwei beteiligten Teilobjekten in Abhängigkeit von der Operation $\ominus$ oder $\oplus$ durch einen lokalen Zusammenbauschritt ein größeres Objekt erzeugt. Dieser Zusammenbauschritt besteht im wesentlichen aus einem Kanalverdrahtungsverfahren, das die Verbindungen zwischen den beiden Objekten in geeigneter Weise verdrahtet. Die erzeugte Verdrahtung kann dabei unter folgenden Gesichtspunkten optimiert werden (vgl. [Kol86]):

- Minimierung der Kanalhöhe,

- Minimierung der Kanalbreite oder

- Minimierung der Gesamtfläche für das aus beiden Teilobjekten und dem Kanal gebildete neue Objekt.

Diese Optimierungsvorgaben werden bei der Plazierungsphase berücksichtigt, deren Ausgabe ein plazierter Syntaxbaum ist, in welchem alle Kanalhöhen und Bausteingrößen berechnet sind. Damit ist die Erzeugung der geometrischen Daten möglich, ohne weitere Deformationen durchführen zu müssen.

In Abbildung 4.19 sind die an der Erzeugung des geometrischen Layouts beteiligten Module und Datenobjekte gezeigt. Neben der Darstellung durch einen Syntaxbaum verwendet das Werkzeug eine eigene Datenstruktur zur Beschreibung des geometrischen Layouts. Diese Struktur, im folgenden als BTG–Net (Basic TopoGraphical Net) bezeichnet, korrespondiert zum vorgegebenen Netzgraphen. Insbesondere findet sich auch die hierarchische Struktur der Schaltung wieder, indem zu jedem einzelnen Knoten der Hierarchie ein eigenes BTG–Net existiert. Die Berechnung des geometrischen Layouts erfolgt also ebenfalls hierarchisch, d.h. jede Teilschaltung wird nur einmal eingebettet und als BTG–Net abgespeichert.

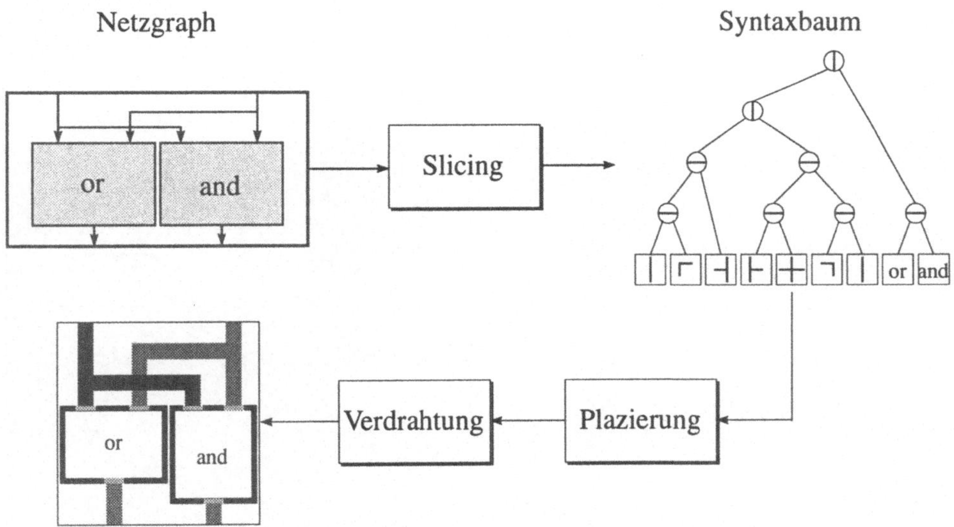

Abbildung 4.19: Generierung des geometrischen Layouts

Die graphische Oberfläche gestattet hier in analoger Weise zur Netzgraph–Hierarchie die graphische Navigation mittels der Funktionen *TraceDown* und *TraceUp*. Neben der reinen Navigation, bei der stets ein einzelner Knoten der Hierarchie angezeigt wird, werden auch Operationen zur Expansion von Teilschaltungen angeboten. Diese Operationen entsprechen dem in Abschnitt 2.2.1 beschriebenen Verfeinerungsoperator. Es stehen dabei folgende Möglichkeiten der Expansion zur Verfügung:

- *Instanz:* Mit dieser Operation wird eine ausgewählte Teilschaltung expandiert, indem sie durch ihr zugehöriges BTG–Net ersetzt wird.

- *Ebenen:* Diese Funktion kann verwendet werden, um eine ausgewählte Teilschaltung über eine einzugebende Zahl von Hierarchiestufen zu expandieren. Dies stellt eine iterierte Anwendung der erstgenannten Funktion auf alle enthaltenen Teilschaltungen dar.

- *Flach:* Mit dieser Funktion kann die Hierarchie der Schaltung vollständig aufgelöst werden. Man erhält eine geometrische Darstellung, in der nur noch Basiszellen als Bausteine auftreten.

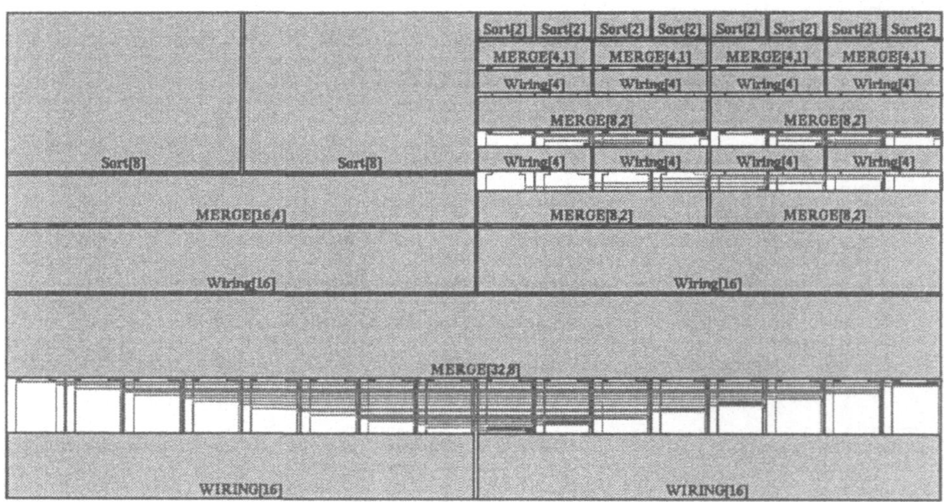

Abbildung 4.20: Teilweise expandiertes geometrisches Layout für $Sort_{32}$

Die ersten beiden Operationen dienen in erster Linie zur Wahl einer geeigneten Darstellung der Schaltung, beispielsweise zu Zwecken der Dokumentation. Es läßt sich hier auf sehr anschauliche Weise die in einer rekursiven Beschreibung ausgenutzte Regularität einer Schaltung darstellen, indem beispielsweise einige Teilschaltungen verschieden oft expandiert werden, wie dies in Abbildung 4.20 für $Sort_{32}$ vorgenommen wurde. Die dritte Funktion wird dagegen verwendet, um das vollständige Layout einer Schaltung darzustellen, wie dies in Abbildung 2.4.1 gezeigt wurde. Dies kann einerseits benutzt werden, um die Schaltung zu plotten. Andererseits lassen sich aus dieser Darstellung die Fertigungsdaten für die Schaltung erzeugen.

4.4 Testwerkzeuge

Ein wichtiger Punkt beim Entwurf von integrierten Schaltkreisen besteht in der Erstellung eines effizienten Tests, mit dessen Hilfe die gefertigten Chips auf ihre Funktionsfähigkeit hin überprüft werden können. Aufgrund der äußerst hohen Komplexität des Problems ist die einfache Vorgehensweise, bei der alle möglichen Eingangskombinationen angelegt werden, nicht praktikabel. Man versucht daher mit Hilfe von Fehlermodellen und Testalgorithmen eine kleine Menge von Eingabemustern zu ermitteln, durch die alle anzunehmenden Fertigungsfehler gefunden werden. Dabei ist eine Überprüfung der den Testalgorithmen zugrundeliegenden Heuristiken in der Regel sehr mühselig und mit hohem Zeitaufwand verknüpft. Ein wesentlicher Schritt zur Steigerung der Effizienz bei der Erstellung von Testmengen für Schaltkreise wird durch die Integration von Testwerkzeugen in eine graphische Oberfläche getan. Wir verzichten im folgenden auf die Beschreibung der Grundlagen der Testalgorithmen wie Fehlermodelle und Fehlerklassen und gehen genauer auf die Eigenschaften der graphischen Oberfläche ein, die in das Gesamtsystem integriert ist. In der Regel wird es zusammen mit dem graphischen Editor von CADIC als ein eigenständiges Paket benutzt. Eine ausführliche Beschreibung der zugrundeliegenden Algorithmen findet sich in [BHH+94], [Kra94] und [Nik94]. Durch die Integration der Testwerkzeuge in die graphische Oberfläche des Systems werden im wesentlichen folgende Anforderungen erfüllt:

- Durch die benutzerfreundliche Arbeitsumgebung wird der Tester von elementaren Arbeiten wie beispielsweise Dateigenerierung und Konsistenztests entlastet. Es wird eine einheitliche Bedienung der verschiedenen Algorithmen vorgegeben, wobei die einzelnen Werkzeuge automatisch beziehungsweise menugesteuert aufgerufen werden können. Der Anwender arbeitet in der gewohnten Umgebung, die er bereits bei der Spezifikation der Schaltung benutzt hat.

- Auf der graphischen Darstellung der Schaltung werden die berechneten Zwischen– und Endergebnisse visualisiert. Auch hier ist mittels der graphischen Navigation durch die Schaltungshierarchie eine genaue Analyse der Ergebnisse und damit die Lokalisierung von kritischen Stellen möglich. Man erhält dabei ein direktes Feedback von berechneten Ergebnissen auf die graphische Spezifikation der Schaltung. Dies entbindet den Benutzer von der mühseligen Arbeit, einen Bezug zwischen den Ausgaben eines Testalgorithmus und der Schaltungseingabe herzustellen. Insbesondere arbeitet der Entwerfer weiter auf der effizienten hierarchischen Beschreibung der Schaltung, obwohl die Testalgorithmen auf einer internen flachen Darstellung arbeiten.

- Der Entwerfer kann sein High–Level–Wissen mit in die Erstellung der Testmengen einbringen, indem er interaktiv die Berechnung der Testalgorithmen steuern kann. Die Steuerung erfolgt durch graphische Vorgaben an die Testalgorithmen. Es kann sich dabei einerseits um Signalvorgaben handeln, die entweder den Suchraum der Algorithmen einschränken oder günstige Startpunkte für einen Testalgorithmus darstellen. Andererseits können einzelne Bereiche der Schaltung graphisch selektiert und die Anwendung der Algorithmen auf diese Bereiche begrenzt werden.

Abbildung 4.21 zeigt einen Auschnitt aus der graphischen Beschreibung eines Gleitkommaaddierers. In diesem Beispiel wurden graphisch Vorgaben für verschiedene Eingänge der Schaltung gesetzt. Eine Eingabe der Form "0^20***" bedeutet, daß für einen 23–Bit breiten Bus die ersten 20 Leitungen auf den Wert 0 gesetzt werden, die Werte der restlichen drei Leitungen werden nicht festgelegt. In Abbildung 4.21 wurden nicht nur Signalvorgaben spezifiziert, sondern auch eine Menge von Teilschaltungen (zc_{27}, *Normalization*$_{27}$, *Rounding*$_{23}$) selektiert, so daß die Generierung der Testmuster auf diese beschränkt wird. Die Auswahl einer solchen Teilmenge von Bausteinen kann sich dabei auch über verschiedene Hierarchieebenen erstrecken, indem die Selektion in Kombination mit den Navigationsfunktionen verwendet wird. Einmal eingegebene

Vorgabenpakete können aus der Oberfläche heraus abgespeichert und später inkrementell eingeladen werden.

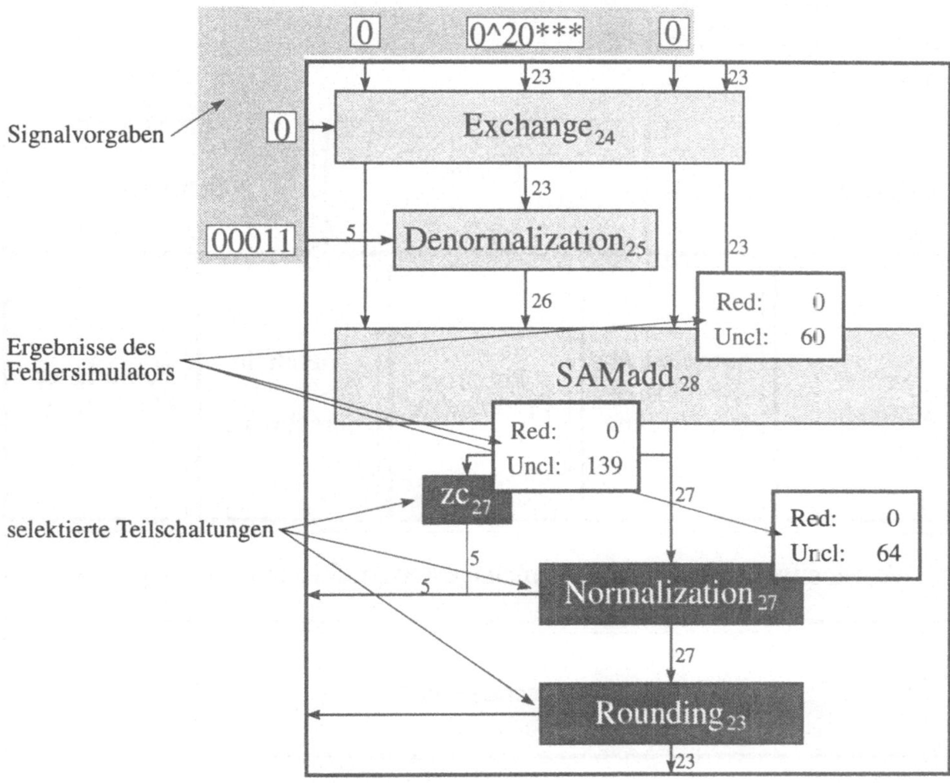

Abbildung 4.21: Graphische Steuerung von Testalgorithmen

Eine weitere Möglichkeit des interaktiven Eingriffs stellt die Umklassifizierung von Fehlern dar. Dies erfolgt in der Regel aufgrund des High–Level Wissens des Entwerfers, wodurch bestimmte Fehler in einer Schaltung als redundant deklariert werden können. Der Entwerfer leitet dabei aus seinen Kenntnissen über die Funktionsweise der Schaltung ab, daß bestimmte Eingabemuster an einzelnen Bausteinen nicht anlegbar sind. Er kann nun graphisch diese Stellen markieren und eine automatische Umklassifizierung aller dieser Fehler in der gesamten Schaltung durchführen lassen.

In [BHH⁺94] wird gezeigt, wie durch den Einsatz der graphischen Oberfläche
für das Beispiel eines Gleitkommaaddierers in kurzer Zeit eine Fehlerüber-
deckung von 100% erreicht wird, wohingegen das kommerzielle System SO-
CRATES ([STS87]) nach einer Rechenzeit von ca. 27h nur eine Fehlerüber-
deckung von ca. 98% erreicht.

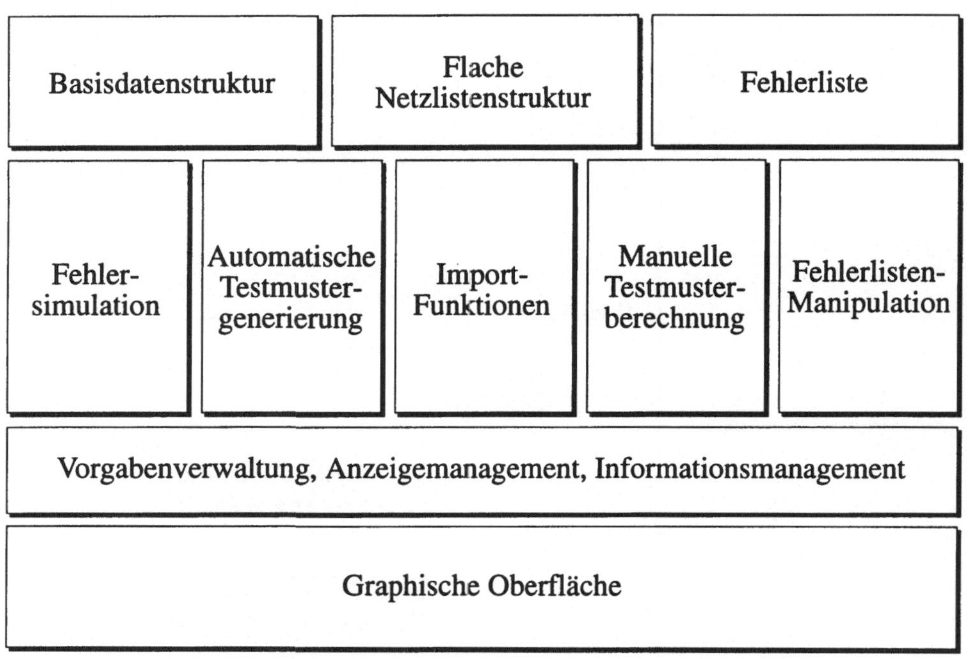

Abbildung 4.22: Integration von Testalgorithmen

In Abbildung 4.22 sind schematisch die Komponenten der Testwerkzeuge und
ihre Integration in die graphische Oberfläche gezeigt. Zur Basisdatenstruktur
von CADIC korrespondiert eine interne Darstellung der Schaltung in einer
Netzlistenstruktur ([KHB93]), die besonders geeignet ist für die Ausführung
von Algorithmen zur Fehlersimulation und Testmustergenerierung. Es handelt
sich dabei um eine flache Schaltungsbeschreibung mit Verweisen auf die zugehörigen hierarchischen Teilschaltungen in der Basisdatenstruktur. Damit ist
der direkte Bezug zwischen Werten auf der Seite der Testwerkzeuge zur graphischen Eingabe der Schaltung möglich. Neben graphischen Grundfunktionen zur

Visualisierung von Ergebnissen und zur Selektion von Objekten existieren Bibliotheken von Funktionen, die die Kommunikation der graphischen Oberfläche mit den Testwerkzeugen, wie Testmustergenerator oder Fehlersimulator, organisieren. Über diese Kommunikationsfunktionen werden einerseits Ergebnisse von den Werkzeugen zur Oberfläche geschickt, so daß Änderungen von Werten direkt auf der graphischen Darstellung angezeigt werden können. Andererseits können von der Oberfläche verschiedene Kommandos an die Werkzeuge geschickt werden, um deren Ablauf zu kontrollieren. Einen solchen Eingriff stellt beispielsweise die oben erwähnte Möglichkeit von Signalvorgaben an eine Teilschaltung dar.

4.5 Modifikation der Hierarchie

Wir betrachten in diesem Abschnitt Operationen, mit deren Hilfe die hierarchische Struktur einer Schaltung modifiziert werden kann. Dabei gehen wir von einer festen hierarchischen Beschreibung eines Schaltkreises aus, wie sie nach Ablauf des im vorangegangenen Kapitel beschriebenen Verfahrens *GenerateHierarchy* aufgebaut wurde. Für jede Subschaltung S in der Schaltungshierarchie existiert genau ein Objekt in der Datenstruktur, das die graphische Beschreibung von S enthält. Mehrfachvorkommen von S werden durch entsprechende Verweise auf S realisiert. Dies liefert uns, wie in Kapitel 3 gesehen, einen gerichteten azyklischen Graphen. Dabei sind alle von Schaltungsparametern abhängige Elemente wie Parameter von Instanzen oder Busbreiten, die durch arithmetische Ausdrücke oder Leitungsvariablen beschrieben sind, ausgewertet worden.

Auf dieser gefalteten hierarchischen Darstellung arbeiten die in das System integrierten Werkzeuge, wobei sie entweder direkt den Netzgraphen als Datenstruktur benutzen oder zunächst eine geeignetere Struktur beispielsweise einen dualen Graphen oder eine Netzliste berechnen. Dabei bleibt aber stets ein Bezug zwischen der eigenen internen Darstellung und der Beschreibung durch die Hierarchie von Netzgraphen erhalten. Aus der hierarchischen Arbeitsweise ergeben sich einige wichtige Eigenschaften für die integrierten Werkzeuge:

- Da jede Subschaltung S nur einmal betrachtet werden muß und das einmal berechnete Resultat für S bei allen Vorkommen eingesetzt wird, arbeiten diese Verfahren auch auf äußerst großen Schaltungen sehr schnell.

- Aus dem gleichen Grund folgt, daß die Verfahren platzeffizient arbeiten.

- Aus der kompakten Darstellung folgt aber auch, daß im allgemeinen keine optimalen Resultate berechnet werden können, da ein für eine Subschaltung S bestimmtes Resultat in allen Kontexten, in denen S vorkommt, eingesetzt wird. Es zeigt sich, daß die Hierarchieübergänge dabei die kritischen Stellen für solche Verfahren darstellen.

Man muß hier mit einem Trade–off zwischen der Kompaktheit der hierarchischen Beschreibung und damit mit der Laufzeit der Algorithmen und der Qualität der Ergebnisse rechnen. Dieser Zusammenhang wurde in [KM89] am Beispiel eines Schichtzuweisungsalgorithmus untersucht. Hier zeigte sich, daß

- die Qualität der Ergebnisse nicht umgekehrt proportional zur Anzahl der Knoten in der hierarchischen Darstellung der Schaltung ist.

- der Trade–off nicht kontinuierlich ist, d.h. ein hierarchisches Verfahren arbeitet unter Umständen bereits wesentlich besser, wenn die hierarchische Struktur einer Schaltung nur minimal abgeändert wurde.

- es oft eine sehr kompakte Struktur, d.h. eine Beschreibung mit wenigen Hierarchieknoten, gibt, bei der ein hierarchisches Verfahren nur unwesentlich schlechtere Ergebnisse liefert als bei der vollständig flachen Schaltung, aber wesentlich geringere Laufzeit benötigt.

Die Algorithmen lassen sich somit durch Eingriffe in die Hierarchie von außen steuern. Der Entwerfer muß also die entscheidenden Stellen in der Schaltungsbeschreibung erkennen können, um solchen Effekten entgegen zu wirken. Dies ist, wie wir in den vorangegangenen Abschnitten gezeigt haben, durch verschiedene Operationen möglich, die eine komfortable Navigation durch die Hierarchie erlauben, um damit die kritischen Stellen des Entwurfs in Bezug auf das gerade benutzte Werkzeug lokalisieren zu können. Das Auffinden solcher Stellen wird dabei durch eine geeignete Visualisierung der berechneten Ergebnisse unterstützt. Ein Eingriff in die hierarchische Struktur wird durch den Funktionsumfang eines Moduls ermöglicht, welches, wie in Abbildung 4.23 dargestellt, in das Gesamtsystem integriert ist ([Bac94]).

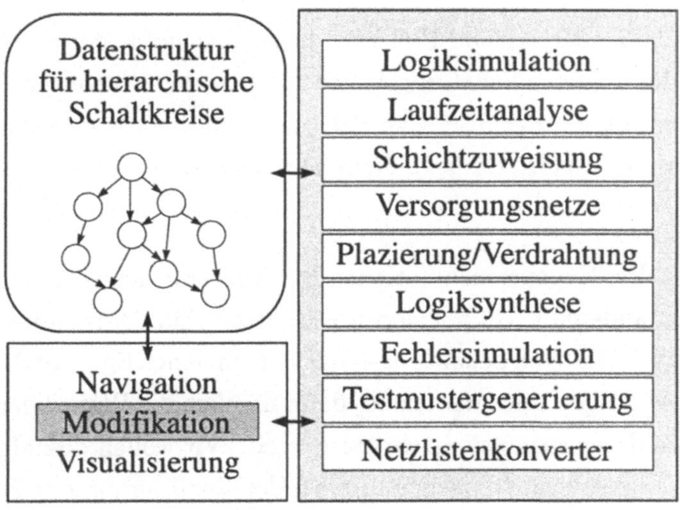

Abbildung 4.23: Modul zur interaktiven Hierarchiemodifikation

Die in diesem Modul enthaltenen Funktionen arbeiten direkt auf der hierarchischen Schaltungsbeschreibung für einen festen Vertreter einer Schaltkreisfamilie. Es werden folgende Operationen angeboten, mit denen unterschiedlich stark in die DAG–Struktur der Hierarchie eingegriffen werden kann:

1. *Expansion einer einzelnen Instanz:* Mit Hilfe dieser Funktion kann auf einer Hierarchieebene T eine beliebige Instanz S selektiert und durch den sie beschreibenden Netzgraphen G_S ersetzt werden. Hiermit lassen sich leicht lokale Änderungen in der Schaltung vornehmen.

2. *Expansion einer Instanz über mehrere Ebenen:* Es kann wieder eine Instanz S auf einer Hierarchieebene T graphisch selektiert werden. Für S kann nun ein Wert h eingegeben werden, der angibt, über wieviele Ebenen S expandiert werden soll. Es wird also zunächst S expandiert. Danach werden alle Teilschaltungen $b \in B_S$ expandiert, usw. Diese Operation wird h–mal durchgeführt beziehungsweise abgebrochen, wenn S weniger

als h Hierarchiestufen enthält. Mit dieser Funktion läßt sich auf einfache Weise ein Teil einer Schaltung vollständig bis auf Grundzellenebene auflösen.

3. *Vollständige Expansion:* Hier wird keine einzelne Instanz selektiert, sondern die gesamte Schaltungshierarchie von der Wurzel her expandiert. Man erhält als Resultat eine Schaltung, die nur noch Grundzellen als Instanzen enthält. Es liegt dann nur noch eine einzige Hierarchiestufe vor.

Die erste der drei Expansionsfunktionen ist dabei von elementarem Charakter, da die beiden anderen leicht auf sie zurückführbar sind. Desweiteren handelt es sich bei der vollständigen Schaltkreisexpansion um einen Spezialfall der zweiten Funktion. Die ausgewählte Instanz ist dann nämlich die Wurzel der Hierarchie und die Anzahl der Expansionsschritte $h = \infty$. Wir wollen deshalb im folgenden auf die Teilprobleme eingehen, die bei der Realisierung der Funktion zur Expansion einer einzelnen Instanz auftreten.

4.5.1 Expansion einer Instanz

In der zugrundeliegenden Datenstruktur bedeutet die Expansion einer einzelnen Instanz um eine Hierarchiestufe, daß die in Abbildung 4.24 gezeigten Modifikationen durchgeführt werden müssen.

Dabei wird in einer Teilschaltung T eine Instanz S expandiert. Wir gehen zunächst auf die Änderungen in der Hierarchie der Schaltung ein, die durch diesen Expansionsschritt ausgelöst werden. Die Instanzliste von S muß in die von T eingefügt werden, wobei S selbst aus der Instanzliste von T zu löschen ist. Zu beachten ist, daß das Gesamtobjekt, das S beschreibt, im allgemeinen nicht gelöscht werden darf, da aufgrund der gefalteten Struktur eventuell weitere Verweise auf S existieren (es wird ja nur ein Vorkommen von S expandiert). Die Zahl dieser Verweise ist in S abgespeichert (Reference Counting) und wird bei jedem Expansionsschritt um eins verkleinert, so daß das Objekt gelöscht werden kann, wenn kein Verweis mehr existiert.

Wir beschreiben hier die Expansion der Schaltung auf der Darstellung durch Netzgraphen. Für die privaten Datenstrukturen der integrierten Werkzeuge

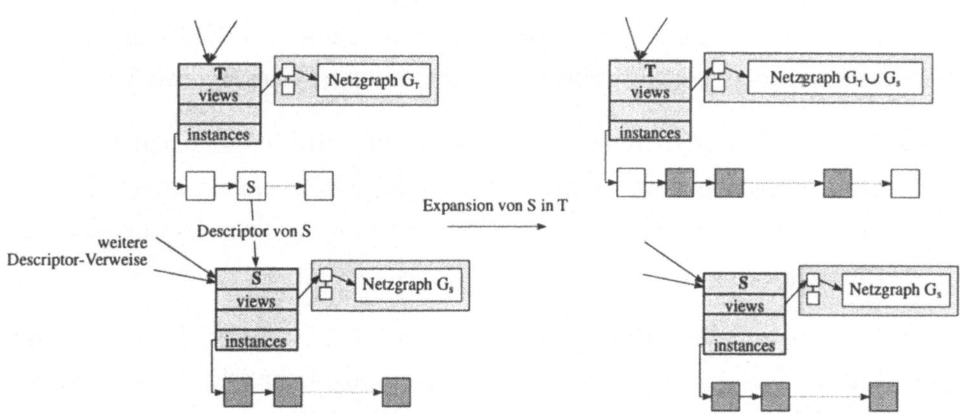

Abbildung 4.24: Expansion einer einzelnen Instanz

bedeutet dies, daß hier eine entsprechende Expansionsfunktion existieren muß,
wie sie für die Netzlistenstruktur in ([Rit94]) angegeben wird. Falls keine solche
Expansionsfunktion zur Verfügung steht, muß die betreffende Datenstruktur
auf der expandierten Netzgraphdarstellung neu berechnet werden.
In Abbildung 4.24 ist die Expansion von S auf der Netzgraphebene durch die
Verschmelzungsoperation auf den Netzgraphen G_T und G_S angedeutet. Wir
werden im folgenden zeigen, welche Teilprobleme bei der Realisierung dieser
Operation auftreten.

4.5.2 Geeignete graphische Darstellung

Bei der Expansion einer Teilschaltung S wird der zugehörige Netzgraph G_S
in den umgebenden Graphen eingesetzt. Dabei muß dieser Graph auf die vorgegebene Größe der Instanz skaliert werden, was zu einer stark verkleinerten
Darstellung des enthaltenen Graphen führt. Insbesondere können dadurch Zellen, die eigentlich gleich groß sind, unterschiedlich dargestellt werden, wie dies
in Abbildung 4.25 verdeutlicht ist. Dies liegt daran, daß die schematische Darstellung aus folgenden Gründen nicht der realistischen Größe entsprechen muß:

- Die parametrisierte Beschreibung eines Schaltkreises bedeutet, daß eine Menge von graphischen Eingaben eine ganze Klasse von Schaltungen

beschreibt. Daraus folgt, daß die Eingabe einer Subschaltung für alle Vertreter dieser Klasse gültig sein muß. Eine realistische Größendarstellung ist somit erst nach Spezifikation der Parameterbelegung möglich.

- Die rekursive Beschreibung einer Schaltung wird im allgemeinen in top–down Vorgehensweise eingegeben wird. Die Größe einer rekursiv definierten Subschaltung ist damit erst nach der Eingabe der Abschlußgleichungen möglich.

- Wie wir in den Abschnitten 2.4.1 und 2.4.2 gezeigt haben, ist der Editor des Systems besonders geeignet, algorithmische Komponenten von Schaltkreisen zu beschreiben. Die Beschreibung erfolgte dabei unabhängig von den jeweiligen Basisoperationen. Damit ist die Größe der verwendeten Subschaltungen von der Wahl einer speziellen Realisierung der Basisoperationen abhängig.

Wir betrachten zur Verdeutlichung wieder das einfache Beispiel eines vollständigen Vergleichs–Baumes aus Abbildung 2.8, wobei der Parameter $k = 3$ gewählt wurde.

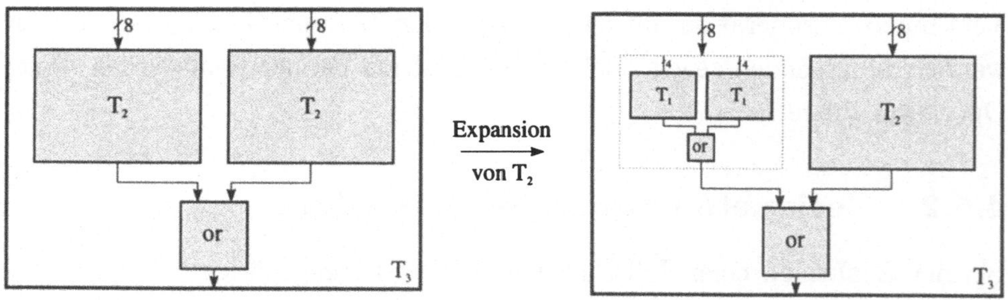

Abbildung 4.25: Ersetzen einer Instanz durch ihren Netzgraph

In Abbildung 4.25 wurde die linke Subschaltung T_2 einmal expandiert. Das Oder–Gatter tritt dabei auf unterschiedlichen Hierarchiestufen auf. Aufgrund der Skalierung des Netzgraphen auf die Größe der Instanz von T_2 wird es verschieden groß dargestellt. Dies liegt daran, daß die Größen der Subschaltungen T_2 und *or* nicht im richtigen relativen Größenverhältnis eingegeben wurden.

Eine Darstellung mit korrekten Größenverhältnissen erhalten wir durch eine Vorberechnung über die Schaltungshierarchie bevor der eigentliche Expansionsschritt ausgeführt wird. In dieser Vorberechnung wird in einem bottom–up Lauf über die Schaltungshierarchie, ausgehend von den Größeninformationen aus dem Grundzellenkatalog, für jede Instanz eine Größe berechnet, die sich nach der Spezifikation der Parameterwerte aus der graphischen Eingabe ergibt. Die Umrechnung der Darstellung soll dabei die topologische Grundstruktur der Eingabe erhalten, d.h. wir wenden nur elementare Deformationen wie Vergrößern, Verkleinern und Verschieben von Zellen und Leitungen an.

Wir geben dazu einen rekursiv arbeitenden Algorithmus an. Dabei gehen wir davon aus, daß für eine Teilschaltung S bereits die Größen ihrer Subschaltungen $b \in B_S$ nach dem gleichen Verfahren berechnet wurden. Die Information über die Basiszellen erhalten wir aus dem vorgegebenen Grundzellenkatalog. Wir haben also die graphischen Beschreibung der Schaltung S vorliegen, wobei die Darstellung der enthaltenen Zellen noch nicht der für sie ermittelten Größe entspricht. Wir können nun für jede Instanz von S einen Skalierungsfaktor bestimmen, der den Ausgleich zwischen der aktuellen Größe und der Sollgröße herstellt. Die Sollgröße einer Instanz, die für alle Vorkommen der Instanz gleich ist, wird an dem beschreibenden Hierarchieknoten abgespeichert. Entsprechend ist ihre aktuelle Größe eine für jedes Vorkommen lokale Information, wird also bei der Instanz selbst eingetragen.

In einem ersten Schritt nehmen wir den maximalen dieser Skalierungsfaktoren und deformieren damit das gesamte Netz für S. Danach haben offensichtlich alle Teilschaltungen in S eine Größe, die entweder gleich ihrer Sollgröße ist oder darüber liegt. Im nächsten Schritt werden nun alle Instanzen von S auf ihre Sollgröße verkleinert. Die Verkleinerung wird lokal für jede Teilinstanz von S durchgeführt, d.h. es erfolgt eine Skalierung der Instanzen bezüglich ihres Mittelpunktes, wie dies in Abbildung 4.26 (a) gezeigt ist.

Durch die Skalierung um den Mittelpunkt werden die äußeren Anschlüsse einer Instanz im allgemeinen aus ihrer ursprünglichen Lage verschoben, so daß eine direkte horizontale oder vertikale Verbindung nicht mehr möglich ist. Die Verbindung läßt sich aber durch eine einfache Verdrahtung an den Bausteinrändern herstellen. Es handelt sich um ein einfaches Kanalverdrah-

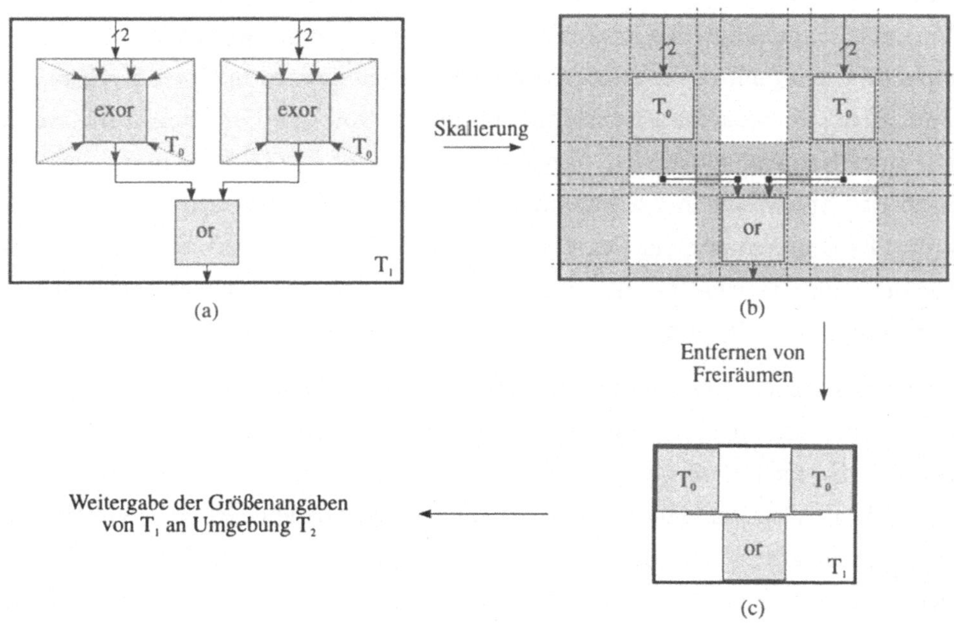

Abbildung 4.26: Rekursive Berechnung von Bausteingrößen

tungsproblem, da die Reihenfolge der Anschlußpunkte auf beiden Kanalseiten
übereinstimmt. Wir müssen nur gewährleisten, daß auf jeden Fall genügend
Platz für die Verdrahtung beider Ränder vorhanden ist. Dies erreichen wir
dadurch, daß wir bei der vorherigen Berechnung des maximalen Skalierungs-
faktors für S bei jeder Teilschaltung nicht nur deren Sollgröße betrachten,
sondern auch einen Wert für die Anzahl der Anschlüsse auf den betreffenden
Seiten berücksichtigen. Dabei bestimmt das Maximum der Anschlüsse auf gegenüberliegenden Seiten jeweils den Skalierungsfaktor in der entsprechenden
Richtung.

Da nach der Skalierung und eventuell bereits durch die Eingabe große
Freiräume in der graphischen Beschreibung vorhanden sind, werden diese
Freiräume anschließend eliminiert, wobei weiterhin die topologische Struktur
des Netzes erhalten bleiben soll.

Wir bewegen dazu eine Sweep–Line in horizontaler und vertikaler Richtung
über das Netz und schneiden freie Flächen, d.h. solche, in denen keine Instanz

und auch kein Verdrahtungsbaustein liegt, heraus. Um die Instanzen und Verdrahtungsknoten wird ein Toleranzbereich gelegt, damit nach Entfernen der Zwischenräume die Bausteinränder nicht aufeinander zu liegen kommen. Den Verdrahtungsknoten und Signalkanten ordnen wir eine Ausdehnung zu, die proportional zu der Zahl der durch sie beschriebenen Einzelleitungen ist. Dies garantiert, daß später die graphische Expansion des Busses durchführbar ist, ohne daß sich Leitungen überdecken. Das Entfernen der Zwischenräume führt zu einem Zusammenschieben des Netzes durch Entfernen von überflüssigen "Einheiten" (vgl. Kapitel 2.2.1), d.h. einfachen Leitungsstücken. Es ist offensichtlich, daß dadurch die Topologie des Netzes nicht verändert wird, wie dies auch in Abbildung 4.26 deutlich wird.

4.5.3 Drehung von Instanzen

Da einzelne Bausteine in gedrehter beziehungsweise gespiegelter Form in einem Netz vorkommen dürfen, muß bei der Expansion einer solchen Teilschaltung eine Anpassung des beschreibenden Netzgraphen durchgeführt werden. Die Orientierung einer Instanz hat bereits Auswirkungen auf obige Berechnung einer geeigneten graphischen Darstellung, da die Skalierungsfaktoren eines Bausteines von ihr abhängen. In der Datenstruktur wird jedes Vorkommen einer Subschaltung S durch einen Verweis auf ihren Netzgraphen repräsentiert. Obwohl S dabei durchaus in verschiedenen Orientierungen auftreten kann, zeigt jede Instantiierung von S auf ihren ungedrehten Netzgraphen G_S. Wie in Abschnitt 2.3.2 gezeigt, wird die Orientierung einer Teilschaltung als lokale Information an der Instanz selbst abgelegt. Bei der Expansion von S in T ist also die Orientierung zu berücksichtigen und eine entsprechende Transformation des Netzgraphen G_S durchzuführen. Gleichzeitig ändern sich natürlich auch die Orientierungen der in S enthaltenen Instanzen. Falls beispielsweise S um 90° nach rechts gedreht war und selbst eine um 90° nach rechts gedrehte Instanz S_1 enthält, so ist S_1 in T nach der Expansion von S um 180° gedreht. Die Orientierung der neuen Instanz S_1 von T ergibt sich direkt durch Verknüpfung der Dreh- und Spiegelungsoperationen, die in der Schaltungshierarchie auf dem Pfad von T zu S_1 angewendet wurden.

4.5.4 Auflösung von Bussen

An den Rändern der aufgelösten Instanz S muß eine Zuordnung der angeschlossenen Leitungsbündel durchgeführt werden. Wir wollen dabei eine echte
Aufspaltung der Busse durchführen und nicht den Rand des Bausteins, an dem
die Busverfeinerung stattfindet durch einen Pseudobaustein realisieren. In Abbildung 4.25 muß der auf der linken Instanz angeschlossene Bus der Breite 8
in zwei parallele Teilbusse der Breite 4 aufgelöst, weil dies durch das Innere
von T_2 so vorgegeben ist.

Die in Abbildung 4.25 dargestellte Situation stellt einen sehr einfachen Fall für
die Expansion dar. Im allgemeinen müssen aber sowohl Auswirkungen vom
Inneren einer Instanz auf die Umgebung als auch umgekehrt berücksichtigt
werden. Insbesondere kann die Expansion der Leitungen einer Seite einer Instanz Auswirkungen auf die übrigen Seiten haben, wie das in Abbildung 4.27
dargestellte Beispiel zeigt.

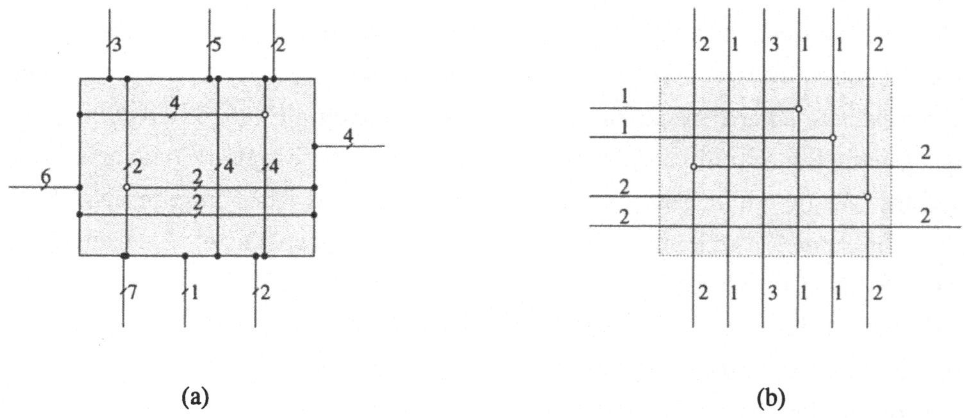

(a)   (b)

Abbildung 4.27: Leitungsbusse auf Instanzrändern bei der Expansion

Die Zuordnung der inneren und äußeren Anschlüsse einer Bausteinseite erfolgt
über Pin– und Padnamen. Diese enthalten das Intervall der durch den betreffenden Anschluß bezeichneten Einzelleitungen. Ein Anschluß auf der Außenseite einer Instanz kann damit zu mehreren Anschlüssen der Innenseite korrespondieren und umgekehrt. Die zueinander gehörenden Pins und Pads lassen

sich durch Schnittmengenbildung auf den Intervallen bestimmen. Im Innern der Schaltung existieren Bezüge zwischen den Anschlüssen, die sich aus der Verbindungsstruktur heraus ergeben. Solche Abhängigkeiten treten auch auf der Außenseite der Instanz auf, wenn ein Signalnetz an mehreren Stellen auf dem Rand angeschlossen ist.

Bei der Aufspaltung eines Leitungsbündels darf man sich nun nicht auf den Rand der Teilschaltung beschränken, auf dem die Leitung angeschlossen ist, sondern muß die Expansion über diese Abhängigkeiten hinweg propagieren. Die Expansion erfolgt lokal, wobei zwischen korrespondierenden Anschlüssen die größten Überdeckungen ihrer Intervalle berechnet werden. Betrachten wir die Nordseite des Bausteins in Abbildung 4.27 (a). Wir haben hier die Zuordnung der Pinintervalle ($n[0, 2], n[3, 7], n[8, 9]$) zu den Padintervallen ($n[0, 1], n[2, 5], n[6, 9]$) durchzuführen. Dies hat zur Folge, daß das Pinintervall $n[0, 2]$ in zwei Teilintervalle ($n[0, 1], n[2, 2]$) aufgespalten werden, wodurch eine Angleichung mit dem ersten Padintervall $n[0, 1]$ erreicht wird. Dieses Verfahren wird auf dem gesamten nördlichen Rand der Instanz fortgesetzt. Wir erhalten schließlich die in Abbildung 4.28 gezeigte Aufteilung der Intervalle.

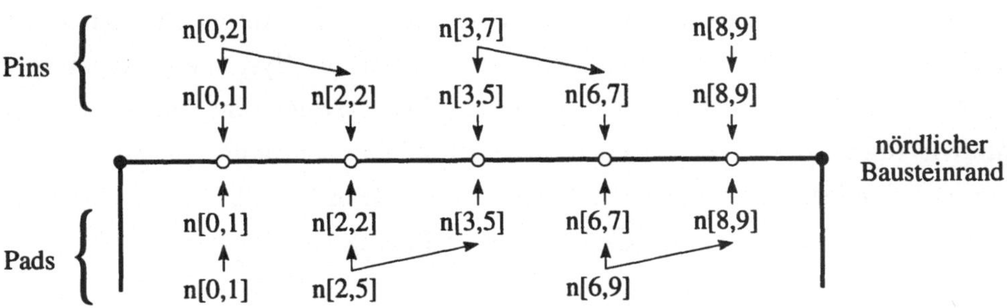

Abbildung 4.28: Aufteilung der Pin- und Padintervalle auf dem Bausteinrand

Dabei können sich die Aufteilungen aufgrund der Abhängigkeiten, die sich aus der Leitungsführung ergeben, auf die anderen Bausteinränder auswirken. Dadurch werden eventuell auch bereits bearbeitete Intervalle weiter aufgeteilt. Das Verfahren terminiert aber offensichtlich, da im schlimmsten Fall nur eine Aufteilung in Einzelleitungen durchgeführt werden muß. Abbildung 4.27 (c)

zeigt die für obiges Beispiel berechnete minimale Aufspaltung, d.h. diejenige,
bei der die Leitungsbündel nur soweit wie nötig aufgeteilt wurden.

4.6   Das System im praktischen Einsatz

Von besonderer Bedeutung für die Entwicklung eines Entwurfssystems ist die
Erprobung an konkreten Entwürfen. Die hieraus resultierende Kommunikation zwischen Anwendern und Entwicklern von Entwurfswerkzeugen stellt die
wichtigste Voraussetzung zur Schaffung eines stabilen, benutzerfreundlichen
Systems dar. Auf diese Weise entstehen interessante Beispiele, die zur Erprobung und Weiterentwicklung der integrierten Werkzeuge von großem Vorteil
sind. Wir geben im folgenden eine Auswahl von Entwürfen an, die mit Hilfe
der graphischen Oberfläche von CADIC erstellt wurden. Die zum Teil äußerst
komplexen Schaltungen sind Gegenstand von Praktikums- und Diplomarbei-
ten oder basieren auf Kooperationsprojekten innerhalb des Sonderforschungsbereiches 124.

Da das System zur Zeit keine Werkzeuge zur Erstellung von Fertigungsdaten
auf Maskenlayoutebene enthält, werden zur Fertigung von Chips kommerzielle
Entwurfssysteme eingesetzt. Darüberhinaus hat der Entwerfer oft auch keine
andere Wahl als die vom Chiphersteller vorgegebenen Systeme zu benutzen.
Deshalb wurden Schnittstellen zu kommerziellen Systemen implementiert, auf
die wir zunächst eingehen. Neben diesen Schnittstellen mußten auch die von
den verschiedenen kommerziellen Systemen benutzen Grundzellenbibliotheken
dem graphischen Editor von CADIC zur Verfügung gestellt werden.

4.6.1   Schnittstellen zu kommerziellen Systemen

Um die Vorteile des graphischen Editors, vor allem die parametrisierbare Spezifikation von Schaltkreisen, zur Weiterverarbeitung durch kommerzielle Systeme zur Verfügung zu stellen, wurde ein Konvertierungswerkzeug implementiert, das verschiedene Austauschformate aus der graphischen Eingabe erzeugen kann. Dieses Werkzeug arbeitet auf der DAG–Struktur eines festen Vertreters einer Schaltkreisfamilie. Daraus wird zunächst die Darstellung in Form
einer hierarchischen Netzliste berechnet, so daß jedem Netzgraphen in der Hier-

archie eine eigene Netzliste zugeordnet wird. Da einige der erzeugten Formate keine Hierarchie unterstützen, muß diese hierarchische Netzlistendarstellung in den betreffenden Fällen expandiert werden. Diese Aufgabe wird von einem Teilmodul übernommen ([Rit94]), welches zwischen den Aufbau der hierarchischen Netzliste und das Konvertierungswerkzeug geschaltet werden kann, wie dies in Abbildung 4.29 dargestellt ist. Die zugrundeliegende Datenstruktur einer hierarchischen Netzliste beinhaltet dabei alle Informationen, die zur Erzeugung der gebräuchlichen Austauschformate notwendig sind. Deren Grundstruktur besteht im wesentlichen aus den folgenden beiden Komponenten:

- *Liste der verwendeten Bausteine*: Falls von dem betreffenden Format keine Hierarchie unterstützt wird, besteht diese Liste nur aus Grundzellen. Bei hierarchischen Formaten werden die äußeren Anschlüsse der Makros als Grundzellen aufgelistet.

- *Beschreibung der Verbindungsstruktur*: Diese basiert auf einem der beiden folgenden Schemata:

  - *Netzorientierte Netzliste*: Die Verbindungsstruktur wird in diesem Fall durch eine Liste der Signalnetze beschrieben. Zu jedem Signalnetz wird dabei angegeben, welche Anschlüsse es miteinander verbindet.

  - *Instanzorientierte Netzliste*: In diesem Fall wird die Verbindungsstruktur durch die Liste der Bausteine gegeben. Zu jedem Baustein werden die Signalnetze angegeben, die an seinen Anschlüssen befestigt sind.

Neben dieser rein funktionalen Beschreibung ermöglichen einige Austauschformate auch die Spezifikation von struktureller Information. Diese kann beispielsweise durch die Angabe von sogenannten Clustern (zusammengehörende Gruppen von Bausteinen) erfolgen. Während der Konvertierung kann diese Information aus der graphischen Eingabe extrahiert werden. Denkbar ist beispielsweise die Zusammenfassung einer Hierarchiestufe zu einem entsprechenden Cluster.

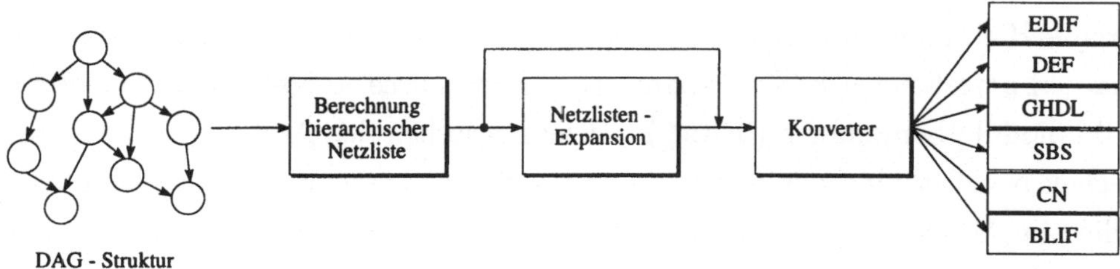

Abbildung 4.29: Komponenten zur Erzeugung von Austauschformaten

Wie aus Abbildung 4.29 ersichtlich ist, werden zur Zeit folgende Formate unterstützt:

- *EDIF*: Das von der Electronic Industries Association entwickelte EDIF (Electronic Design Interchange Format, [Com87]) hat sich mittlerweile als ein Standardformat beim VLSI–Entwurf etabliert. Die Schnittstelle zu EDIF ([BV90]) ermöglicht die Ansteuerung einer Vielzahl von Entwurfssystemen, wie beispielsweise des Cadence–Design Systems ([CAD92]), das im Rahmen der Chipfertigung innerhalb des Eurochip–Projektes eingesetzt wird.

- *DEF*: Das Entwurfssystem TANGATE ([SYS90]) benutzt das von TANGENT SYSTEMS definierte DEF (Design Exchange Format) als Austauschformat zwischen den einzelnen Entwurfsschritten. Eine DEF–Datei ist in mehrere Abschnitte gegliedert, von denen jeder eine bestimmte Sicht des entworfenen Schaltkreises beschreibt. Für die Weitergabe von CADIC–Entwürfen an TANGATE wird die Beschreibung als expandierte netzorientierte Netzliste verwendet. Zusätzlich zur reinen Verbindungsstruktur der Schaltung lassen sich strukturelle Eigenschaften des Entwurfs in DEF abspeichern. Dazu können Bausteine zu sogenannten Gruppen zusammengefaßt werden, die anschließend bei der Plazierung und Verdrahtung auf Basis des Sea–of–Gates Modells von TANGATE berücksichtigt werden, womit die bei der Eingabe gewählte hierarchische Gliederung des Entwurfs übertragen werden kann.

- *GHDL*: Das System HILO ([Gen90]) von GenRad besteht aus den drei Werkzeugen HISIM, HIFAULT und HITIME zur Simulation von Schaltkreisen. Die Eingabe einer Schaltung an diese Werkzeuge erfolgt im von GenRad entwickelten Format GHDL (GenRad Hardware Description Language). Die Struktur von GHDL ist hierarchisch gegliedert und kann sowohl strukturelle als auch funktionale Eigenschaften beschreiben.

- *SBS*: Über SBS (StrukturBeschreibungsSprache) ist eine Anbindung des graphischen Editors an das VENUS–System von SIEMENS ([HNS86]) möglich. Mit CADIC entworfene Schaltungen können auf diesem Weg durch VENUS–Werkzeuge weiterverarbeitet werden. Über das Format SBS ist die Ansteuerung des Logiksimulators SMILE möglich. Voraussetzung für den Einsatz dieser Schnittstellen ist die Verwendung der VENUS–Standardzellbibliotheken ACMOS 3 oder ACMOS 4 während des Entwurfs mit CADIC. Auf diese Weise können mit CADIC entworfene Schaltungen auch als Makros in bestehende VENUS–Entwürfe integriert werden.

- *CN*: CN stellt eine Alternative zu SBS dar, um CADIC–Entwürfe an VENUS weiterzugeben. Dieses Format wird vom VENUS–Graphikeditor SIGRED und während der Layouterzeugung verwendet. Mit Hilfe des VENUS–Netzlistengenerators SINUM kann eine CN–Darstellung in SBS transformiert werden. Soll ein CADIC–Entwurf mit dem VENUS–System gefertigt werden, so wird die CN–Schnittstelle eingesetzt.

Im folgenden Abschnitt beschreiben wir einige konkrete Entwürfe, die mit dem graphischen Editor von CADIC erstellt wurden. Bei der Simulation dieser Entwürfe beziehungsweise der anschließenden Fertigung der Chips wurden die aufgeführten Schnittstellen eingesetzt.

4.6.2 Konkrete Entwürfe

Gleitkomma–Addierer

In [DW92] wird gezeigt, wie mit Hilfe des graphischen Editors eine Familie von effizient testbaren Gleitkomma–Addierern gemäß [Spa91] beschrieben werden kann. Der Entwurf erfüllt dabei folgende grundlegenden Eigenschaften:

- Er ist parametrisiert mit der Bitlänge (m, e) der Mantisse und des Exponenten der Operanden.

- Der Schaltkreis ist kombinatorisch und arbeitet mit optimaler Verzögerungszeit, d.h. logarithmisch in der Mantissenbreite.

- Er ist durch eine integrierte Hardwarekomponente vollständig testbar.

Die Realisierung des Schaltkreises orientiert sich dabei am IEEE Standard für binäre Gleitkomma–Arithmetik. Zu seinem Funktionsumfang gehören demnach auch die Behandlung von Sonderfällen wie der Darstellung von ∞ und dem Überlauf von Operanden. Darüberhinaus erlaubt er verschiedene Arten von Rundungsoperationen: runden auf 0, $+\infty$, $-\infty$ und zur nächsten darstellbaren Gleitkommazahl.

Die Überprüfung des Entwurfs erfolgte mit dem Logiksimulator HISIM von GENRAD, der über die GHDL–Schnittstelle angesteuert wurde. Aus der parametrisierten Beschreibung wurde eine 24-Bit–Version ($m = 16, e = 8$) beim Institut für Mikroelektronik in Stuttgart (IMS) gefertigt. Dazu wurde die graphische Eingabe in das oben genannte Austauschformat DEF konvertiert, da die Erstellung der Fertigungsdaten mit dem Entwurfssystem TANGATE von CADENCE durchgeführt wurde. Die anschließende Fertigung erfolgte auf Basis einer 2μm Sea–of-Gates Technologie. Die Größe des gesamten Entwurfs spiegelt folgende Tabelle wieder:

(Mantissenbreite, Exponentenbreite)	(16,8)	(24,8)
Signalnetze	2665	3742
Basiszellen	2832	3977
NAND2–Gatteräquivalente	2745	4979
Parametrisierte Eingaben	164	164

Gerade bei diesem Entwurf zeigten sich auf fundamentalste Weise die Vorteile einer parametrisierten Spezifikation: die erste Version des Addierers mit $m = 24$ und $e = 8$ erwies sich als zu groß, um auf dem vorgegebenen Master plaziert zu werden. Während bei einem anderen Entwurfssystem ein zeitaufwendiges Redesign durchgeführt werden müßte, genügte in unserem Fall die Änderung der Parameterwerte. Aufgrund der parametrisierten Beschreibung kann ohne Änderung der Eingabe eine Schaltung mit höherer Bitbreite extrahiert werden. Die Fertigung eines 32– oder 64–Bit Gleitkomma–Addierers wäre möglich, sobald ein größerer Master und/oder eine bessere Technologie vom Hersteller zur Verfügung gestellt werden.

Abbildung 4.6.2 zeigt eine Photographie des Maskenlayouts für den gefertigten (16,8)–Bit–Gleitkomma–Addierer.

Coprozessor für seminumerische Algorithmen

Es wurde ein Coprozessor zur Unterstützung von Grundoperationen für seminumerische Algorithmen realisiert. Das Anwendungsgebiet eines solchen Prozessors stellen Algorithmen der Kryptographie, Kryptoanalyse und der Computeralgebra dar, bei denen ein großer Teil des Rechenbedarfs aus Grundoperationen über ganzen Zahlen oder endlichen Zahlkörpern besteht. Der entwickelte Schaltkreis umfaßt dabei die folgenden seminumerischen Grundoperationen: Addition, Multiplikation, modulare Multiplikation, Division mit Rest, Bestimmung des größten gemeinsamen Teilers und modulare Exponentiation für

- ganze Zahlen großer Länge und

- Polynome mit ganzzahligen modularen Koeffizienten.

Der Coprozessor zeichnet sich durch folgende strukturellen und algorithmischen Eigenschaften aus:

- Durch die Benutzung einer redundanten Zahlendarstellung wird die Propagation eines Übertrages über die gesamte Wortbreite bei der Addition verhindert.

- Die verschiedenen Operationen sind in einem vereinheitlichten Abhängigkeitsgraphen zusammengefaßt, wobei die Auswahl der Operationen durch eine interne Steuerung erfolgt.

Abbildung 4.30: Gefertigter (16, 8)–Bit–Gleitkomma–Addierer

- Die lokale Partitionierung ermöglicht die Ausführung von drei Additionen beziehungsweise Subtraktionen während der Bestimmung eines Quotientenbits, so daß die Rechenzeiten der Prozessorzellen aufeinander abgestimmt werden können.

- Aufgrund der Propagation der Taktsignale durch die Prozessoren kann eine beliebige Zahl von Prozessoren kaskadiert werden.

Der realisierte Entwurf ([Rie93]) unterstützt die Arithmetik auf ganzen Zahlen. Er kann parallel 132 Binärstellen verarbeiten und zu einer beliebig langen Kette kaskadiert werden. Falls die Operanden länger sind als die Anzahl der zur Verfügung stehenden Zellen, ist eine Partitionierung der Zahlen möglich, d.h. eine Prozessorenkette arbeitet nacheinander die Zahl vom vordersten zum hintersten Bit stückweise ab. Multiplikation, Division, modulare Multiplikation und die Bestimmung des größten gemeinsamen Teilers werden in Linearzeit berechnet.

Der Entwurf wurde mit Hilfe des graphischen Editors von CADIC erstellt. Die Weiterverarbeitung mit dem Cadence–Edge System wird durch die oben beschriebene EDIF–Schnittstelle ermöglicht. Dabei wird sowohl eine Netzlisten-Sicht als auch eine Schematic–Sicht erzeugt. Unter Verwendung der ES2–Bibliothek *ecpd15* erfolgte eine Fertigung des Entwurfs im Rahmen des Eurochip–Projektes.

1024–Bit Multiplizierer

In [HMZ91] wurden Vorschläge für die Realisierung von Integer–Multiplizierern für große (beispielsweise 1024–Bit–) Binärzahlen erarbeitet. Die schnelle Multiplikation solch großer Zahlen ist insbesondere für die Beschleunigung kryptographischer Algorithmen von Bedeutung. Da bei der heute verfügbaren Integrationsdichte sich Multiplizierer mit einer maximalen Bitbreite von höchstens 64 auf einem Einzelchip realisieren lassen, wird die Multiplikation großer Zahlen zur Zeit softwaremäßig ausgeführt. Eine Hardware–Realisierung eines n–Bit–Multiplizierers ($n \gg 64$) muß daher auf mehrere Chips verteilt werden, wobei folgende Anforderungen wünschenswert sind:

- Der Multiplizierer soll eine optimale Laufzeit $c \cdot \log n$ aufweisen, wobei c eine kleine Konstante sein soll. Entscheidend für die Laufzeit ist dabei die Kommunikation zwischen den einzelnen Chips und Platinen, die dementsprechend minimiert werden soll.

- Der Entwurf soll aus einer möglichst geringen Anzahl verschiedener Chiptypen aufgebaut werden. Dies dient dazu, die Entwicklungskosten gering zu halten, da für jeden weiteren Chiptyp ein teurer Prototyp hergestellt werden muß.

- Der Chipverbrauch soll möglichst gering sein, um die Anzahl der benötigten Platinen klein zu halten. Dies bedeutet insbesondere, daß jeder einzelne Chip möglichst regelmäßig und kompakt realisiert werden sollte.

Ein Hauptproblem bei diesem Entwurf bestand somit im Auffinden einer geeigneten Aufteilung, die gewährleistet, daß die Anzahl der verschiedenen Chiptypen sowie die Kommunikation zwischen den Chips wegen der beschränkten Pinanzahl gering ist. In [HMZ91] wird gezeigt, daß sich aus dem zugrundeliegenden Prinzip des Wallace–Tree–Multiplizierers ([Wal64]), welches hier als bekannt vorausgesetzt wird, eine Aufteilung in drei Stufen durchführen läßt, von denen jede durch eine Anzahl von Chips eines festen Typs realisiert werden kann:

- *Chiptyp 1* berechnet die Matrix der Partialprodukte, wozu handelsübliche 32–Bit–Multiplizierer verwendet werden.

- *Chiptyp 2* führt die Reduktion der Partialprodukte mittels eines Wallace–Trees auf zwei Summanden der Länge $2n$ durch.

- *Chiptyp 3* bildet einen verteilten $2n$–Bit–Addierer zur abschließenden Summation.

Folgende Tabelle verdeutlicht die Komplexität des gesamten Entwurfs anhand des 512– und 1024–Bit–Multiplizierers. Die Zahlen basieren dabei auf der Annahme, daß auf einem Einzelchip zur Zeit maximal ein 32–Bit–Multiplizierer oder ein 64–Bit–Addierer realisiert werden können.

Bitbreite	Chiptyp 1	Chiptyp 2	Chiptyp 3	Gesamtzahl
512	64	76	9	149
1024	256	240	17	513

Parametrisierte Realisierungen für *Chiptyp 2* ([Ben93]) und *Chiptyp 3* ([Fol92]) wurden mit dem graphischen Editor erstellt und mit dem in CADIC integrierten Simulationswerkzeug überprüft. Auf eine Fertigung des Entwurfs wurde bisher wegen der hohen Kosten verzichtet.

Kapitel 5

Parallele Netzwerkarchitekturen

In diesem Kapitel zeigen wir, wie die Spezifikationsebene des graphischen Editors zur Beschreibung paralleler Algorithmen eingesetzt werden kann. Die Eingabe gliedert sich dabei in zwei unabhängige Stufen. Im ersten Schritt wird die Topologie eines Kommunikationsschemas zwischen Modulen parametrisiert beschrieben. Die Module werden in dieser Phase zunächst als "Black Boxes" betrachtet. Festgelegt wird nur ihre äußere Schnittstelle, da diese zur Konstruktion des Kommunikationsschemas bekannt sein muß. Im zweiten Schritt erfolgt dann die algorithmische Realisierung der Module, so daß das gesamte Netzwerk zur Berechnung eines parallelen Algorithmus konfiguriert wird. Bei der Umsetzung der Beschreibung in ein Schaltungslayout entstehen im allgemeinen Strukturen, die zu komplex sind, um auf einem einzelnen Chip untergebracht zu werden. In solchen Fällen muß der Entwerfer die Eingabe in geeigneter Weise partitionieren, wie dies auch beim Entwurf des 1024–Bit Multiplizierers aus Abschnitt 4.6.2 durchgeführt wurde. Von besonderem Interesse sind Untersuchungen bezüglich des logischen und zeitlichen Verhaltens des Netzwerkes. Diese lassen sich auf Grundlage eines geeigneten Verhaltensmodells für ausgewählte Parameterbelegungen durchführen, falls entsprechende Simulatoren zur Verfügung gestellt werden. So kann beispielsweise das Kommunikationsaufkommen innerhalb des Netzwerkes für verschiedene Ausprägungen untersucht werden.

Wir demonstrieren die zweistufige Vorgehensweise während der Spezifikation hier anhand zweier Beispiele für mehrdimensionale Netzwerkstrukturen. Dazu geben wir zunächst jeweils eine parametrisierte Beschreibung der Netzwerktopologie unabhängig von der Realisierung der Elementarknoten an. Anschließend wählen wir eine geeignete Realisierung für die Basisknoten.

5.1　Der n–dimensionale Würfel

5.1.1　Parametrisierte Beschreibung der Topologie

Die Verbindungsstruktur des n–dimensionalen Würfels ist durch einen Graphen $G_n = (V_n, E_n)$ gegeben, wobei V_n genau 2^n Elemente enthält. Jedem Knoten $v \in V_n$ wird eine eindeutige binäre Adresse zugeordnet gemäß

$$adr : V_n \longrightarrow \{0, 1\}^n.$$

Jeder Knoten hat Grad n, wobei jede von einem Knoten v ausgehende Kante eindeutig einer Dimension zugeordnet wird. Zwischen zwei Knoten $v, v' \in V_n$ mit $adr(v) = (a_{n-1}, \ldots, a_0)$ und $adr(v') = (a'_{n-1}, \ldots, a'_0)$ existiert genau dann eine Kante $e = (v, v')$, wenn gilt:

$$\exists! \, i \in \{0, \ldots, n-1\} : a_i \neq a'_i.$$

Zwei Knoten sind also über eine Kante in der Dimension i miteinander verbunden, wenn sich ihre Adressen genau an der i–ten Stelle unterscheiden.

Die parametrisierte Beschreibung dieser Netzwerkstruktur wird im folgenden unabhängig von den Elementarknoten angegeben. Für die Verbindungsleitungen wird festgelegt, daß sie von einem zunächst unbestimmten Typ t sind, der erst durch die Realisierung des Basisknotens bestimmt wird. Eine Leitung vom Typ t kann beispielsweise entweder eine unidirektionale oder bidirektionale Verbindung darstellen, deren Wortbreite ebenfalls durch die Schnittstelle des Basisknotens bestimmt wird. Wir gehen hier der Einfachheit halber davon aus, daß alle Verbindungsleitungen in allen Dimensionen vom gleichen Typ t sind, was im allgemeinen der Realisierung eines n–dimensionalen Würfels entspricht. Aus Gründen der Übersichtlichkeit verzichten wir deshalb in den folgenden Abbildungen stets auf die Bezeichnung der Leitungen mit t und geben nur bei Leitungsbündeln die Anzahl der parallelen Leitungen vom Typ t an.

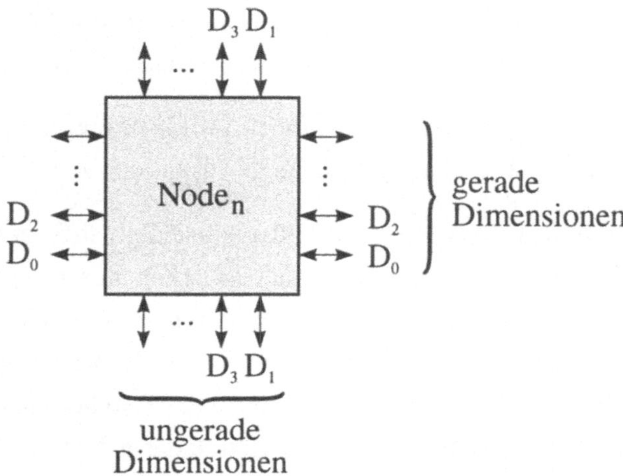

Abbildung 5.1: Schnittstelle des Elementarknotens

Die einzige Vorgabe, an die man sich bei der späteren Realisierung des Elementarknotens halten muß, ist durch seine Schnittstelle zur Außenwelt gegeben. Diese wählen wir so, daß wir eine kurze rekursive Beschreibung zusammen mit einem kompakten Layout erhalten. Abbildung 5.1 zeigt die äußeren Anschlüsse des Elementarknotens für den Aufbau der n–dimensionalen Struktur. Die Verbindungsleitungen für die einzelnen Dimensionen werden abwechselnd auf den vertikalen und horizontalen Seiten der Zelle herausgeführt. Wir vereinbaren dabei, daß je zwei Anschlüsse für jede Dimension auf gegenüberliegenden Seiten des Knotens existieren. Von diesen beiden möglichen Anschlußpunkten wird für die Verbindung in der entsprechenden Dimension nur einer genutzt, während der zweite offen bleibt. Diese symmetrische Struktur der Zelle erleichtert uns die Wahl der Leitungsführung und erspart die Behandlung von Sonderfällen, die sich aus der jeweiligen Lage des Knotens ergeben können. Die hier gewählte Beschreibung hat auch den Vorteil, daß sie sich in einfacher Weise auf allgemeine n–dimensionale Gitterstrukturen erweitern läßt, wie wir in Abschnitt 5.2 zeigen werden. Unter Einhaltung der in Abbildung 5.1 dargestellten Schnittstelle des Elementarknotens kann dessen Inneres beliebig konfiguriert werden.

Um eine kompakte topologische Beschreibung zu erhalten und damit die Verbindungsleitungen zwischen den einzelnen Knoten des Würfels kurz zu halten, wenden wir bei der Rekursion folgendes Plazierungsschema an:

$$Cube_n = \begin{cases} Cube_{n-1} \ominus Cube_{n-1} & n \text{ ungerade, } n > 0 \\ Cube_{n-1} \oplus Cube_{n-1} & n \text{ gerade, } n > 0 \end{cases}$$

Dies beschreibt zunächst nur die relative Lage der Teilwürfel zueinander, ohne daß der Verlauf der Verbindungsleitungen zwischen diesen spezifiziert wird. Einen Würfel mit ungerader Dimension n erhalten wir demnach durch Nebeneinandersetzen zweier Würfel der Dimension $n-1$, die wiederum durch Übereinandersetzen zweier Würfel der Dimension $n-2$ entstehen, usw.. Den Rekursionsabschluß bildet ein Würfel der Dimension 0, der neben der Elementarzelle aus den eigentlichen Verdrahtungsteilen für eine korrekte Verbindung in allen Dimensionen besteht.

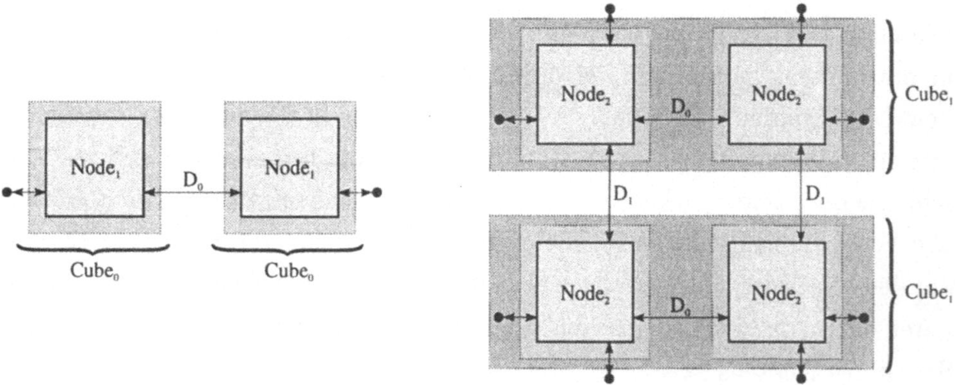

Abbildung 5.2: Rekursives Plazierungsschema für 1- und 2-dimensionalen Würfel

Zur Herleitung der Struktur dieser Verdrahtungskomponenten betrachten wir zunächst den Aufbau des Würfels für kleine Dimensionen. Abbildung 5.2 zeigt die Anwendung des Plazierungsschemas für die Fälle $n = 1, 2$. Man sieht dabei, daß jeweils nur ein Anschluß der Elementarknoten für die Kommunikationsleitungen der entsprechenden Dimensionen genutzt wird. Eine mit dem zweiten Anschluß verbundene Leitung wird durch die Projektionsknoten abgeschlossen. Die Projektion erfolgt dabei immer direkt auf der Rekursionsstufe, auf der die Leitungen der aktuellen Dimension verbunden werden. Im Fall $n = 2$ werden daher die nicht benötigten Leitungen der Dimension 0 nicht aus den beiden 1–dimensionalen Würfeln herausgeführt, sondern in deren Innern projeziert. In den beiden gezeigten Situationen ist die Verdrahtung äußerst einfach durchführbar, da die zu verbindenden Knoten direkt benachbart sind. Diese Nachbarschaft gilt nach unserem Schema nicht mehr für $n > 2$.

Um zur allgemeinen Beschreibung des Verdrahtungsschemas zu kommen, betrachten wir zunächst noch den Fall $n = 3$, in dem die direkte Nachbarschaftsbeziehung zwischen den Knoten bezüglich der Verbindungen D_2 nicht mehr existiert. Die Struktur für $Cube_3$ ergibt sich durch Nebeneinandersetzen von zwei Teilwürfeln $Cube_2$. Eine korrekte Verbindung erhalten wir, wenn wir jeden Knoten des linken Teilwürfels mit dem entsprechenden Knoten des rechten Teilwürfels durch eine Leitung in der 2. Dimension verbinden. Um die korrekte Verbindung der beiden 2–dimensionalen Teilwürfel durch einfaches Nebeneinandersetzen zu erzeugen, werden die Leitungen D_2 durch eine entsprechende Verdrahtungsstruktur um den Elementarknoten in geeigneter Weise vorverarbeitet, wie dies in Abbildung 5.3 dargestellt ist.

Um eine für alle n verwendbare Beschreibung zu erhalten, setzen wir diese Verdrahtungsstruktur so fort, daß Verbindungsleitungen für alle höheren Dimensionen vorgesehen und auf die richtigen Positionen geführt werden. Diese Verdrahtungsstruktur fassen wir mit dem Elementarknoten $Node_n$ zur Abschlußgleichung der Rekursion, d.h. zum 0–dimensionalen Würfel, gemäß Abbildung 5.4 (a) zusammen.

Durch das abwechselnde Neben– und Übereinandersetzen innerhalb unseres rekursiven Plazierungsschemas entsteht eine 2–dimensionale Anordnung von 0–dimensionalen Würfeln. Für den n–dimensionalen Würfel besteht diese Anordnung aus $Z(n) := 2^{\lfloor \frac{n}{2} \rfloor}$ Zeilen mit je $S(n) := 2^{\lceil \frac{n}{2} \rceil}$ Spalten. Die Leitungen werden zu Bündeln D_i $(0 \le i \le n-1)$ zusammengefaßt, von denen jedes für die

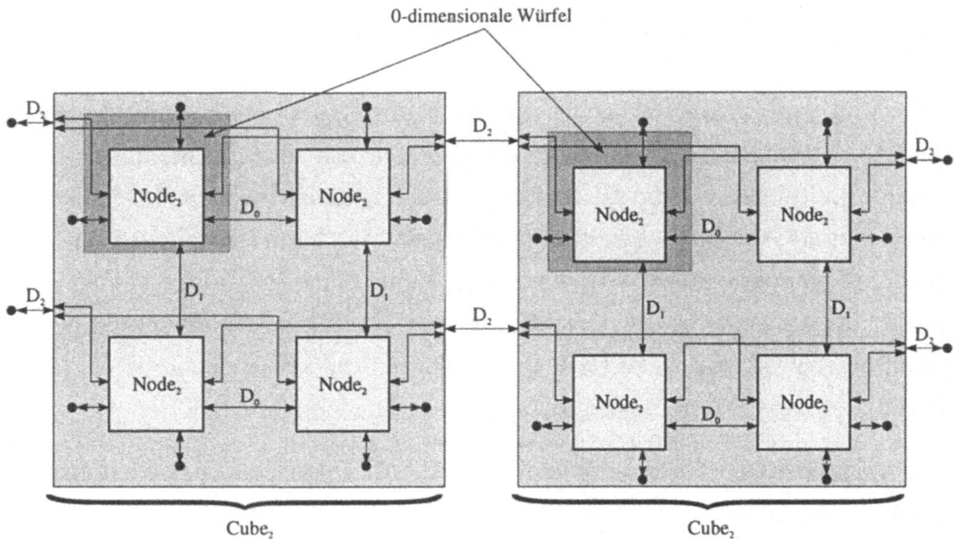

Abbildung 5.3: Verbindungsstruktur beim 3–dimensionalen Würfel

Verbindungen in der Dimension i zuständig ist. Die Anzahl der Einzelleitungen in D_i ergibt sich direkt aus der Dimension i.

Betrachten wir dazu den Fall i gerade. Dann werden durch die Leitungen in D_i die Knoten in einer Zeile zweier i–dimensionaler Teilwürfel horizontal miteinander verbunden. Die Anzahl der Leitungen ergibt sich also aus der Zahl der Spalten $S(i)$ eines i–dimensionalen Würfels zu $2^{\lceil \frac{i}{2} \rceil}$. Eine korrekte Verbindung in der Dimension i erhalten wir, wenn wir für jede feste Zeile die vom Knoten in der j–ten Spalte ($0 \leq j < S(i)$) des linken Teilwürfels ausgehende Leitung mit dem Knoten in der j–ten Spalte der gleichen Zeile des rechten Teilwürfels verbinden. Diese Leitung muß also an $S(i)$ Knoten vorbeigeführt werden.

Das gewünschte Verdrahtungsschema erhalten wir, indem wir auf der linken Seite einer jeden Zelle jeweils die oberste Leitung eines Bündels D_i mit dem betreffenden Anschluß des Elementarknotens verbinden und eine Leitung vom symmetrischen Anschluß auf der rechten Seite des Knotens als unterste Leitung von D_i herausführen. Alle übrigen Leitungen in D_i werden am Basis-

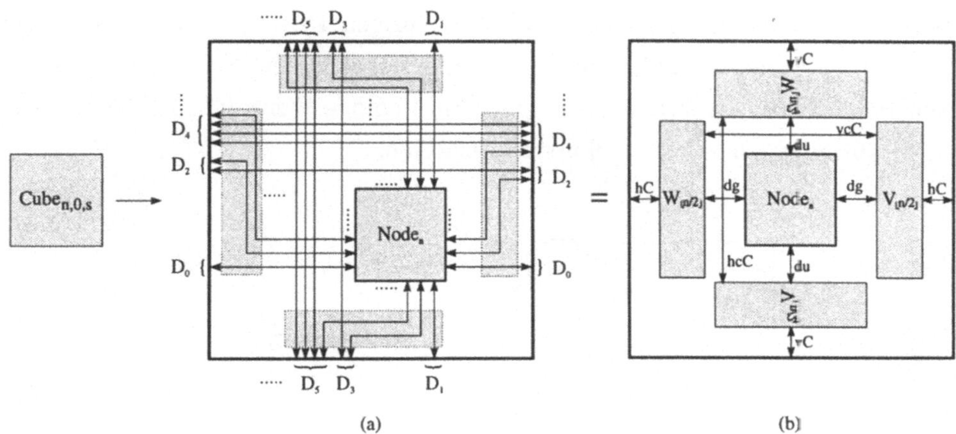

Abbildung 5.4: Schematische Verdrahtungsstruktur des 0–dimensionalen Würfels

knoten vorbeigeführt. Die Behandlung der Leitungsbündel für die vertikalen Verbindungen erfolgt analog.

Das angegebene Verdrahtungsschema wird durch zwei rekursiv beschriebene Teilschaltungen V_k und W_k erzeugt. In Abbildung 5.4 (b) verwenden wir zwei Instanzen $V_{\lfloor \frac{n}{2} \rfloor}$ und $W_{\lfloor \frac{n}{2} \rfloor}$ zur parametrisierten Beschreibung des 0–dimensionalen Würfels. Man erkennt dabei, daß der Verdrahtungsbaustein unterhalb von $Node_n$ durch Rechtsdrehung und anschließende Spiegelung an der vertikalen Achse aus dem rechten Verdrahtungsteil hervorgeht. Analoges gilt für die Bausteine oberhalb und links von $Node_n$. In Abbildung 5.4 (b) wurden außerdem die Leitungsbündel durch Leitungsvariablen beschrieben. Es gilt dabei:

$$v_C = D_1 + D_3 + D_5 + \dots, h_C = D_0 + D_2 + D_4 + \dots,$$

$$dg = \lceil \frac{n}{2} \rceil, du = \lfloor \frac{n}{2} \rfloor \text{ (gerade und ungerade Dimensionen von } Node_n),$$

$$v_{cC} = v_C - du, h_{cC} = h_C - dg.$$

Die rekursive Beschreibung von V_k ist in Abbildung 5.5 dargestellt. Auf Stufe k werden dabei $2^k - 1$ Leitungen vom Typ t am Baustein V_{k-1} vorbeigeführt, zu

denen die entsprechende Verbindungsleitung des zugehörigen Elementarknotens als unterste hinzukommt wird. Die übrigen Leitungsbündel sind durch
Leitungsvariablen v_k und s_k beschrieben, deren Belegung sich aus der rekursiven Beschreibung automatisch ergibt. Auf analoge Weise läßt sich der zweite
Verdrahtungsbaustein W_k rekursiv beschreiben.

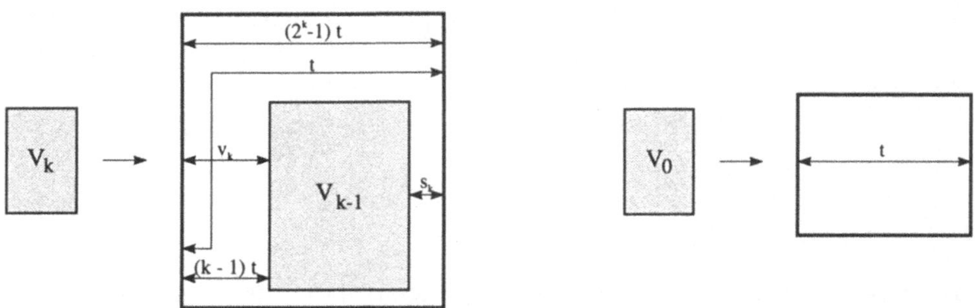

Abbildung 5.5: Rekursive Beschreibung des rechten Verdrahtungsteils

Der in Abbildung 5.4 gezeigte Aufbau des 0–dimensionalen Würfels $Cube_{n,0,s}$
ist so gewählt, daß ein beliebiger n–dimensionaler Würfel durch mehrfaches
Neben– und Übereinandersetzen dieser Teilschaltung erzeugt werden kann. Die
Beschreibung der Rekursion für beliebiges n ergibt sich dann durch zwei graphische Eingaben für die beiden Fälle, daß n ungerade beziehungsweise gerade
ist. Für den ersten Fall ist die Eingabe in Abbildung 5.6 gezeigt. Der zweite Fall ergibt sich analog durch vertikale Anordnung der Teilschaltungen. Die
Netzvariable $Cube_{n,m,s}$ hat in dieser Beschreibung drei Parameter. Der erste
Parameter n wird unverändert von der obersten Ebene bis zur Abschlußgleichung der Rekursion durchgereicht. Er bestimmt die Dimension des gesamten
Würfels und wird in der Abschlußgleichung $Cube_{n,0,s}$ benutzt, um die betreffende Elementarzelle $Node_n$ auszuwählen. Der zweite Parameter m dient als
Rekursionsindex, der für jeden Aufruf von $Cube$ bis zum Rekursionsabschluß
$m = 0$ dekrementiert wird. Bei dem dritten Parameter s handelt es sich um
einen Schalter, der zwischen den beiden Alternativen für die Plazierung der
Teilwürfel auswählt. Im Fall $s = 1$, der in Abbildung 5.6 dargestellt ist, werden die Teilwürfel, die ihrerseits den Parameter $s = 0$ erhalten, nebeneinander

plaziert. Der Aufruf zur Erzeugung des n–dimensionalen Würfels kann damit in einer weiteren Netzgleichung gemäß $CUBE_n \longrightarrow Cube_{n,n,n\bmod 2}$ beschrieben werden.

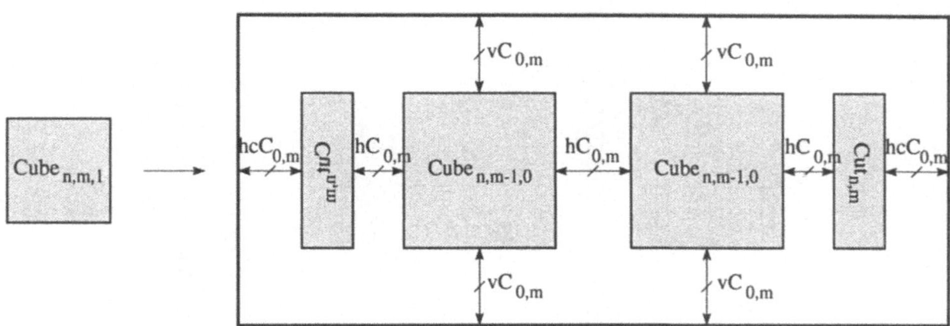

Abbildung 5.6: Rekursiver Aufbau eines Würfels mit ungerader Dimension n

Für jeden Teilwürfel müssen noch die aus Symmetriegründen eingeführten überflüssigen Leitungen abgeschnitten werden. Dies wird von den beiden Instanzen der Teilschaltung $Cut_{n,m}$ durchgeführt. Die Anzahl der zu projezierenden Leitungen ergibt sich direkt aus der Dimension m des gerade betrachteten Teilwürfels. Aus Gründen der Analogie behandeln wir auch hier nur den in Abbildung 5.6 dargestellten Fall für ungerade Dimensionen m. Gemäß der Überlegungen bei der Beschreibung der Verdrahtungsstruktur besteht $Cube_{n,m,1}$ aus $Z(m) = 2^{\lfloor \frac{m}{2} \rfloor}$ Zeilen von Elementarzellen. In jeder Zeile werden durch die Leitungen der Dimension m genau $S(m-1)$ Elementarknoten des linken Teilwürfels mit denen des rechten Teilwürfels verbunden. Die für diese Verbindungen nicht benötigten zweiten Anschlüsse müssen projeziert werden. Wir benötigen hier einen Verdrahtungsteil, der für eine einzelne Zeile die unteren $S(m-1)$ Leitungen projeziert und die Leitungen für die höheren Dimensionen weiterreicht. Diese Teilschaltung für eine einzelne Zeile wird durch eine einfache Rekursionsvorschrift $Z(m)$–mal untereinander gesetzt werden, so daß die betreffenden Leitungen in allen Zeilen projeziert werden.

Bemerkung: Die Busbreiten in der Spezifikation des n–dimensionalen Würfels hängen von der Leitungsvariablen t ab. Die Anzahl der Leitungen

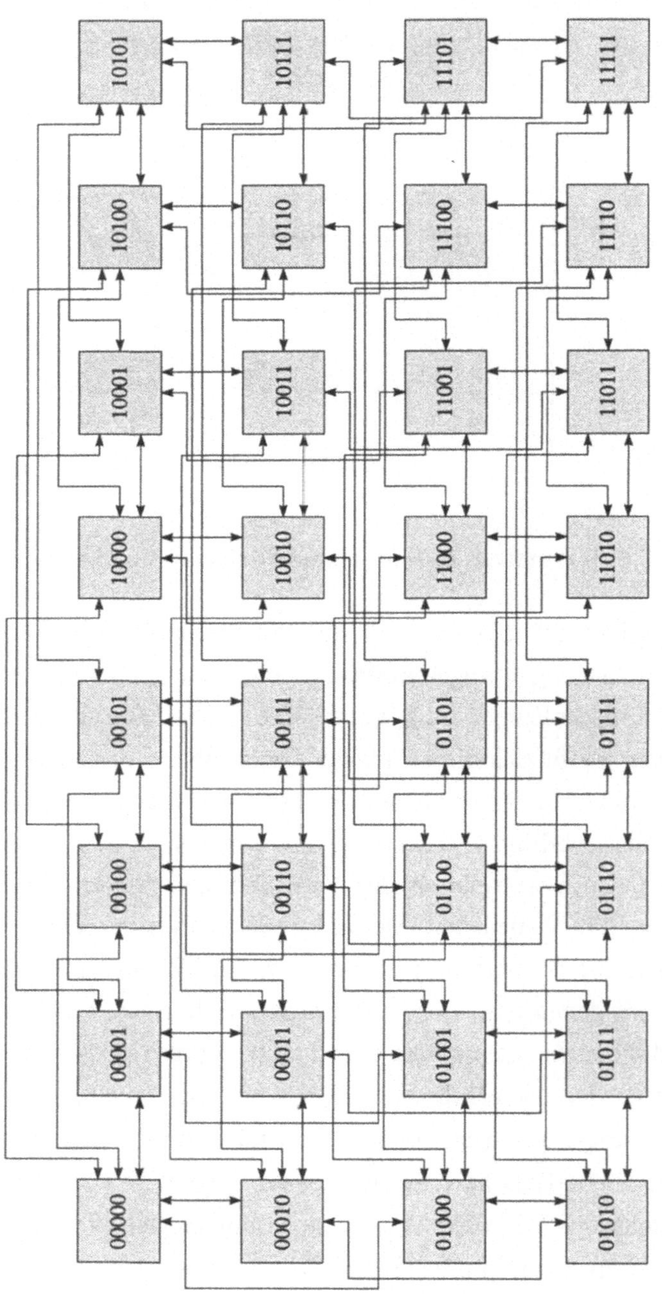

Abbildung 5.7: Layout des 5–dimensionalen Würfels $CUBE_5$

ergibt sich nach Festlegung der Dimension n und nach Realisierung des Basisknotens, wodurch die Art der Verbindungsleitungen bestimmt wird. Die verwendeten Leitungsvariablen (beispielsweise v_k und s_k in der Beschreibung des
Verdrahtungsteils V_k) werden über die Lösung eines entsprechenden linearen
Gleichungssystems (siehe Abschnitt 3.2) berechnet. Die Verwendung von Leitungsvariablen in dieser Beschreibung hat zwei entscheidende Vorteile:

- Eine einzelne Kommunikationsleitung soll nach Voraussetzung von einem frei konfigurierbaren Typ t sein, durch den die Art und Breite der
  Verbindung (z.B. bidirektional, 8–Bit–parallel, usw.) festgelegt werden
  kann. Die Ausprägung von t ergibt sich aus den äußeren Anschlüssen der
  verwendeten Elementarknoten. Es kann damit durch die Elementarknoten ein bestimmtes Kommunikationsprotokoll bestimmt werden und eine
  entsprechende Verbindung zwischen den Knoten des Würfels installiert
  werden.

- Betrachtet man die Beschreibung von $Cube_{n,0,s}$ in Abbildung 5.4, so
  beträgt die Gesamtanzahl der Leitungen vom Typ t, die auf der östlichen (westlichen) beziehungsweise der südlichen (nördlichen) Seite von
  $Cube_{n,0,s}$ herausgeführt werden, wie oben gesehen

$$h_C = \sum_{\substack{i=0 \\ i\ \text{gerade}}}^{n-1} D_i = \sum_{\substack{i=0 \\ i\ \text{gerade}}}^{n-1} 2^{\frac{i}{2}} \quad \text{beziehungsweise} \quad v_C = \sum_{\substack{i=0 \\ i\ \text{ungerade}}}^{n-1} D_i = \sum_{\substack{i=0 \\ i\ \text{ungerade}}}^{n-1} 2^{\frac{i-1}{2}}.$$

Die Verwendung von Leitungsvariablen nimmt dem Entwerfer hier die
Arbeit ab, für h_C und v_C einen von n abhängigen Ausdruck zu bestimmen, der durch die Fallunterscheidung in ungerade und gerade i eine
relativ umständliche Form hätte.

Abbildung 5.1.1 zeigt das vollständige Layout für den 5–dimensionalen Würfel.
Man erkennt die 2–dimensionale Anordnung von Elementarknoten, die sich
durch abwechselndes Nebeneinander- und Übereinandersetzen der Teilwürfel
ergibt. Die projezierten Leitungen sind aus Gründen der Übersichtlichkeit nicht
eingezeichnet.

5.1.2 Paralleles Sortieren durch Column–Sort

In diesem Abschnitt konfigurieren wir den Elementarknoten des n–dimensionalen Würfels so, daß die gesamte Struktur einen parallelen Sortieralgorithmus beschreibt. Wir verwenden dazu den Algorithmus Column–Sort ([Lei85]), der sich aufgrund seiner Struktur besonders einfach auf den n–dimensionalen Würfel übertragen läßt.

Column–Sort ist eine Verallgemeinerung des Odd–Even–Mergesort–Prinzips, das wir bereits in Abschnitt 2.5 vorgestellt haben. Am anschaulichsten läßt sich die Vorgehensweise von Column–Sort anhand von Operationen auf einer Matrixdarstellung der zu sortierenden Elemente erklären. Sei dazu Q eine $r \times s$ Matrix von Elementen eines bestimmten Typs (z.B. k–Bit Integer), d.h. es werden $N = r \cdot s$ Elemente sortiert, wobei $s \mid r$ und $r \geq 2(s-1)^2$ gelten soll. Nach Ablauf des Algorithmus liegen die Elemente in aufsteigender Reihenfolge vor, so daß auf Position i, j ($0 \leq i < r$, $0 \leq j < s$) von Q das $p = i + j \cdot r$ kleinste Element steht.

Column–Sort arbeitet in acht Schritten. In Schritt 1, 3, 5 und 7 werden jeweils die Elemente einer Spalte sortiert (beschrieben durch Notation S). In den Schritten 2, 4, 6 und 8 werden die Matrixelemente in geeigneter Weise permutiert. Dabei entsprechen die Permutationen in den Schritten 2 und 4 einer Transposition der Matrix, wobei die spaltenweise Anordnung von oben nach unten gelesen und zeilenweise von links nach rechts eingetragen wird. Dies entspricht nur im Fall $s = r$ einer echten Transposition der Matrix, wir benutzen aber der Einfachheit halber auch im Fall $s > r$ diesen Begriff. Die Permutation in Schritt 6 entspricht einem zyklischen $\lfloor \frac{r}{2} \rfloor$–Shift der Elemente nach unten, wobei die $\lfloor \frac{r}{2} \rfloor$ Elemente der letzten Spalte in der ersten eingefügt werden. Schritt 8 stellt die Umkehroperation zu diesem "Vorwärtsshift" dar.

Die Korrektheit dieses Verfahrens wird in [Lei85] bewiesen. Folgendes Beispiel verdeutlicht die Arbeitsweise anhand einer 9×3–Elementmatrix:

$$
\begin{pmatrix}
8 & 22 & 6 \\
27 & 18 & 21 \\
5 & 11 & 24 \\
17 & 23 & 2 \\
9 & 26 & 19 \\
25 & 10 & 3 \\
12 & 13 & 7 \\
14 & 15 & 4 \\
1 & 16 & 20
\end{pmatrix}
\overset{s}{\longrightarrow}
\begin{pmatrix}
1 & 10 & 2 \\
5 & 11 & 3 \\
8 & 13 & 4 \\
9 & 15 & 6 \\
12 & 16 & 7 \\
14 & 18 & 19 \\
17 & 22 & 20 \\
25 & 23 & 21 \\
27 & 26 & 24
\end{pmatrix}
\overset{\text{Transp.}}{\underset{\text{Spalten}}{\longrightarrow}}
\begin{pmatrix}
1 & 5 & 8 \\
9 & 12 & 14 \\
17 & 25 & 27 \\
10 & 11 & 13 \\
15 & 16 & 18 \\
22 & 23 & 26 \\
2 & 3 & 4 \\
6 & 7 & 19 \\
20 & 21 & 24
\end{pmatrix}
\overset{s}{\longrightarrow}
$$

$$
\begin{pmatrix}
1 & 3 & 4 \\
2 & 5 & 8 \\
6 & 7 & 13 \\
9 & 11 & 14 \\
10 & 12 & 18 \\
15 & 16 & 19 \\
17 & 21 & 24 \\
20 & 23 & 26 \\
22 & 25 & 27
\end{pmatrix}
\overset{\text{Transp.}}{\underset{\text{Zeilen}}{\longrightarrow}}
\begin{pmatrix}
1 & 9 & 17 \\
3 & 11 & 21 \\
4 & 14 & 24 \\
2 & 10 & 20 \\
5 & 12 & 23 \\
8 & 18 & 26 \\
6 & 15 & 22 \\
7 & 16 & 25 \\
13 & 19 & 27
\end{pmatrix}
\overset{s}{\longrightarrow}
\begin{pmatrix}
1 & 9 & 17 \\
2 & 10 & 20 \\
3 & 11 & 21 \\
4 & 12 & 22 \\
5 & 14 & 23 \\
6 & 15 & 24 \\
7 & 16 & 25 \\
8 & 18 & 26 \\
13 & 19 & 27
\end{pmatrix}
\overset{\lfloor \frac{r}{2}\rfloor}{\underset{\text{vor.}}{\longrightarrow}}
$$

$$
\begin{pmatrix}
24 & 6 & 15 \\
25 & 7 & 16 \\
26 & 8 & 18 \\
27 & 13 & 19 \\
1 & 9 & 17 \\
2 & 10 & 20 \\
3 & 11 & 21 \\
4 & 12 & 22 \\
5 & 14 & 23
\end{pmatrix}
\overset{s}{\longrightarrow}
\begin{pmatrix}
1 & 6 & 15 \\
2 & 7 & 16 \\
3 & 8 & 17 \\
4 & 9 & 18 \\
5 & 10 & 19 \\
24 & 11 & 20 \\
25 & 12 & 21 \\
26 & 13 & 22 \\
27 & 14 & 23
\end{pmatrix}
\overset{\lfloor \frac{r}{2}\rfloor\text{-Shift}}{\underset{\text{rückwärts}}{\longrightarrow}}
\begin{pmatrix}
1 & 10 & 19 \\
2 & 11 & 20 \\
3 & 12 & 21 \\
4 & 13 & 22 \\
5 & 14 & 23 \\
6 & 15 & 24 \\
7 & 16 & 25 \\
8 & 17 & 26 \\
9 & 18 & 27
\end{pmatrix}
$$

Die Übertragung des Verfahrens auf den n–dimensionalen Würfel geschieht folgendermaßen: Jedem Knoten des Würfels wird eine Spalte der Matrix zugeordnet, d.h. wir gehen von einer Matrix mit $s = 2^n$ Spalten aus. Die Elemente werden in einem lokalen Speicherfeld abgelegt, dessen Länge $r = l \cdot 2^n$ ist wegen $s \mid r$. Das Sortieren der Spalten (Schritt 1, 3, 5 und 7) wird durch ein lokales Sortiernetzwerk in jedem Knoten ausgeführt. Dafür verwenden wir eine Instanz $Sort_r$ des in Abschnitt 2.5 vorgestellten Odd–Even–Merge–Sortierers, der für beliebige Typen von Elementen konfigurierbar ist.

Das "Transponieren" der Matrix (Schritt 2) wird durch ein Austauschen der Elemente über die Kommunikationsleitungen des Würfels in n einzelnen Schritten ausgeführt. In jedem Schritt wird die Hälfte der Elemente eines Knotens über die entsprechende Dimension mit dem Nachbarn ausgetauscht. Die Dimensionen werden dabei in absteigender Reihenfolge durchlaufen, d.h. in Teilschritt i ($i = 1, \ldots, n$) werden Elemente über die Leitungen der Dimension $n - i$ ausgetauscht. Dazu werden die Elemente in gleichgroße Blöcke $B_0, \ldots, B_{l \cdot 2^{n-i}-1}$ der Länge 2^i eingeteilt. Seien v und v' zwei Knoten mit $adr(v) = (a_{n-1}, \ldots, a_i, \ldots, a_0)$ und $adr(v') = (a_{n-1}, \ldots, 1 - a_i, \ldots, a_0)$, die also über eine Kante in der Dimension i verbunden sind, dann verschicken die Knoten v und v' die Blöcke B_j mit $j \bmod 2 = 1 - a_i$, d.h. der Knoten mit $a_i = 0$ verschickt die Blöcke mit ungeradem Index und der Knoten mit $a_i = 1$ diejenigen mit geradem Index (vgl. Abbildung 5.8).

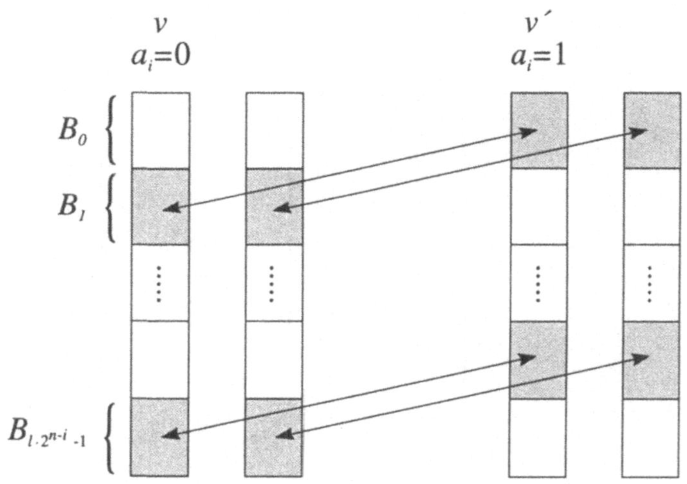

Abbildung 5.8: Elementaustausch in Schritt i

Folgendes Beispiel zeigt die Anwendung dieses Austauschschemas anhand einer 8×4–Elementmatrix, d.h. es gilt $n = 2, l = 2$. Um das Beispiel überschaubar zu halten, verzichten wir hier auf die Einhaltung der Bedingung $r \geq 2(s-1)^2$, die für den einzelnen Transpositionsschritt vernachlässigbar ist. Die Relevanz dieser Bedingung für das gesamte Sortierverfahren wird in [Lei85] diskutiert.

Man erkennt an diesem Beispiel, daß die entstandene Matrix nicht genau der erwünschten Transponierten entspricht, da die spaltenweise Anordnung der

Elemente nicht in die entprechende zeilenweise Anordnung umgeformt wurde. Für den Gesamtalgorithmus hat dies allerdings keine Konsequenzen. Da auf einen Transpositionsschritt stets ein Sortierschritt folgt, ist nur entscheidend, daß die Elemente in die richtige Spalte der Matrix gebracht werden. Die Reihenfolge innerhalb der Spalten ist unwichtig.

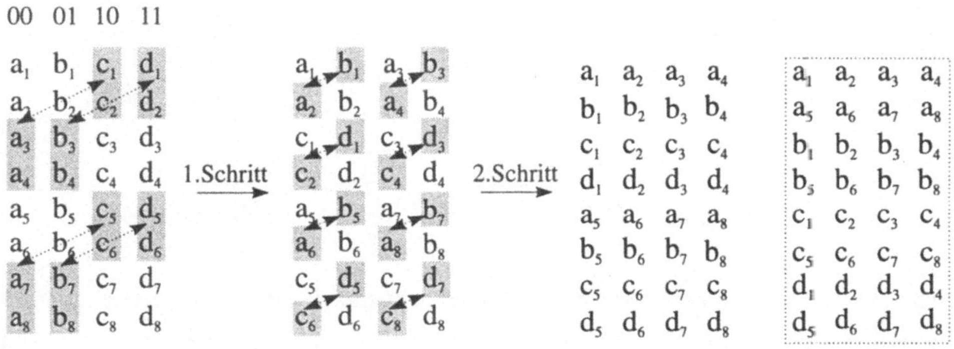

Abbildung 5.9: Transposition einer 8×4-Matrix

Das Rücktransponieren der Matrix in Schritt 4 wird im wesentlichen durch die Umkehrung der Transposition erreicht. Dabei werden in n Teilschritten die Dimensionen des Würfels in aufsteigender Reihenfolge benutzt. Im Teilschritt i $(i = 1, \ldots, n)$ wird das Feld der Elemente in 2^{n-i+1} gleichgroße Blöcke der Länge $l \cdot 2^{i-1}$ aufgeteilt. Die zwischen zwei Knoten über die Dimension i ausgetauschten Blöcke ergeben sich auf dieselbe Weise wie beim Transponieren der Matrix.

In Schritt 6 des Gesamtalgorithmus sollen die Elemente der Matrix um die Hälfte einer Spalte nach unten verschoben werden. In [Lei85] wird anstelle einer zyklischen Verschiebung die Matrix um eine zusätzliche Spalte erweitert. Die dadurch neu hinzugekommen Elementpositionen werden mit den Werten $-\infty$ in der ersten und ∞ in der letzten Spalte aufgefüllt. Diese Erweiterung der Matrix vermeiden wir hier, da das Einfügen einer neuen Spalte mit der Erweiterung der Netzwerkstruktur um einen zusätzlichen Knoten verbunden wäre.

Das Verschieben der Elemente arbeitet ebenfalls in n Teilschritten, wobei die Dimensionen hier in aufsteigender Reihenfolge durchlaufen werden. In jedem

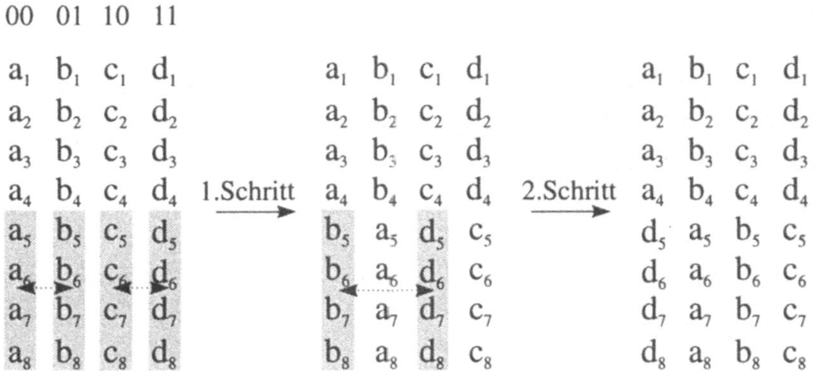

$$
\begin{array}{cccc}
00 & 01 & 10 & 11 \\
\end{array}
$$

$$
\begin{array}{cccc}
a_1 & b_1 & c_1 & d_1 \\
a_2 & b_2 & c_2 & d_2 \\
a_3 & b_3 & c_3 & d_3 \\
a_4 & b_4 & c_4 & d_4 \\
a_5 & b_5 & c_5 & d_5 \\
a_6 & b_6 & c_6 & d_6 \\
a_7 & b_7 & c_7 & d_7 \\
a_8 & b_8 & c_8 & d_8 \\
\end{array}
\quad \xrightarrow{\text{1.Schritt}} \quad
\begin{array}{cccc}
a_1 & b_1 & c_1 & d_1 \\
a_2 & b_2 & c_2 & d_2 \\
a_3 & b_3 & c_3 & d_3 \\
a_4 & b_4 & c_4 & d_4 \\
b_5 & a_5 & d_5 & c_5 \\
b_6 & a_6 & d_6 & c_6 \\
b_7 & a_7 & d_7 & c_7 \\
b_8 & a_8 & d_8 & c_8 \\
\end{array}
\quad \xrightarrow{\text{2.Schritt}} \quad
\begin{array}{cccc}
a_1 & b_1 & c_1 & d_1 \\
a_2 & b_2 & c_2 & d_2 \\
a_3 & b_3 & c_3 & d_3 \\
a_4 & b_4 & c_4 & d_4 \\
d_5 & a_5 & b_5 & c_5 \\
d_6 & a_6 & b_6 & c_6 \\
d_7 & a_7 & b_7 & c_7 \\
d_8 & a_8 & b_8 & c_8 \\
\end{array}
$$

Abbildung 5.10: Zyklischer Shift der Matrixelemente

Schritt werden dabei von einem Knoten die unteren $\frac{r}{2}$ Elemente verschickt, wobei von Schritt zu Schritt weniger Knoten aktiv sind. Im Teilschritt i findet ein Austausch zwischen den Knoten v mit Adresse $adr(v) \bmod 2^i = 0$ statt (vgl. Abbildung 5.10). Man kann sicht leicht überlegen, daß dieses Austauschschema gerade der Berechnung von $(adr(v) + 1) \bmod 2^n$ entspricht.

Da auf diesen Austausch wieder ein Sortierschritt für jede einzelne Spalte folgt, ist nur entscheidend, daß die Elemente in der richtigen Spalte ankommen.

Das Zurückshiften der Elemente in Schritt 8 des Gesamtverfahrens läßt sich durch Umkehrung von Schritt 6 erreichen. Dazu werden in n Teilschritten die Dimensionen des Würfels in absteigender Reihenfolge benutzt. Verschickt werden jeweils die oberen $\frac{r}{2}$ Elemente eines Knotens mit Ausnahme des ersten Knotens, der die Hälfte der Elemente aus der letzten Spalte enthält. Diese sind durch den vorhergehenden Sortierschritt in die untere Hälfte transportiert worden. Im Teilschritt i findet ein Austausch zwischen den Knoten v mit $adr(v) \bmod 2^{n-i} = 0$ entlang der Dimension $n - i$ statt.

Abbildung 5.11 zeigt den schematischen Aufbau für einen einzelnen Knoten des Würfels, der aus fünf Teilkomponenten besteht. Die Kontrolleinheit beinhaltet einen Zähler für die Schritte des Gesamtalgorithmus. In Abhängigkeit dieses Zählers wird entweder das Sortiernetzwerk $Sort_r$ oder die Komponenten zum Austausch der Elemente aktiviert. Dabei wird anhand eines weiteren Zählers

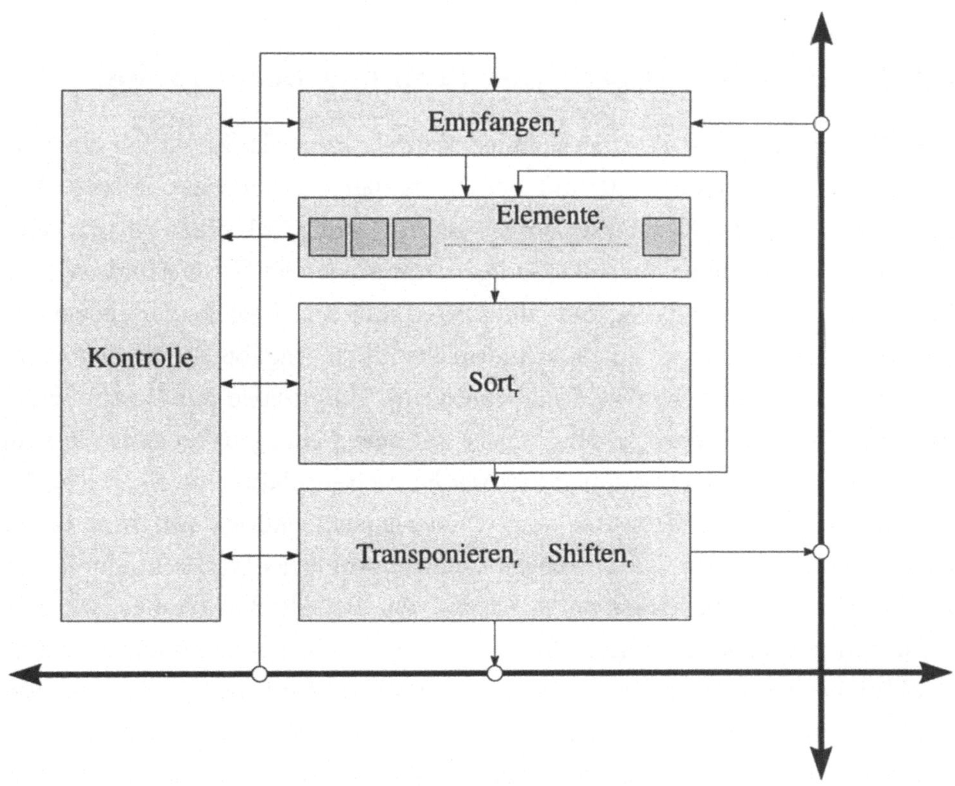

Abbildung 5.11: Schematischer Aufbau eines Knotens

modulo der Würfeldimension n und in Abhängigkeit des globalen Zählers bestimmt, welche Elemente entlang der betreffenden Kommunikationsleitung zu verschicken sind. Der Empfangsteil des Knotens liest jeweils ein Element von der gerade aktiven Dimensionsleitung und schreibt sie an die richtige Stelle im Speicherfeld. Die Adresse des Knotens, die beim Austausch der Elemente berücksichtigt werden muß, erhalten die beiden Komponenten aus einem n-stelligen Bitfeld, welches in der Kontrolleinheit enthalten ist. Diese Felder werden in einem Initialisierungsschritt mit den Adressen der Knoten geladen.

Der vollständige Entwurf des Knotenelementes für Column–Sort wurde in einer Praktikumsarbeit ([BG95]) durchgeführt.

5.2 Das n–dimensionale Gitter

5.2.1 Parametrisierte Beschreibung der Topologie

Die Beschreibung des n–dimensionalen Würfels kann als Spezialfall einer n–dimensionalen Gitterstruktur mit der Kantenlänge 1 aufgefaßt werden. Unter Verwendung des Elementarknotens aus Abbildung 5.1 geben wir nun eine rekursive Beschreibung für vollständige n–dimensionale Gitterstrukturen an. Vollständig bedeutet dabei, daß alle Gitterpunkte in dem beschriebenen n–dimensionalen Volumen auftreten und nicht durch Angabe von Nebenbedingungen ausgeblendet werden. Ein wesentlicher Unterschied zur Beschreibung des Würfels besteht darin, daß wir nicht mit einem einzigen Parameter n zum Aufbau der Struktur auskommen. Es werden weitere Parameter $d_1, \ldots, d_n$ für die Kantenlängen des Gitters in den n Dimensionen benötigt. Aufgrund dieser Abhängigkeit von den Kantenlängen kommen wir bei der Beschreibung des Gitters nicht mit einer konstanten Anzahl von Netzgleichungen aus, wie dies beim n–dimensionalen Würfel der Fall ist. Soll eine n–dimensionale Gitterstruktur in eine weitere Dimension $n+1$ fortgesetzt werden, so müssen zwei neue Netzgleichungen mit einem weiteren Parameter d_{n+1} für die Kantenlänge in Dimension $n+1$ eingeführt werden. Analog zur Beschreibung des Würfels wird die $n+1$–dimensionale Struktur dann aus d_{n+1} n–dimensionalen Teilstrukturen aufgebaut. Wir wenden dabei das gleiche Plazierungsschema an, d.h.:

$$
Grid_{n,d_1,\ldots,d_n} = \left\{
\begin{array}{ll}
Grid_{n,d_1,\ldots,\lfloor\frac{d_n}{2}\rfloor} \ominus Grid_{n,d_1,\ldots,\lceil\frac{d_n}{2}\rceil} & n \text{ ungerade}, d_n > 1 \\[2mm]
Grid_{n,d_1,\ldots,\lfloor\frac{d_n}{2}\rfloor} \oplus Grid_{n,d_1,\ldots,\lceil\frac{d_n}{2}\rceil} & n \text{ gerade}, d_n > 1 \\[2mm]
Grid_{n,d_1,\ldots,d_{n-1}} & d_n = 1
\end{array}
\right.
$$

Dabei handelt es sich bei $Grid_{n,d_1,\ldots,d_{n-1},d_n}$ und $Grid_{n,d_1,\ldots,d_{n-1}}$ um zwei verschiedene Netzvariablen, da eine Netzvariable eindeutig durch ihren Namen und ihre Parameterliste bestimmt wird. Der Übergang von der n–dimensionalen Struktur zur $n-1$–dimensionalen Teilstruktur erfolgt durch die Netzgleichung für den Fall, daß $d_n = 1$ ist. Die Abschlußgleichung der gesamten Rekursion wird durch die Netzvariable $Grid_{n,1}$ gebildet, die in ihrer Struktur der Beschreibung für den 0–dimensionalen Würfel (vgl. Abbildung 5.4) entspricht.

Während beim Würfel durch das abwechselnde Plazierungsschema eine 2–dimensionale Anordnung aus $Z(n) = 2^{\lfloor\frac{n}{2}\rfloor}$ Zeilen und $S(n) = 2^{\lceil\frac{n}{2}\rceil}$ Spalten von Elementarknoten erzeugt wird, erhält man beim Gitter eine Anordnung bestehend aus

$$Z(n) = \prod_{\substack{i=1\\ i \text{ gerade}}}^{n} d_i \ \text{ Zeilen und } \ S(n) = \prod_{\substack{i=1\\ i \text{ ungerade}}}^{n} d_i \ \text{ Spalten.}$$

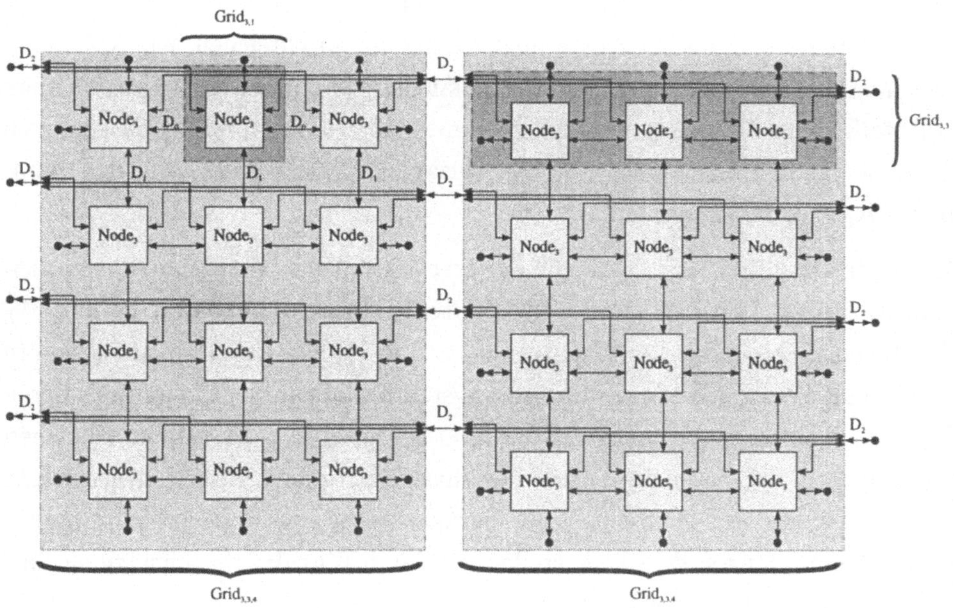

Abbildung 5.12: Layout eines 3–dimensionalen $3 \times 4 \times 2$–Gitters

Abbildung 5.12 zeigt die Struktur für ein $3 \times 4 \times 2$–Gitter ($d_1 = 3, d_2 = 4, d_3 = 2$) mit $S(3) = d_1 \cdot d_3 = 6$ und $Z(3) = d_2 = 4$. Mit der Zahl der Zeilen und Spalten von Elementarknoten hängt auch die Anzahl der Leitungen D_k für die Verbindungen in den verschiedenen Dimensionen, die an jedem Elementarknoten vorbeigeführt werden müssen, von den Parametern $d_1, \ldots, d_n$ für die Kantenlängen ab. Wir können also die beiden Verdrahtungsteile V_k und W_k aus Abbildung 5.4 nicht unverändert übernehmen, weil dort die Zahl der Leitungen in jeder Gruppe durch den Ausdruck $(2^k - 1) \cdot t$ beschrieben ist. Beim Gitter beträgt die Anzahl der Verbindungsleitungen in der Gruppe D_k aber gerade $S(k)$ Einzelleitungen für die horizontale und $Z(k)$ Einzelleitungen für die vertikale Verbindung. Dies folgt analog zu den Überlegungen beim n–dimensionalen Würfel aus der Anzahl der Zeilen und Spalten von Elementarknoten, die sich durch die abwechselnde Plazierungsmethode ergeben.

Man könnte hier V_k und W_k zusätzlich von den Parametern $d_1, \ldots, d_n$ abhängig machen, um damit einen korrekten Ausdruck für die Zahl der Leitungen in jeder Gruppe D_k zu bilden. Dazu müßten wir diese Parameter durch die gesamte Rekursion bis zur Abschlußgleichung hin durchreichen. Die Abhängigkeit aller Netzvariablen von den Kantenlängen hat aber einen entscheidenden Nachteil. Beim Übergang von der n–dimensionalen zur $n+1$–dimensionalen Gitterstruktur müssen dann alle Netzvariablen mit einem zusätzlichen Parameter d_{n+1} versehen werden.

In dieser Situation zeigt sich ein weiterer Vorteil der Verwendung von Leitungsvariablen. Wir beschreiben die Breite der Leitungsbündel in V_k und W_k durch von k abhängige Leitungsvariable p_k und q_k. Der Unterschied zu dem in Abbildung 5.5 dargestellten Verdrahtungsteil besteht in der Breite der oberen Leitung, die jetzt durch den Ausdruck $p_k - t$ beschrieben wird. Mit der einzelnen Leitung vom Typ t, die zu diesem Leitungsbündel hinzugeführt wird, ensteht also ein Bündel der Breite p_k. Den Bezug zwischen p_k und den Parametern für die Kantenlängen $d_1, \ldots, d_n$ stellen wir durch Eingabe von Zusatzgleichungen über den Leitungsvariablen her. Dazu geben wir bei jeder Netzgleichung $Grid_{n,d_1,\ldots,d_n}$ eine lineare Gleichung der Form $p_{\lfloor \frac{n}{2} \rfloor} = d_1 \cdot d_3 \cdots d_{n-2} \cdot t$ an, falls eine ungerade Zahl von Dimensionen vorliegt. Falls diese Anzahl gerade ist, lautet die Zusatzgleichung $q_{\lfloor \frac{n}{2} \rfloor} = d_2 \cdot d_4 \cdots d_{n-2} \cdot t$. Da das Gleichungssystem, wie in Abschnitt 3.2 gezeigt, über die gesamte Schaltungshierarchie aufgestellt wird, haben die verwendeten Leitungsvariablen globalen Charakter. Man kann damit Leitungsvariablen benutzen, um die Belegung von Parametern einzelner Komponenten in andere Teilschaltungen zu propagieren, ohne daß diese Parameter in der Parameterliste der betreffenden Teilschaltung auftreten müssen.

Damit hat die graphische Eingabe einer Netzvariable zur Spezifikation des

Gitters die in Abbildung 5.13 gezeigte Struktur, die analog zur rekursiven Beschreibung des Würfels aufgebaut ist. In Abbildung 5.13 ist die Netzvariable $Grid_{n,d_1,d_2,d_3}$ für ein 3–dimensionales Gitter dargestellt. Die Rekursion beschreibt das Nebeneinandersetzen von d_3 Teilstrukturen, von denen jede ein 2–dimensionales Gitter darstellt, welches durch die Netzvariable $Grid_{n,d_1,d_2}$ gegeben ist. Der Übergang erfolgt durch die Netzgleichung $Grid_{n,d_1,d_2,1} = Grid_{n,d_1,d_2}$. Damit wird ausgedrückt, daß ein 3–dimensionales Gitter mit Kantenlänge 1 in der dritten Dimension durch ein entsprechendes 2–dimensionales Gitter gegeben ist.

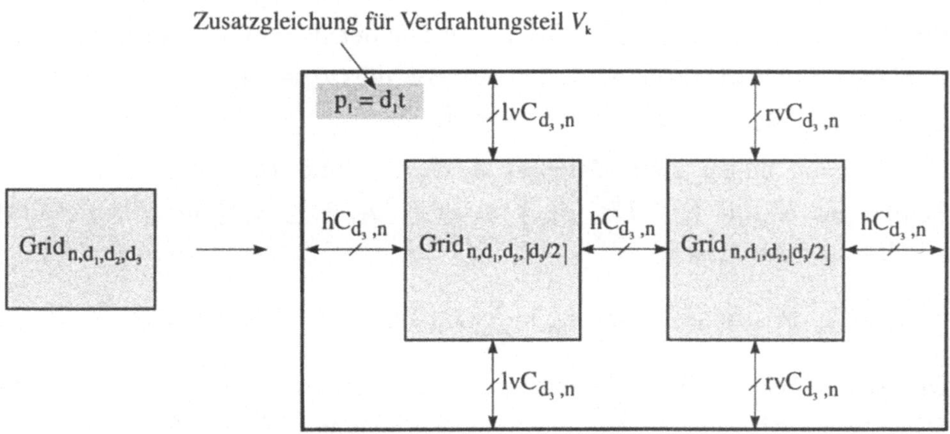

Abbildung 5.13: Netzvariable $Grid_{n,d_1,d_2,d_3}$ für ein 3–dimensionales Gitter

Die Zusatzgleichung für die Leitungsvariablen der Verdrahtungskomponenten V_k und W_k lautet in diesem Fall $p_1 = d_1 \cdot t$. Die Netzvariablen haben analog zur Würfelbeschreibung einen Parameter n, der über alle Rekursionsstufen durchgereicht wird. Dieser dient auch hier zur Auswahl des Elementarknotens $Node_n$. Analog zum Würfel müssen auf jeder Rekursionsstufe die nicht benötigten Verbindungsleitungen projeziert werden. Dies erfolgt analog zur Würfelbeschreibung durch Teilschaltungen Cut_k, innerhalb derer die Zahl der zu projezierenden Leitungen sich durch die Leitungsvariablen p_k ergibt. Da die Projektionsbausteine nur am Anfang und Ende einer Folge von Teilstrukturen auftreten dürfen, werden die Projektionsbausteine aus der Rekursion herausgezogen und in die $Grid_{n,d_1,d_2,d_3}$ aufrufende Netzgleichung eingefügt, die nach dem Rekursionsschema $Grid_{n,d_1,d_2,d_3,1}$ lautet.

5.2.2 Ein Basisknoten für die Matrixmultiplikation

In diesem Abschnitt beschreiben wir ein einfaches Anwendungsbeispiel für die n–dimensionale Gitterstruktur. Der Basisknoten des Gitters soll dabei so konfiguriert werden, daß er in einer 3–dimensionalen Struktur verwendet werden kann, um das Produkt zweier Matrizen zu berechnen. Wir benutzen dazu die Netzvariable $Grid_{3,d_1,d_2,d_3}$, wie sie im vorhergehenden Abschnitt definiert wurde. Die maximale Problemgröße wird dann durch eine beliebige aber feste Wahl für die Parameter d_1, d_2, d_3 beschränkt. Jedem der $N = d_1 \cdot d_2 \cdot d_3$ Einzelknoten v der gesamten Struktur wird eine Adresse $adr(v) = (a_3, a_2, a_1)$ zugeordnet mit $0 \leq a_3 < d_3$, $0 \leq a_2 < d_2$, $0 \leq a_1 < d_1$.

Die Eingabe bilden zwei Matrizen $A \in K^{m,l}$ und $B \in K^{l,n}$ über einem Zahlkörper K mit $1 \leq l \leq d_1$, $1 \leq m \leq d_2$, $1 \leq n \leq d_3$. Als Resultat erhalten wir die Matrix

$$C = A \cdot B \in K^{m,n}, \quad \text{mit} \quad c_{i,j} = \sum_{k=1}^{l} a_{i,k} \cdot b_{k,j}, \quad (1 \leq i \leq m, 1 \leq j \leq n).$$

Die Arbeitsweise dieser 3–dimensionalen Gitterstruktur läßt sich veranschaulichen, wenn wir es als Quader im Raum betrachten, wie es in Abbildung 5.14 dargestellt ist. Die Matrix A wird dabei an den Knoten auf der Vorderseite und die Matrix B an den Knoten auf der Oberseite des Quaders angelegt. Das Produkt kann nach Beendigung der Berechnung an den Knoten der rechten Stirnseite abgelesen werden. Wenn wir das Koordinatensystem und damit die Adressen der Knoten wie in Abbildung 5.14 dargestellt orientieren, dann wird das Element $a_{i,j}$ $(1 \leq i \leq m, 1 \leq j \leq l)$ der Matrix A zunächst an den Knoten v mit $adr(v) = (0, d_2-i+1, d_1-l+j-1)$, das Element $b_{i,j}$ $(1 \leq i \leq l, 1 \leq j \leq n)$ der Matrix B an den Knoten v mit $adr(v) = (j - 1, d_2, d_1 - l + i - 1)$ angelegt, während die freien Knoten mit 0 initialisiert werden. Nach Beendigung der Rechnung befindet sich das Element $c_{i,j}$ $(1 \leq i \leq m, 1 \leq j \leq n)$ der Ergebnismatrix C im Knoten v mit $adr(v) = (j - 1, d_2 - i + 1, d_1)$.

Der Basisknoten $Node_3$ wird folgendermaßen realisiert: er besitzt aufgrund der 3–dimensionalen Struktur sechs Anschlüsse, von denen drei als Eingangswerte

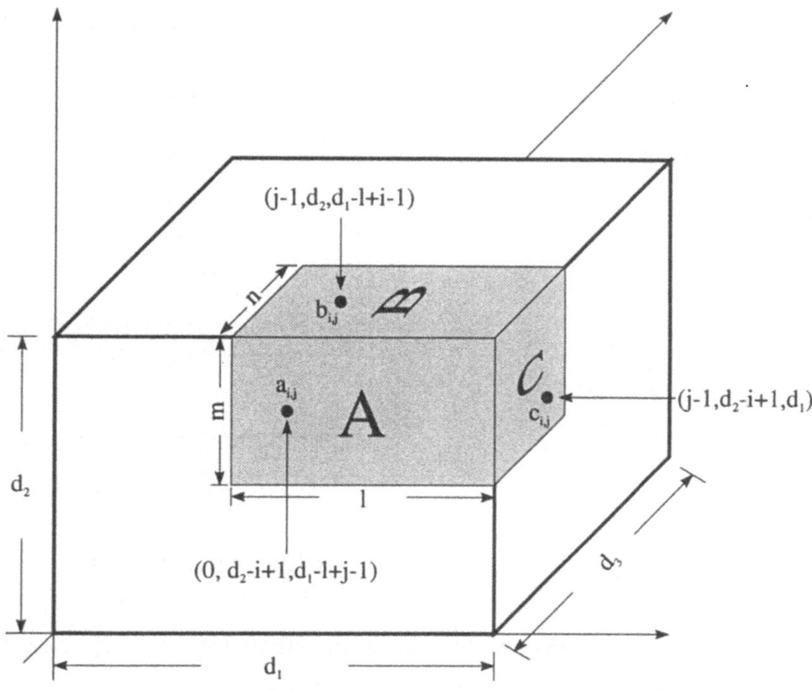

Abbildung 5.14: 3–dimensionale Gitterstruktur für Matrixmultiplikation

e_1, e_2, e_3 und drei als Ausgangswerte a_1, a_2, a_3 dienen (vgl. Abbildung 5.15). Zwischen Ausgangs– und Eingangswerten gelten folgende Abhängigkeiten: $a_3 = e_3, a_2 = e_2$ und $a_1 = e_1 + e_2 \cdot e_3$. Das bedeutet, daß a_2 und a_3 die Elemente der Eingabematrizen A und B von vorne nach hinten beziehungsweise oben nach unten durchreichen. Wir nehmen an, daß dies ohne Zeitverlust ausgeführt wird, so daß die Elementwerte simultan an allen Knoten der Struktur zur Verfügung stehen. Die Berechnung der Summen für die Ergebnisse $c_{i,j}$ erfolgt über die Berechnung von a_1 auf dem Weg von links nach rechts über die Verbindungskanten der 1. Dimension. Unter der Voraussetzung, daß e_1 mit 0 initialisiert ist, liegt die Ergebnismatrix nach d_1 Einzelschritten vor, wobei ein Einzelschritt in der Ausführung der lokalen Berechnung von a_1, d.h. in der sequentiellen Ausführung einer Multiplikation und einer Addition, besteht.

Die Wahl eines bestimmten Typs von Matrixelementen unter Berücksichtigung

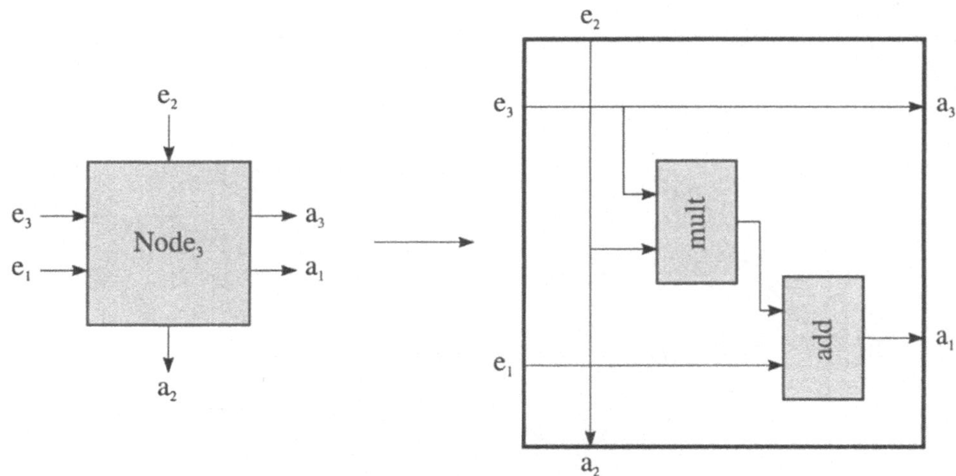

Abbildung 5.15: Konfiguration des Elementarknotens

einer entsprechenden Kodierung wird durch die Realisierungen des Additions–
und Multiplikationsbausteines innerhalb von $Node_3$ festgelegt. Dadurch wird
auch die Breite der Kommunikationsleitungen bestimmt. Da aufgrund der Projektionsbausteine nur die Leitungen der höchsten Dimension aus der Gitterstruktur nach außen geführt werden, müssen diese zur Ein– und Ausgabe der
Matrizen verwendet werden. Dazu muß der Elementarknoten um eine Zusatz-
logik erweitert werden, durch die die Eingabewerte auf die entsprechenden
Dimensionsleitungen geschaltet werden.

Zusammenfassung In diesem Kapitel haben wir gezeigt, daß die Spezifikationsebene unseres Systems zur Beschreibung paralleler Netzwerkstrukturen geeignet ist. Die angewendete zweistufige Vorgehensweise ermöglicht dabei
zunächst eine unabhängige Beschreibung bestimmter Kommunikationsschemata. Den einzelnen Knoten des Netzwerkes wird im zweiten Schritt eine Semantik in Form einer speziellen Realisierung zugeordnet, so daß die Gesamtstruktur
zur Berechnung eines parallelen Algorithmus konfiguriert wird.

Literatur

[Bac94]   R. Backes. Interaktive Hierarchiemodifikationen. Master's thesis, Fachbereich Informatik, Universität des Saarlandes, Postfach 15 11 50, 66041 Saarbrücken, FRG, 1994. to appear.

[Bar78]   M. Barbacci et.al. The Symbolic Manipulation of Computer Descriptions. Technical report, Dept. of Computer Science, Carnegie–Mellon University, 1978.

[BBH$^+$90]   B. Becker, Th. Burch, G. Hotz, D. Kiel, R. Kolla, P. Molitor, H. G. Osthof, G. Pitsch, and U. Sparmann. A Graphical System for Hierarchical Specifications and Checkups of VLSI Circuits. In *Proceedings of the 1st European Design Automation Conference*, pages 174–179, 1990.

[Ben93]   U. Benzing. Parametrisierter Entwurf eines schnellen 1024–Bit Multiplizierers unter Verwendung des VLSI–Entwurfssystems CADIC. Master's thesis, Fachbereich Informatik, Universität des Saarlandes, 1993.

[BG95]   Th. Burch and A. Gamkrelidze. Realisierung eines Sortierverfahrens auf dem n–dimensionalen Würfel mit CADIC. Dokumentation zum Fortgeschrittenenpraktikum, to appear, 1995.

[BHH$^+$94]   T. Burch, J. Hartmann, G. Hotz, M. Krallmann, U. Nikolaus, S.M. Reddy, and U. Sparmann. HIT – A Hierarchical Environment for Interactive Test Engineering. In *Proceedings of the International Test Conference (ITC 1994)*, pages 461–470, October 1994.

[BHK+86] B. Becker, G. Hotz, R. Kolla, P. Molitor, and H.G. Osthof. CA-DIC - A System for Hierarchical Design of Integrated Circuits. Technical Report TR-07/1986, Sonderforschungsbereich 124 *VLSI Entwurfsmethoden und Parallelität*, Fachbereich Informatik, Universität des Saarlandes, Postfach 15 11 50, 66041 Saarbrücken, FRG, 1986.

[BHK+87] B. Becker, G. Hotz, R. Kolla, P. Molitor, and H.G. Osthof. Hierarchical design based on a calculus of nets. In *Proceedings of the 24th ACM/IEEE Design Automation Conference (DAC87)*, pages 649–653, June 1987.

[BHKM84] B. Becker, G. Hotz, R. Kolla, and P. Molitor. Ein CAD–System zum Entwurf Integrierter Schaltungen. Technical Report 16/1984, Sonderforschungsbereich 124 *VLSI Entwurfsmethoden und Parallelität*, Fachbereich Informatik, Universität des Saarlandes, Postfach 15 11 50, 66041 Saarbrücken, FRG, 1984.

[Biw94] M. Biwersi. μsic – ein kleiner Silicon-Compiler. Master's thesis, Fachbereich Informatik, Universität des Saarlandes, Postfach 15 11 50, 66041 Saarbrücken, FRG, 1994.

[BK82] R.P. Brent and H.T. Kung. A Regular Layout for Parallel Adders. *IEEE Transactions on Computers*, C–31, 1982.

[Bur88] Th. Burch. Ein grafisches Eingabesystem für CADIC. Master's thesis, Fachbereich Informatik, Universität des Saarlandes, Postfach 15 11 50, 66041 Saarbrücken, FRG, 1988.

[BV90] Th. Burch and W. Vogelgesang. A Graphical System for Recursive Circuit Specification and Fast Transformation to EDIF. In *Proceedings of the 4th European EDIF Forum*, October 1990.

[CAD92] CADENCE. *Cadence Design System Manual*, 1992.

[CF86] E. Clarke and Y. Feng. ESCHER – A Geometrical Layout System for Recursively Defined Circuits. In *Proceedings of the 23rd Design Automation Conference*, pages 649–653, June 1986.

[CNR87]   H.A. Choi, K. Nakajima, and C.S. Rim. Complexity Results for vertex–deletion Graph Bipartization and Via Minimization Problems. In *Proceedings of the 25th Annual Allerton Conference on Computing, Communication and Control*, September 1987.

[Com87]   EDIF Steering Committee. *EDIF Electronic Design Interchange Format Version 2 0 0*. Electronic Industries Association, Washington D.C., May 1987.

[DBR$^+$88]   P. J. Drongowski, J. R. Bammi, R. Ramaswamy, S. Iyengar, and T. H. Wang. A Graphical Hardware Design Language. In *Proceedings of the 25th Design Automation Conference*, pages 108–115, 1988.

[DW92]   R. Drefenstedt and Th. Walle. Parametric ASIC–Design by CADIC. In *Proceedings of the 3rd European Design Automation Conference (EDAC92)*, 1992.

[Fet95]   Th. Fettig. Lokale Plazierung in CADIC. Master's thesis, Fachbereich Informatik, Universität des Saarlandes, 1995. to appear.

[Fol92]   F. Follert. Entwurf und Simulation höchstintegrierter Schaltungen in CADIC. Dokumentation zum Fortgeschrittenenpraktikum, 1992.

[Gen90]   GenRad. *HILO Reference Manual*, 1990.

[GIKN89]   P. Gelsinger, S. Iyengar, J. Krauskopf, and J. Nadir. Computer Aided Design and Built In Self Test on the i486 CPU. In *Proceedings of the International Conference on Computer Design*, pages 199–202, 1989.

[GL85]   S. M. German and K. J. Lieberherr. Zeus: A Language for Expressing Algorithms in Hardware. *IEEE Transactions on Computer Aided Design*, pages 55–65, Februar 1985.

[Gra92]   B. Grande. Verfahren zur hierarchischen Schichtzuweisung und ihre Implementierung in CADIC. Master's thesis, Fachbereich Informatik, Universität des Saarlandes, 1992.

[HF94]   D. Heller and P.M. Ferguson. *Motif Programming Manual.* O'Reilly & Associates, Inc., 1994.

[HMZ91]   G. Hotz, P. Molitor, and W. Zimmer. On the Construction of Very Large Integer Multipliers. In *Proceedings of EURO ASIC 91*, pages 266–269, May 1991.

[HNS86]   E. Hörbst, M. Nett, and H. Schwärtzel. *VENUS: Entwurf von VLSI-Schaltungen.* Springer Verlag, 1986.

[Hot65]   G. Hotz. Eine Algebraisierung des Syntheseproblems für Schaltkreise. *EIK Journal of Information Processing and Cybernetics*, 1:185–205,209–231, 1965.

[Hot66]   G. Hotz. Einbettung von Streckenkomplexen in die Ebene. *Mathematische Annalen*, 167:214–223, 1966.

[Hot74]   G. Hotz. *Schaltkreistheorie.* de Gruyter Lehrbuch. Walter de Gruyter Verlag, 1974.

[KCS88]   Y.S. Kuo, T.C. Chern, and W. Shih. Fast Algorithm for Optimal Layer Assignment. In *Proceedings of the 25th Design Automation Conference (DAC88)*, pages 554–559, June 1988.

[KHB93]   R. Krieger, R. Hahn, and B. Becker. test_circ: Ein abstrakter Datentyp zur Repräsentation von hierarchischen Schaltkreisen. Technical Report 07/1993, Fachbereich Informatik, Universität Frankfurt, 1993.

[KM89]   R. Kolla and P. Molitor. A Note on Hierarchical Layer Assignment. *INTEGRATION, the VLSI Journal*, 7:213–230, 1989.

[KMO89]   R. Kolla, P. Molitor, and H. G. Osthof. *Einführung in den VLSI-Entwurf.* Leitfäden und Monographien der Informatik. B.G. Teubner Verlag, Stuttgart, 1989.

[Knu73]   D.E. Knuth. *Sorting and Searching, The Art of Computer Programming.* Addison–Wesley, 1973.

[Kol86]   R. Kolla. *Spezifikation und Expansion logisch topologischer Netze.* PhD thesis, Fachbereich Informatik, Universität des Saarlandes, 1986.

[Kol88]   R. Kolla. Minimal Area Sizing of Power Supply Nets in VLSI Circuits. Technical Report TR16/88, Fachbereich Informatik, Universität des Saarlandes, Postfach 15 11 50, 66041 Saarbrücken, FRG, 1988.

[Kra94]   M. Krallmann. Hierarchische Visualisierung und interaktive Steuerung von Testalgorithmen. Master's thesis, Fachbereich Informatik, Universität des Saarlandes, Postfach 15 11 50, 66041 Saarbrücken, FRG, 1994. to appear.

[Lei85]   T. Leighton. Tight Bounds on the Complexity of Parallel Sorting. *IEEE Transactions on Computers*, Vol. C34(4):344–354, April 1985.

[Lev92]   M. Levitt. ASIC Testing Upgraded. *IEEE Spectrum*, pages 26–29, May 1992.

[LF80]   R.E. Ladner and M.J. Fischer. Parallel Prefix Computation. *Journal of the Association for Computing Machinery*, 27(4):831–838, October 1980.

[Lim82]   W. Y.-P. Lim. HISDL – A Structure Description Language. *Comm. ACM*, Vol. 25:823–830, November 1982.

[LMB92]   J.R. Levine, T. Mason, and D. Brown. *Lex & Yacc.* O'Reilly & Associates, Inc., 2nd edition, 1992.

[LSU89]   R. Lipsett, C. Schaefer, and C. Ussery. *VHDL: Hardware Description and Design.* Kluwer Academic Publishers, 1989. 300 Seiten.

[LV83]   W.K. Luk and J. Vuillemin. Recursive Implementation of Optimal Time VLSI Integer Multipliers. In *Proceedings of IFIP Congress 83*, pages 155–168, 1983.

[MN89]   K. Mehlhorn and S. Näher. LEDA a Library of Efficient Data Types and Algorithms. Technical Report TR–A 04/1989, FB 10, Universität des Saarlandes, 1989.

[Mol86]   P. Molitor. *Über die Bikategorie der logisch topologischen Netze und ihre Semantik*. PhD thesis, Fachbereich Informatik, Universität des Saarlandes, Postfach 15 11 50, 66041 Saarbrücken, FRG, 1986.

[Mol87]   P. Molitor. On the Contact Minimization Problem. In *Proceedings of the 4th Annual Symposium on Theoretical Aspects of Computer Science (STACS87)*, pages 420–431, February 1987.

[Mol88]   P. Molitor. Free net algebras in VLSI-theory. *Fundamenta Informaticae, Annales Societatis, Mathematicae Polonae*, XI:117–142, June 1988.

[Mol93]   P. Molitor. A Hierarchy Preserving Hierarchical Bottom-up 2-Layer Wiring Algorithm with respect to Via Minimization. *INTEGRATION, the VLSI Journal*, 15:73–95, 1993.

[Nik94]   U. Nikolaus. Testmustergenerierung in 16-wertiger Logik mit variabler Fehlermodellierung. Master's thesis, Fachbereich Informatik, Universität des Saarlandes, Postfach 15 11 50, 66041 Saarbrücken, FRG, 1994. to appear.

[Rie93]   C. Riem. Entwurf und Implementierung eines Coprozessors für seminumerische Algorithmen. Master's thesis, Fachbereich Elektrotechnik, Universität des Saarlandes, 1993.

[Rit94]   J. Ritter. Netzlisten–Expansion in CADIC. Dokumentation zum Fortgeschrittenenpraktikum, 1994.

[Sch92a] C. Schmitz. Signallaufzeitenanalyse in CADIC. Dokumentation zum Fortgeschrittenenpraktikum, 1992.

[Sch92b] J. Schnabel. Generierung der Stromversorgung in CADIC. Master's thesis, Fachbereich Informatik, Universität des Saarlandes, 1992.

[Sha82] M. Shadad et.al. VHSIC Hardware Description Language. *IEEE Transactions on Computer Aided Design*, Vol. 18, Februar 1982.

[Spa91] U. Sparmann. *Strukturbasierte Testmethoden für arithmetische Schaltkreise*. PhD thesis, Fachbereich Informatik, Universität des Saarlandes, Postfach 15 11 50, 66041 Saarbrücken, FRG, 1991.

[SSC82] J. M. Siskind, J. R. Southard, and K. W Crouch. Generating Custom High Performance VLSI Designs from Succinct Algorithmic Descriptions. In *Proc. Conf. on Advanced Research in VLSI*, pages 28–40, Januar 1982.

[STS87] M.H. Schulz, E. Trischler, and T.M. Sarfert. Socrates: A Highly Efficient Automatic Test Pattern Generation System. In *Proceedings of the International Test Conference*, pages 1016–1026, September 1987.

[SYS90] TANGENT SYSTEMS. *Tangate Reference Manual*, 1990.

[Wal64] C.S. Wallace. A Suggestion for a Fast Multiplier. *IEEE Transactions on Computers*, 13:14–17, 1964.

[Wan95] G. Wannemacher. Generierung eines symbolischen Layouts in CADIC. Master's thesis, Fachbereich Informatik, Universität des Saarlandes, Postfach 15 11 50, 66041 Saarbrücken, FRG, 1995. to appear.

[Wir82] N. Wirth. Hades: A Notation for the Description of Hardware. Technical report, ETH Zentrum Zurich, August 1982.

Index

Hotz
Algorithmische Informationstheorie

Statistische Informationstheorie und Anwendungen auf algorithmische Fragestellungen

Von Prof. Dr. **Günter Hotz**
Universität des Saarlandes
Saarbrücken

1997. 143 Seiten.
16,2 x 23,5 cm.
Kart. DM 48,–
ÖS 350,– / SFr 43,–
ISBN 3-8154-2310-4

(TEUBNER-TEXTE zur
Informatik, Bd. 25)

Die statistische Informationstheorie besitzt wichtige Anwendungen in der Abschätzung der mittleren Laufzeit von Algorithmen, deren Probleme online erzeugt werden. Es werden die grundlegenden Kodierungstheoreme für Quellen ohne Gedächtnis und Quellen mit kurzem Gedächtnis bei ungestörten Kanälen und schließlich bei gestörten Kanälen ohne Gedächtnis bewiesen.

Als Anwendungsbeispiele werden Sortierprobleme, geometrische Probleme und die Abschätzung der mittleren Laufzeit von Algorithmen behandelt. Auf eine Anwendung in der Kryptographie wird kurz eingegangen.

Das Buch ist für Informatiker, Mathematiker und Physiker nach dem Vordiplom gut lesbar.

Preisänderungen vorbehalten.

B.G. Teubner Stuttgart · Leipzig

Keller/Paul
Hardware Design

Formaler Entwurf digitaler Schaltungen

Von Prof. Dr. **Jörg Keller**
Fernuniversität Hagen
und Prof. Dr. **Wolfgang J. Paul**
Universität des Saarlandes

2., bearb. Aufl. 1997.
415 Seiten mit 140 Bildern.
16,2 x 23,5 cm.
Kart. DM 69,80
ÖS 510,– / SFr 63,–
ISBN 3-8154-2304-X

(TEUBNER-TEXTE zur
Informatik, Bd. 15)

Das vorliegende Lehrbuch ist aus Vorlesungen des zweiten Autors entstanden. Es beschäftigt sich in mathematisch präziser Weise mit einem ganz und gar praktischen Thema, nämlich dem Entwurf digitaler Hardware. Kapitel 1 enthält eine Diskussion mathematischer Grundbegriffe. In den Kapiteln 2 bis 4 werden die notwendigen theoretischen Grundlagen über Boole'sche Ausdrücke, Schaltkreiskomplexität und Rechnerarithmetik behandelt. Der Übergang von der abstrakten Schaltkreistheorie zum Entwurf konkreter Schaltungen findet nahtlos in Kapitel 5 statt, wo aus den Verzögerungszeiten von Gattern das zeitliche Verhalten von Flipflops und anderen Speicherbausteinen abgeleitet wird. Kapitel 6 enthält dann das vollständige Design eines einfachen Rechners.

Für die 2., bearbeitete Auflage wurden Fehler und Unstimmigkeiten bereinigt und ein Beweis vereinfacht.

Preisänderungen vorbehalten.

B. G. Teubner Stuttgart · Leipzig